首富的哲学

于台风◎著

时事出版社

图书在版编目(CIP)数据

首富的哲学 / 于台风著.—北京:时事出版社,
2015.11

ISBN 978-7-80232-890-7

Ⅰ.①首… Ⅱ.①于… Ⅲ.①人生哲学-通俗读物
Ⅳ.①B821-49

中国版本图书馆 CIP 数据核字(2015)第238195号

出 版 发 行:时事出版社
地　　　址:北京市海淀区万寿寺甲2号
邮　　　编:100081
发 行 热 线:(010)88547590　88547591
读者服务部:(010)88547595
传　　　真:(010)88547592
电 子 邮 箱:shishichubanshe@sina.com
网　　　址:www.shishishe.com
印　　　刷:北京建泰印刷有限公司

开本:787×1092　1/16　印张:22　字数:291千字
2015年11月第1版　2015年11月第1次印刷
定价:36.00元

序言

在这个世界上，有多少人只说不做，怀揣着创业的梦想却被淹没在坐而论道上？有多少人迈出了创业脚步，历尽艰辛却被后期的挫折定格在功败垂成上？19世纪，德国“铁血宰相”俾斯麦说：“每个笨蛋都会从自己的错误中吸取教训，聪明的人则从别人的经验中获益。”是的，愚者和智者在获得经验的方法上差别就是那么大，一个要为明白人生道理付出头破血流的代价，而另一个只需要翻开一本好书就可以了。

古人云“师法乎上仅得乎中”，意思是说，求知是一个漫长且艰辛的过程，如果以上等人的行为标准来要求自己，可能仅仅能成为一个中等人。那么，如果想成为一个上等人，可想而知，就要以世界上最优秀、最成功的人的行为标准来要求自己。1995—2007年连续13年问鼎全球富翁榜首富的比尔·盖茨，以及2010年、2011年连续两年蝉联亚洲首富的李嘉诚、2010年福布斯公布的资产排行榜里最年轻的入榜人马克·扎克伯格等，无疑都是当代创业者最好的人生导师。

对于一个希望通过创业来实现梦想的人来说，如果其没有足够的虔诚去探知成功者的人生履历，那么除了蹉跎了岁月以外，他很难收获最想获得的人生。要知道，正确的投资理念不仅能为我们带来财富，还能为我们带来精神享受，成功的投资和成功的人生从来都是休戚相关的。

若你是一个生活在最底层的普通打工妹，不用惧怕别人怀疑的目光，有同样生活在底层却最终成为女首富的打工妹周群飞，帮你找回自信；若你是一个尝尽艰辛、衣不蔽体的贫寒少年，不用担心没有背景的自己是否有成功的机会，有同样历尽磨难的贫寒少年王传福，陪你走过人生这段最卑微的岁月；若你是付出行动却遭遇失败的创业者，不用顾虑自己债台高筑是否还能东山再起，有同样投资不慎而成为中国最穷人的史玉柱，带你找到最初平和的心态。本书就是这样一个平台，通过真实细腻的描写来揭示首富们的一些成功因素。从怀揣梦想到迈出创业的脚步，从组建刀尖团队到琢磨出最适合自己的经营模式，从打败竞争对手到培养出成熟的价值观，从怎样领导员工到怎样创新业务，从玩转资本运作技巧到看待成功之后的财富和人生……在这个平台上，我们可以近距离地了解他们，学习他们，进而成为他们。

本书共有29位首富，分别来自不同的国家，各有各的故事，各有各的人生，各有各的精彩。若你是一个想要在企业经营上有所建树的企业管理者，若你是一个胸怀大志想要攀登顶峰的求职者，就抛开固有的自大情绪跟着首富们的步伐出发吧，或许不远处，就有一面成功的旗帜正等着冠你之名。

目录
Contents

Part 5 / 你打算凭借什么打败对手——首富的“竞争课”

Part 6 ╱ 这是一个价值观决定成败的时代——首富的“文化课”

Part 7 ╱ 做企业命运的英明主宰者——首富的“领导课”

Part 8 你永远要比别人快一步——首富的“创新课”

Part 9 犯错，并不意味着你会就此一败涂地——首富的“危机课”

Part 1

我们曾走过怎样泥泞不堪的往事
——首富的“梦想课”

美国“传媒女皇”奥普拉·温弗瑞说：“一个人可以非常清贫、困顿、低微，但是不可以没有梦想。只要梦想一天，只要梦想存在一天，就可以改变自己的处境。”很多时候，梦想就是人们必胜的信念，梦想就是人们战胜困难的勇气，那么在群雄逐鹿的生意场上，支撑首富们走过泥泞不堪过往的，究竟是怎样的梦想？

约翰·D.洛克菲勒：我从幼年时代便开始寻求赚钱之路

他是美国第一位亿万富翁，是世所公认的石油大王、超级资本家；他也是美国近代史上最大的慈善家，是在历史上最具传奇色彩和争议的商人之一。他被普遍认为是人类历史上的首富，财富总值折合达3000亿美元以上，是全球除了少数君主以外最富有的人。约翰·D.洛克菲勒的成就在历史上无可复制，甚至在现在看来，也是遥不可及的。那么究竟是什么成就了他，让他站在了一个后人无法企及的高度之上呢？

父母，人生的“导师”

约翰·D.洛克菲勒的童年并不平坦。与其他闻名世界的富豪不同，他并非出生在上流社会，也没有受到良好的教育。恰恰相反，他出生在美国一个名叫“杨佳”的小镇，家境贫穷，在家中排行老二，甚至在兄弟姐妹之中也并非最为出色的。

但相较于镇中其他普通家庭，他的家庭却的确有些与众不同之处——他的父母是一个非常有趣的组合：父亲是一个看似老实却工于心计的“江湖骗子”，母亲是一个虔诚的教徒，生活自律检点。他们俩极端相反的性格，对约翰·D.洛克菲勒之后的从商原则具有极其深远的影响。

约翰年幼时，父亲比尔常外出谋生几个月不回家，而回家后第一件事，就是把一个装着现金的包袱放入地窖的暗室之中。作为一个“久处江湖”的商人，比尔有很好的商业头脑和极高的警惕性，所以他多思谨慎，从来都是小心翼翼地经营自己的生意。比尔性格中的小心谨慎，约翰得到了很好的传承。

比尔曾说：“我一有机会就会骗我儿子，我要他们精明点。”比尔的这种策略也许是正确的。商场如战场，有时候自己认为最为亲近的人都有可能为了一些“蝇头小利”在你背后捅刀子。比尔这么做，很好地培养了约翰全面的眼光和谨慎的头脑，让他在以后的从商之路上格外精明。

然而这种所谓的“培养”却并不长久，他父亲在私生活上的不检点让他们家陷入了案件官司，从而不得不迁徙到克里夫兰。把家安顿妥帖后，他的父亲就像人间蒸发一般销声匿迹了。

可以说，约翰的家庭几乎是他的母亲一手维持的。

作为一个虔诚的浸信会教徒，他的母亲生活自律，从小给他灌输节俭、勤奋等观念，让他在拥有精明的头脑后，还能够拥有坚毅和朴素的品质，同时，也让幼小的他知道了金钱地位在社会上的重要性——这在日后，对他提供的帮助可谓非常巨大。

他的父母可以说是他人生之路上的“导师”：一个给了他从商的头脑，教会他如何面对风波不断的商战，如何应对接踵而来的竞争；一个给了他为人的准则，教会他如何赢得竞争对手的尊敬，如何得到团队合作者的支持。

这二者性格之间的闪光点，约翰都非常好地吸取到了自身之上，这也是他在日后能够到达成功殿堂的一大助力。

追求财富，“高谈阔论”并非“好高骛远”

迁徙到克里夫兰之后，约翰一家的生活无疑是非常困难的，失去父亲的他们仅凭母亲一点微薄的收入，一日三餐都很难保证。

克里夫兰的繁华让刚刚少年的约翰对那些浑身珠光宝气的商人感到十分的羡慕，他开始向往那样的生活，于是那时的他对金钱开始有了执着的追求。

“我要成为一个拥有十万美元的阔佬，你相信吗？我一定会成功的。”年少的约翰·D.洛克菲勒，面对着码头边熙熙攘攘的人流和航道上喧扰的汽笛声，他和同行的伙伴说出了心底的愿望。

然而这样的“高谈阔论”却引得小伙伴们嗤笑不已，毕竟当初约翰的家境甚至可以用困顿来形容，这个目标是不是有点太远了？

在那时看来，这个目标的确非常遥远，那时的小约翰也为此纠结抑郁过一段时间。那段时间，他有些孤僻和自傲，这让他和同班同学的相处变得有些困难。不久之后，为了心底那个想要在商业上有一番成就的愿望，他放弃了上大学的机会。

怎么样才能赚钱呢？

“我要干一番大事，我要上银行、上铁路、上商行去找事干。去小店小铺做事？没有门儿，上帝不允许我去那些丢人现眼的地方……”在他心底，这个声音不停地呼喊着，因此在1855年，他开始四处寻找工作的机会，开始为梦想踏出了他的第一步。

他是幸运的，在寻职3个星期后，克里夫兰的一家商行雇用了他。那家商行的条件有些苛刻，对当时的大多数年轻人来说，那些条件甚至是有些难以接受的——试用期为3个月，而且在试用期间，工作者不会有任何的薪资报酬。但这对于对梦想有着执着追求的小约翰却算不上阻碍，毕竟这家商行在当地还有一定的名气，而约翰刚刚步入社会，这个磨练的机会十分难得，所以他不愿意为了一点点薪资问题，就放弃这个靠近梦想的机会。

这份工作对于约翰来说意义非凡，他甚至把工作的第一天当作自己的第二个生日来庆祝。在工作之时，他对数字养成了极其敏锐的触觉，“数字就是钱，我丝毫不能马虎”。

就这样兢兢业业的工作了3年，他的薪资从刚开始的一分没有涨到了每年600美元。这份报酬在当时看来十分优厚，对于他这个岁数的年轻人而言，已经是不可多得。但约翰却有些不甘，难道他只值这个价格吗？如果一辈子这样下去，“成为阔佬”的愿望如何能够实现？

在这种想法的催动下，他毅然决然地辞去了商行的工作，开始寻求另外的赚钱之法——建立公司。

事实证明，他的选择是正确的，在不久之后，他在商业之路上几乎无往不利，最终成为世人所仰望的石油大王、世界首富。

正如他自己所言：“在这个世界上能出人头地的人，都是那些懂得去寻找理想环境的人，如果他们不能如愿，就会自己创造出来。”对于财富的追求，对于现实的不甘，催生了他在幼年便奋起努力的干劲，让他最后站在了商业世界的巅峰。

财富之路不会一直平坦，我们只有创造机遇，并且拥有执着的追求，秉持“不抛弃、不放弃”的信念，才能走出属于我们的成功。

史蒂夫·乔布斯：我发誓要做一个“颠覆宇宙”的人

周星驰电影里有一句非常有名的台词——“做人如果没梦想，跟咸鱼有什么分别?”每一个成功的人都会有一个明确的目标，作为前进的方向，梦想就是在一个人迷惘、失败时，为他提供前进动力的精神食粮。没有梦想的人只会随波逐流跟着生活走，最终庸庸碌碌一生。小时候老师们都会问学生长大以后想做什么，那时候各种各样的答案都有。虽然人在小时候并不能真正了解自己所向往的职业，但这样一个目标，在当时却经常有着很大的鼓舞作用。

有梦想，就带着满满的热情去追吧

梦想往往和产生梦想的地方有关。由于住在硅谷，乔布斯小时候曾受到过不少家附近或者与家有关的人的影响。首先就是房地产商约瑟夫·埃奇勒，当时这位将房子造遍加州的商人有着一份“造适合美国普通百姓的简单现代之家”的理念。这份理念驱动着约瑟夫·埃奇勒在房地产行业不断前进，同时也激发了乔布斯为大众制造设计精良产品的热情。这个理念一直伴随到他成立苹果公司，并最终在 iPod 上实现了这个理念。

乔布斯对电子产品的热爱，起源于一次父亲带着他去森尼韦尔的美国国家航空航天局埃姆斯研究中心，那是乔布斯第一次见到计算机终端，也就是这一面，冥冥中注定了乔布斯未来的舞台将是在这个领域。乔布斯对电子产品热爱的动力，则是来自于一位住在乔布斯家 7 户远的工程师——拉里·朗，一位甚至对乔布斯人生观产生影响的人。

在朗的老房子，乔布斯指着车道说：“他把一个碳精话筒、一块蓄电池和一个扬声器放在车道上。他让我对着话筒说话，声音就通过扬声器放大出来了。”而之前乔布斯的父亲曾告诉乔布斯：话筒一定要有电子放大器才能工作，事实很好地证明了乔布斯父亲的错误，但这也导致了一个后果——乔布斯眼中的父亲全能全知的形象一去不复返，甚至有时候乔布斯觉得自己比父亲更聪明。这种感觉为乔布斯提供了一份额外的自信，也就是自己与常人并不相同。这份自信，也是以后乔布斯在公司管理上采取“暴政”的起点。

从小就体现出绝佳天赋的乔布斯，将自己的能力全部表现在了恶作剧上，那时他曾经说过一句豪言壮语——我发誓要做一个“颠覆宇宙”的人。而这个梦想，也在乔布斯恶作剧之心上，一步步走向了现实。

乔布斯创业的起点便是恶作剧。可以免费打长途的“蓝盒子”在乔布斯与生俱来的商业天赋下，为他赚取了人生的第一桶金。那一刻不但奠定了乔布斯未来电子产业的基础，也改变了日后整个世界的电子产品市场。这时谁也不曾想到，未来种种奇迹的起源就是这个小小的蓝盒子。

颠覆宇宙吧

从蓝盒子开始，乔布斯追逐梦想的步伐便一直向前进。

1977 年到 1985 年是乔布斯的初苹果时代。从乔布斯与沃兹成立了苹果公司，到被当时的首席执行官约翰·斯库利解雇，乔布斯从初出茅庐的愣头小子慢慢转变为一个暴躁的君主，从 13000 美元启动金到 26 岁成为亿万富翁。乔布斯度过了相当浮华的 8 年，这 8 年只能用一个小奇迹来形容，而且还带有少许污点。

如果没有当初的离开，乔布斯也不会有日后更为辉煌的成就。乔布斯自己也说，“离开苹果公司是他一生中最好的事”。1985—1996 年，乔布斯离开苹果公司 11 年。在这 11 年间，乔布斯创造一个新的奇迹——为动画开创 3D 时代。乔布斯当时的 NeXT 公司虽然并没取得较大的成绩，但这 11 年乔布斯的心境得到了磨砺，使得其渐渐学会比海盗管理模式更为合理的管理模式。

而失去乔布斯后苹果公司停滞不前，甚至败退给微软。

1977—1996年这20年，只能说乔布斯并未取得过于值得夸耀的成就。然而从1996年乔布斯回归苹果起，乔布斯真正开始上演一个个神话。

从1996—2011年，苹果和皮克斯在乔布斯的带领下，在与梦工厂以及微软的竞争中丝毫不落下风。16年11部长片动画均取得3亿以上的全球票房、2001年iPod一经发布便成为历史上最畅销的数字音乐播放器、2003年iTunes的登录再次引发了数字音乐行业的革命、2007 iPhone的面世更是直接将整个手机市场的格局闹了个天翻地覆、2010年iPad同样成为改变行业格局的产品、2007—2010年4部皮克斯制作的电影《料理鼠王》《机器人总动员》《飞屋环游记》《玩具总动员3》一举拿下了这4年的奥斯卡奖等等……乔布斯就像他童年时所说的愿望一般，一点点将整个世界颠覆。乔布斯创造了太多奇迹，上述只是列举了一些最典型的例子，然而这些例子则是证明乔布斯神话的最好方式。

2011年乔布斯永远的离去，宣告了一个时代的终结。然而新的问题也出现了——将世界颠覆够了的乔布斯去找上帝喝茶了，那么留在人间的人们中，谁又能接起这个担子，继续带领皮克斯与苹果前进呢？在未来，我们是否还能从这两家公司重新看到更好的产品、更方便的软件、更具有代表性的长片动画呢？这些问题只能由时间来回答了。

"做人如果没梦想，跟咸鱼有什么分别?"乔布斯的梦想在电子行业，他成功成为了一个传奇。成功的因素有很多，梦想只是一个起点，乔布斯抓住了所有的因素，而更多的人只能在寻梦的路上苦苦坚持。然而无论如何，只要努力了，人生的价值也就体现了，结果有时并不重要。毕竟成功是不能复制的。人活着并不是都要颠覆宇宙，有时一个小小的自我突破也值得骄傲。

孙正义：19岁时就应规划未来50年的发展目标

孙正义是软件银行集团公司的创始人、董事长兼总裁。他在不到20年的时间内，创立了一个无人能够媲美的网络产业帝国。这个帝国不是普通的实干型帝国，不是受他管理和统治的帝国，而是一个由他支持扶助的高科技产业帝国。不过更神奇的是，他在19岁时就细致地规划好了未来50年的发展目标。

19岁时的梦想，40多年的追赶

孙正义出身于日本南部九州岛的一个小业主家庭，父亲是朝鲜人。孙正义拥有典型的日本人身材，身高不足1.6米的他从小就有雄心大志，大约10岁那年，他就认定自己将来大有出息，会成为日本数一数二的大富商。

19岁那年，孙正义只是一名准大三的学生，刚刚成年他就勾画了40个公司的雏形，并制订了“人生50年规划”。如今人们看来，孙正义这一路走来都是在实践着当年所做的规划，这真是令人惊叹。当年的孙正义是这样规划的：“无论如何，20多岁的时候，正式开创事业、扬名立业的大好时光；30多岁的时候，至少要赚到1000亿日元；40岁的时候，一决胜负，为干出一番大事业，开始出击；50多岁的时候，成就大业；60多岁，交棒给下任管理者。”

孙正义还在美国上学的时候，还是一个发明家和贸易大王。1978年，正在加利福尼亚大学伯克利分校读书的孙正义，构思出世界上第一台语音电子翻译机，它由语音合成、字典和液晶组合而成，这一构思让他赚到了第一桶金。但是这一桶金却不是通过制造这台翻译机得来的。孙正义知道如果凡事都要自己亲力亲为，远远比不上将各领域的领军人物集中到自己麾下效率高。因此，他找到语音合成领域的世界级权威、本校教授莫泽尔博士，说服他与自己合作开发这一产品。几经周折，孙正义见到了“夏普”的负责人、“日本电子产业之父”佐佐木，佐佐木被这个这个年轻人的勇敢、认真和大胆打动了，于是用4000万日元买下了这个发明，孙正义获得了自己的第一桶金。

这可以看出孙正义本质上是一名商人，这50多年来，他一直追赶着时间，追赶着金钱。哪里有钱赚，有大钱等待着的领域，他就奔赴到哪里。

1981年23岁的孙正义成立了软件银行，在半年之内，与日本42家专卖店和95家的软件业者交易来往；同时孙正义还说服了日本大财团如东芝和富士通共同参与软件银行的投资。然而规模扩大之后却因为经营不利遭遇损失，一年之后，孙正义退回财团原有投资资金，自己肩担起责任。无心插柳柳成荫，这一举动让人们看到孙正义的信用，赢得了前辈们的佩服和认可，软件银行开始声名鹊起。

反其道而行之，不走寻常路

孙正义在其演讲中曾经讲过，他没有走99%的人所走的路，而是反其道而行之，让梦想为自己开路。孙正义没有凭借自己现有的资金、实力去做最可行的事，而是设定一个非常大的愿景，然后再决定要在多少时间里面实现这个愿景。

比如中小企业希望取得巨大的成功，那么你就必须先给自己设定目标，如在自己独有的领域或所在的小镇先争取做到第一；在获得这个第一之后，再给自己设定更大的目标，如在另外的领域或其他市镇争取做到第一；那么多个第一逐步加起来，就能成为很大的第一，如此就可以取得很大的成功。

孙正义刚出生的时候，家里的情况并不是很富裕，父亲靠养鸡养猪来讨生活。在大学期间，很多人都在勤工俭学，可是孙正义却不想去洗盘子、打零工。因为他认为那样没有创造性，他想通过自己的发明创造去赚钱。这与孙正义高中时期，与写《犹太人经商法》的日本麦当劳经理藤田田之间的见面有关。“我如果还年轻，才不会搞食品销售，而是去做和电脑相关的生意。”藤田田的话给了孙正义很多启发，也给这个勇敢、冲动的年轻人指明了今后努力的方向。

互联网可以改变人类的生活方式。孙正义认识到了这一点。1980 年孙正义从柏克莱大学毕业后，就回到了日本，决定从事软件批发行业。23 岁时，他创立了软件银行公司。在 1994 年，他的软件银行公司上市，筹集到 1.4 亿美元。从此，软银集团开始大步腾飞。

努力地工作，勇敢地战斗

人们对孙正义拼命工作的事迹津津乐道，有关他的勤奋故事则难以计数。比如从日本到美国求学，孙正义仅用了 3 周时间就从高二连跳数级，考入美国高校，成为一名美国大学生。而在大学期间，孙正义化身为“学习狂”，他像超人一样不知疲倦，平均每天只睡 3 小时，最多也不超过 5 小时。

曾任软银美国总经理的泰德·多罗塔曾总结出孙正义两点与众不同的能力：一是看穿问题本质的惊人能力，并且能够迅速作出应对；二是令人难以置信地拼命工作，像转动的时钟，似乎永不停歇。

此外还有一点：孙正义很勇敢，一直在勇敢地战斗。市场总是有限的，只有通过斗争，抢占先机，不停地战斗，最终才能够实现自己的理想。对于孙正义而言，战斗就是愿景。

虽然孙正义的身高不足 1.6 米，但是他一直有着一种强劲的攻击力。他曾经说过，作为领导者，一定要有不输于任何人的攻击力，否则就不能领导别人。“‘老好人’管不好组织。不过，扮黑脸的前提是‘真正爱之深’。如果感受不到仁爱，一味严厉冷切，没有人会跟着你。”

既有领导的威严和能力，又有一颗爱人之心，这就是孙正义，那个 19 岁以来就兢兢业业、恪守人生准则的战斗者。“20 多年来我一直以一个历史记录者的身份在关注他。他所说过的话，尽管枝节部分会有所出入，但根本的部分却是样样都变成了现实。”日本知名作家井上笃夫如是总结。孙正义以惊人的超前部署和规划，令世人赞叹不已。

郭台铭：我曾是个地道的打工仔

台湾业界有一位公认的“成吉思汗”——鸿海集团创始人、富士康科技集团总裁郭台铭。2001年他登上美国《福布斯》“全球亿万富翁”排行榜，并4次蝉联《福布斯》杂志的“台湾科技首富”。

郭台铭是名副其实的“富一代”，他靠着自己的努力赢得人生的第一桶金。为了学业和生活，他曾经是个地地道道的打工仔，尝遍人间艰辛。然而不甘心的他，随后凭借自己的聪明才智，在商场乘风破浪；这位“代工之王”将自己比喻为一只寒冬里的孤雁，屡败屡战，越飞越高，最终闯出自己的一片天地，迎来了自己的枭雄时代。

用结婚钱办起来的公司

1950年，郭台铭出生于台北板桥市的一个普通家庭。他的父亲是山西晋城人，随国民党从大陆到台湾，在台北做警察，母亲是山东烟台人。作为第一代外省人，郭台铭一家生活极不安定，十分艰难，郭台铭还有两个弟弟和一个妹妹，全家六口人生活的经济来源就是父亲一个人微薄的工资。

1966年，“中国海事专科学校”正好在台北市创立学校，15岁的郭台铭在这个学校完成了学业。由于家境贫寒，作为家中老大的他，自然而然就肩负起更多的责任。

为了给家里和父母减轻负担，郭台铭在求学期间靠自己的双手赚取学费，维持在学校的学习和生活。一有空闲的时间，郭台铭就到厂里打零工。在橡胶厂、砂轮厂和制药厂的打工生涯中，郭台铭半工半读艰难地完成了学业。

1973年服完兵役后，郭台铭在复兴航运公司当业务员。然而，具有商业头脑和野心的他，并不甘心做一个安定的公司职员，这一次他想翻身做主人，自己创立公司做老板。这时，他的母亲将辛苦攒下的20万元新台币（约折合现在的人民币5万元）交给郭台铭，让他用来结婚。然而，郭台铭只留下一半的钱用来结婚，剩余的一半则用来创业，

1974年，郭台铭看到塑料成品生产的市场。于是他出资10万元新台币，与朋友在台北创立了“鸿海塑料企业有限公司”，生产塑料产品。第一步往往是不顺利的，这时全球第一次石油危机爆发，直接导致塑料生产的原料价格上涨，需要更多的资金。而由于没有生产经验，公司经营不善，资金逐渐被花个精光，开始出现亏空、萧条的现象。原来的股东看不到公司的未来，先后一个个失望地退出。

但是对于郭台铭来说，这是他“用结婚钱办起来的公司”，无论如何他都不甘心让公司就此倒闭，于是他向岳父借来一笔钱，硬是把这家公司独自顶下来了，变成自己的全资公司。当时，黑白电视机刚刚在台湾地区兴起，郭台铭以独到的眼光瞄准了零件市场，决定放弃成品的制造，从不起眼的小小零件——电视机选台旋钮入手。一年之后，“鸿海”便从制造电视机选台的旋钮中获利不少。

1977年，郭台铭从一个个小小的旋钮中掘到人生的第一桶金，并极有远见地将这一桶金用来从日本购买模具设备，建起了自己的模具厂。靠着电镀和冲压厂，“鸿海”迅速拉开了与同行的距离，并以成熟的模具技术进入个人电脑连接器领域。随着雪片般蜂拥而至的订单，“鸿海”从模具打进电脑零组件代工，以“量大、低价”抢夺市场，逐渐建立起郭台铭的连接器王国。

1982年，郭台铭把公司更名为“鸿海精密工业股份有限公司”，继续投资1600万元进入计算机线缆装配领域。羽翼渐丰，郭台铭将远大的目光投向海外，在美国成立了分公司。1988年，“鸿海”年营业额突破10亿元，并在深

圳成立了有名的富士康集团，成为全球最大的个人计算机组装基地。如今，“鸿海”的子公司和基地遍布内地的深圳、昆山、杭州、天津、北京、上海、烟台……并广布全球，在苏格兰、爱尔兰、捷克以及美国休斯敦、洛杉矶等地设立了海外制造中心及国际分支机构，已成为全球最大的PC连接器、PC准系统的制造商。

他是一只寒冬里的孤雁，屡败屡战

“寒冬里的一只孤雁，要觅食，要在逆风中找好一个安全的落脚点，就只有努力地飞，飞得越高越好。因为只有这样，它才能生存下去。”人们把他称为翱翔于“代工世界”天际的雄鹰，他却喜欢用“寒冬里的孤雁”来形容自己。

这只以打工起家发迹的孤雁，成为一代巨富之后，虽坐拥百亿，却不穿名牌、不开名车，甚至使用的手机还是最普通的老款。在深圳龙华厂坐镇的郭台铭更加不拘小节，不讲究排场，堂堂一个总裁的办公室十分简朴，甚至说简陋也不足为过。冷冰冰的水泥地，几张会议桌简单拼凑而成的办公桌，以及折叠式的铁椅……一年之内，郭台铭通常在这个丝毫没有装潢的办公室里工作上半载。直至今天，郭台铭还是一副走在路上都看不出他是亿万富翁的装扮，但他却始终保持着创业时期的执着和勤奋。

正是勤奋和艰苦奋斗，才使郭台铭带领着鸿海，从规模只有30万元新台币、15名员工的小公司，发展壮大到营业额突破1000亿美元、员工超过100万人的世界级企业。然而，这一路走来，郭台铭并不是一帆风顺的，失败的经历曾经使公司陷入艰难，却始终不能打败他。

1977年，鸿海公司靠生产电视机旋钮开始扭亏为盈，但是郭台铭放弃了更大的赚钱机会——炒地皮，而是花大量的金钱买来日本先进的模具机器，并把所得的每一分钱都投入到自主研发和发展技术实力上。这一期间的艰辛摸索，让郭台铭付出了无数的心血和金钱，甚至导致公司的流动资金几次

“断炊”，直至他们接到第一批来自美国跨国公司的电子零件订单。

郭台铭第一次美国争取订单时，穷困的他只能住在一家偏僻的小旅馆；因为没有钱，他只能每天只吃两个汉堡，就这样坚持了5天，他才见到了客户。在美国发展业务和客户时，为了节约钱，省下资金，他独自每天住在12美元一天的汽车旅馆。

他的努力最终得到了回报，1982年郭台铭终于有了属于自己的厂房。紧接着，鸿海利用日本进口的新设备和自己的探索研发，开始进入计算机的全新领域，从此走出了发展成长的迷潭，获得转型的成功。1988年鸿海的营业额正式突破10亿元，开始步入世界级企业的队列。

如今的鸿海，已经今非昔比。郭台铭这只“寒风中的孤雁”，已经成为亚洲IT产业的领头雁。“一兆”新台币的退休计划已经提前实现，然而郭台铭并不满足现状，他已经将退休目标指向“两兆”新台币（近600亿美元），仍满腹激情地在制造业王国里奋斗。

马云：我人生的“上半场”过得并不精彩

“宝剑锋从磨砺出，梅花香自苦寒来。”不论是放牛娃出身连私塾都没念过，但最终成为大明朝开国皇帝的朱元璋；还是饱受眼疾、失聪，在生命的末日写下不朽的《欢乐颂》的贝多芬；抑或是自幼家贫，省吃俭用为读书最终成为伟大文学家的范仲淹，古今中外那些名满天下的人大都是在磨练中成长，最终成就一番事业的。马云也是这样一个人，平凡无奇，却在经历了无数困境后，在商业上创造出一个属于他的奇迹。

我的求学之路比你想象的要坎坷得多

马云出生在杭州西子湖畔一个普普通通的家庭，父亲是一家戏剧协会的负责人，母亲在钟表厂上班，都是普通的老百姓。他在年少时，也同中国绝大多数的孩子一样，唯一的任务就是：为了长大有出息，好好学习。

马云曾评价过自己小时候的学习："我从小是一个傻孩子，大愚若智，其实很笨，脑子这么小，只能一个一个想问题，如果谁连提三个问题，我就消化不了。"可想而知，其实马云小时候在学习上并没有什么天赋，从小功课就不好，尤其是数学很差，再加上相貌丑陋、个子矮小，很不讨老师喜欢。或许唯一能让人满意的，就是英语不错，13 岁就可以骑车载着老外满西湖转……

虽然是一个平庸学生，但他也有着清华北大的梦想。

第一次高考，落榜，数学只考了 1 分，回到家自然是遭受各种白眼和冷落，一个数学老师还曾经恨铁不成钢地说过："马云，你的数学真是无可救药，如果你能考过 60 分，我的余字倒着写。"看着那些嬉笑着准备上大学的同学，万般滋味在心头的马云无奈出去打工，结果同去一家宾馆应聘的表弟被录取了，他自己却因为长相丑陋被拒绝。之后马云又当过搬运工，还蹬过三轮送书。或许是天见我怜，本不喜欢读书的马云在一次送书歇息时随便翻了一本书，正是路遥的《人生》，书中饱经挫折的高加林尽管无数次被命运戏弄，但依然不愿意向命运低头，勇敢而又坚强地活着。看完书的马云像是被注入了新的血液，沸腾着一种叫"我一定能行"的激情。马云决定复读，来年再战。

不幸的是，第二次高考又一次落榜，数学也仅仅从 1 分提高到 19 分而已。父母也开始劝马云放弃学习，老老实实找份苦力活算了。两次高考落榜的打击，父母的消极态度，其他亲朋好友的看不起……这些都像是一块块巨石，压在马云的心头，让他喘不过气来。马云只能又蹬起了三轮……可能真的是冥冥中自有定数吧，让马云人生出现转折的契机出现了——《排球女将》，当年热播的日本励志电视剧，故事中的小鹿纯子为了排球的梦想一次次失败，却又一次次微笑着站了起来，她那坚定的眼神，阳光般的微笑，就像一道闪电划过马云的脑海，但却留下了永不放弃的精神烙印。马云决定再考第三次，由于父母的反对，他只能白天上班，晚上上夜校。

当再一次坐在熟悉的考场上，再一次握着笔写着熟悉又陌生的考卷时，马云心中无疑是忐忑的，还好幸运女神这次似乎格外眷顾，他数学破天荒地考了89分，虽然离本科还差5分，但由于同专业招生指标没满，而马云的英语又很好，所以他被杭州师范学院外语本科专业破格录取了。

大学生活中的马云一帆风顺，如鱼得水，因为口才好，善于说话，人际交往活络，短短几年时间内，他先是当选学校学生会主席，然后又成功竞选上杭州市学联主席，在此期间他也结识了很多朋友。马云一时间意气风发，一改以前“差生”的形象。

一切只是为了生存

1988年，24岁的马云毕业了，尽管深圳有公司答应给马云1000多元的工资，海南也有公司愿意给他3000多元的薪水，但因为对校领导的一个承诺，马云决定留在杭州电子科技大学教书6年。风趣幽默、别具一格的教学方式使得马云很快成为杭州优秀青年教师，并且发起西湖边上第一个英语角。

但是胸怀大志的马云不甘于寂寞，毅然辞职选择和朋友开翻译社。第一月收入700元，但是房租2400元，不光赚不到钱，还亏了很多。为了生存下去，马云开始摆摊赚取生活费，先是到义乌、广州去进货，回来后晚上到街头、广场上卖东西，小礼品、杂书、鲜花、衣服——什么好卖卖什么。正是这种不放弃的精神，感染了他的朋友们，使得翻译社熬过了艰难期，渐渐开始扭亏为盈。

马云的创业过程充满了各种艰辛，他还曾经受骗过很多次，印象最深刻的一次，按马云的话说，简直就是一部典型的美国式风格的好莱坞大片。

1995年，一个美国投资者在工程修建后拖欠了农民工工资，杭州市政府委派当时算是杭州英语一流水平的马云作为翻译去和那些美国人协调，结果美国人先是借口香港董事会不同意，然后又借口美国董事会不接纳一直拖着，马云一路跟着美国人去香港、去美国。到了美国后他才发现一切都是骗局，表面上是被好好招待，实际上就是软禁。历尽千辛万苦脱离他们的魔掌后，马云飞去西雅图投奔一个好朋友。在西雅图，马云接触到了互联网，这也是他人生发家致富的关键一步，更是成就他网络霸主地位最重要的一步。

之后，他成立了阿里巴巴公司，开拓了网上购物的市场，并且在财富之路上一往无前，最终凭借阿里巴巴公司坐上了“中国首富”的宝座。

创业之路总是充满新奇与挑战，而坎坷挫折在这条路上更是屡见不鲜，成功人士亦然，在成功之路上，他们也会有泥泞不堪的往事，但只有坚信未来，我们才能克服重重困难，敲开成功的大门。

丁磊：三次跳槽，我的事业之路并不平坦

随着互联网的使用率在生活学习中的不断增加，网易这一行业巨头也为更多的网民所熟知。而作为网易公司的创立者的丁磊，早在2003年，就凭借着网易带来的利润，成为美国《财富》杂志推出的全球40岁以下的富豪排行榜中的第14位，并一举荣登“内地首富”的宝座。那么，究竟是什么使他获得了这些常人难以企及的成就呢？

敢于尝试是成功的第一步

丁磊出生于浙江宁波的一个高级知识分子家庭，受其父亲影响，他从小热爱无线电，并在高一时便组装出自己的第一台6管收音机。高考后，他填

报了成都电子科技大学。

与同在IT界享有盛誉的比尔·盖茨和史蒂夫·乔布斯相比，丁磊大学的专业并非计算机或者相关专业，也并未有过中途辍学的经历，而是恰恰相反，在读书时期，他的成绩一直优秀。他曾在访谈中坦言，大学的学习让他拥有了独立思考和学习的能力，并且让他看清了天赋和爱好——大学的专业物理并非他的专长所在，而计算机才是他准备进军的领域。因此，在1993年大四毕业之际，丁磊做了一个不同寻常的决定——放弃继续读研深造的机会，回到老家宁波的电信局做工程师。

“我几乎天天晚上12点才离开单位，因为单位有Unix电脑。网易后来的成功和我很早就掌握Unix精华分不开。”丁磊在宁波电信局工作了两年，而在这两年里，他也并不只是安于现状，而是做了一些大胆的尝试，这些尝试也为他的日后的成功打下了不可或缺的基础。

1993年一次偶然的机会，他在一本杂志上看到北京新开了一家叫“火腿”的BBS站。当时BBS并不是时代潮流，该站点样式信息都十分简单直白，甚至可以说完全没有什么亮人眼球的东西，但眼光独到的他却觉得BBS是适合以后发展的一个方向。于是在第一次登上BBS的当晚，他就通过中国惠多网创始人之一孟超的帮助，搭建了属于他自己的BBS站。

之后的1994年，在他了解到Internet之后第一次使用便发现了“Yahoo!”。这个体验让他感觉十分新奇，并且一个想法在他的心中渐渐成形，那便是在信息服务业务上开拓市场。他向电信局建议，却迟迟等不到结果。

在那段时间里，他思虑再三，作出了一个在当时看来离经叛道的决定——不顾父母朋友的反对，离开电信局，去尝试新的工作，开拓新的视野。

而也正是这一次的尝试，让他的人生有了一次转折，从平淡到曲折的转折。

知难而上，再苦再累也要为梦想搏一把

怀揣着对新事物的向往，丁磊选择去广州闯荡。

初到广州的生活并不顺利，面试屡屡碰壁和资金拮据让他深深感受到了生活的艰苦，但好在他并不缺乏经验和耐性，终于在不久之后，他进入了外企 Sybase 工作。

这份工作让他的生活有了不小的改善，换作常人，或许会安于现状沾沾自喜，毕竟外企的待遇比大部分国企而言都要优渥不少，但丁磊却并不这么认为。

外企的工作看似光鲜十足，但对于丁磊而言，却显得枯燥乏味，少了些机遇和挑战。整日的数据库整理和程序调试让他觉得过于平淡，而且这也与他来广州的初衷相背，那么究竟怎样才能继续拓宽自己的视野，丰富自己的知识面呢？

在 Sybase 工作一年的丁磊决定跳槽。

此时的他又一次萌发了要开发 Internet 相关业务的想法，而且坚信 Internet 将会对未来中国的电子信息领域产生影响和撼动。可是这个想法的实现需要资金和技术支持，他都不曾拥有，也就是说这个念头完全没有可行性，该怎么办？梦想绝对不能放弃，丁磊脑海中出现了一个解决办法，就是找一家 Internet 相关公司，一边学习巩固技术，一边积累资金。

于是，丁磊找到了人生中的第三份工作——广州一家 ISP 的总经理技术助理。在这家 ISP 公司中，他终于对之前感兴趣的 BBS 领域有了新的突破，架构了 Chinanet 上第一个“火鸟”BBS，并结识到了很多的网友。

这段时间对于丁磊而言无疑是最为艰苦的，他整日伏案写程序，生活也被一行行的代码所充斥，但他却并不觉得苦累，因为在那样充实的生活中，他看到了 Internet 的前景，也看到了自己梦想实现的可能。但是这个积淀的机会并没有持续太久，在广州 IT 界激烈的竞争环境下，丁磊所在的 ISP 公司很快就面临生存的危机。无奈之下，丁磊选择了离开。

此时是 1997 年 5 月，失去工作之后的丁磊又进入了艰难期，他有些迷茫，或许这是一个创业时机？自己来广州，苦苦寻求的东西，不正是在 Internet 领域有自己的一片天地吗？做了 5 天的思想斗争，丁磊决定，再做一次大胆的尝试。也是在这种想法的催动下，一个对之后 IT 界影响深远的公司在 1997 年 5 月成立，并终于有了属于自己的名字——网易。

正视挫折，事业在艰难困苦中奠基

创业之初总是艰难的，问题接踵而至，先不说销售问题，想要开发 Internet 服务，需要的人员和技术又从哪里来？产品呢？

成立之初，网易整个公司除了丁磊，就只有 3 个员工，工作非常繁重。其他员工最迟工作到 9 点就回家，但丁磊往往要趴在电脑前工作到一两点。那段时间，他脑子里全是 Internet，吃饭都不肯放下。但缺少运营经验的他不知道怎样去使公司盈利，甚至连项目启动资金都难以拿出。

但他坚信“办法总比困难多”，加上之前和广州电信局沟通效果不错，他在没有正式启动网易之时就已经将网易的第一个 BBS 开机运行，并且反响很好，所以在面对这些困难时，他并没有因太过着急而放弃，而是更加坚定目标，努力工作，积极应对。

他先是利用自己的人脉将自己的 BBS 在 3 个月内获得了不小的收获，而后又开发一系列应用，为客户开拓更好的空间和价值，后又通过媒体宣传增加网易知名度，这些都为网易之后的名声大噪奠定了基础。

而在之后的日子里，网易也不断作出新的开发和取得新的成绩，最终在 2003 年丁磊凭借网易荣登“内地首富”的宝座。

“人生是个积累的过程，你总会有摔倒，即使跌倒了，你也要懂得抓一把沙子在手里。”这是丁磊对当初困难经历的一句很简单的总结，现在的他在看待早年的挫折时，仍抱有感激之心。成功之路哪里有一帆风顺的，艰难困苦，玉汝于成，事业总是在艰难困苦之中奠基的。

宗庆后：我的事业从卖 4 分钱一支的棒冰开始

1987 年一个闷热的夏日午后，已经 42 岁的宗庆后做了一件人生路上最大胆也最正确的事，他从亲友那儿借来 14 万元钱，接手了一家长年处于亏损中的校办工厂。首富宗庆后“娃哈哈”饮料王国就是从这家工厂最初生产的 4 分钱一支的冰棒开始的。悠悠 20 余载，如今这位从冰棒发家的首富已经坐拥超过 100 亿美元身价，成为福布斯华人富豪榜中的常客。

受学生青睐的保健品

1987 年 5 月 1 日，杭州上城区校办企业经销部正式在杭州市清泰街 160 号成立，这是娃哈哈的前身。宗庆后甚至不敢将怀中揣着的 14 万全用完，只添置了几张桌椅，简单粉刷了一下墙壁，就这么开张了。而这个未来的“饮料王国”当时仅有 3 名员工——宗庆后和两名退休教师。

最初，宗庆后把市场主要定位在学校。他服务非常周到，只要学校一个电话打过来，无论是严寒还是酷暑，无论是刮风还是下雨，他马上就蹬着三轮车，送冰棍去学校。很快，宗庆后就在上城区的中小学和幼儿园建起了口碑，“当时一根冰棍只卖 4 分钱，平均一根利润就几厘，但销售网络很快就建立起来了”。

利用学校的销售网，宗庆后干起了销售代理的活儿，主要是销售一种名为“中国花粉口服液”的营养品。这种口服液据说可以增强人体免疫力，包装较为精美，价格也比较贵。为了打开销售局面，宗庆后骑着自行车，多次前往口服液的生产厂家，与他们协商，要求将营养品换成简易包装，以降低成本。事实证明，宗庆后很有商业头脑，降价后的口服液变得供不应求，在当时杭州地区的学生中间流行起来。

宗庆后再一次把握住了机会，他多次前去拜访杭州计委，最终说服他们筹建起“杭州保灵儿童营养食品厂”，随后在原厂家的配合下组建了一条全新的灌装生产线，日产量多达 1 万盒。

宗庆后在行动前先做了广泛的市场调查：他一共调查了 3006 名小学生，并发现他们当中有 1336 人存在着不同程度的营养不良的状况。他敏锐地发现了一片更为宽广的市场空间，也坚定了他开发生产儿童营养液的决心。宗庆后完全抓住了市场的先机，当时国内并没有专门生产适合儿童服用的营养液的企业。

宗庆后很有魄力，一下子拿出 5 万元开发经费，邀请当时浙江医科大学营养系的资深教授朱寿民负责研制配方，随后又邀请老字号店铺“胡庆余堂”的高级技师张宏辉负责营养液原液的制造。

当时张宏辉已经退休，无意“出山”，宗庆后没有放弃，三顾茅庐，甚至把自己家中一套三室一厅的房子让给了张，自己却带着一家人挤在原来那间 10 平方米的旧房子里。

很快，营养液就研发成功，以红枣、山楂、枸杞、桂圆等为原料，有很高的营养价值。宗庆后骨子里流淌着天生的商人的血液，他知道好的商品只有配上一个响亮的名字才能打进市场。为了给营养液取一个好名字，宗庆后专门在《杭州日报》刊登广告，为营养液实行有奖征名。最后，宗庆后从一大堆可选名字中挑中了“娃哈哈”三个字，因为这三个字不仅读来朗朗上口，是每个儿童最早就会学会的开口音节，同时与当时一首红遍大江南北的儿童歌曲同名。

“喝了娃哈哈，吃饭就是香”，很快，娃哈哈儿童营养口服液的广告词就人尽皆知，凭借超前的市场意识，娃哈哈为宗庆后淘到了第一桶金。

“小鱼吃大鱼”的市场玩家

1990 年，仅通过营养口服液这一项产品，娃哈哈的销售额就突破亿元大关。1991年，在杭州市政府的批准下，当时仅100来人的杭州娃哈哈营养食品厂以8000多万元的金额兼并了杭州罐头食品厂，这是一家有2000多名员工的国营老厂。这是娃哈哈第一次“小鱼吃大鱼”的尝试。当时，杭州罐头厂已经陷入严重的经营困境，这次兼并一举两得——不仅解决了罐头厂2000多人的就业问题，还让娃哈哈摆脱了生产场地及工人严重不足的困境。

然而，宗庆后并没有满足于自己所取得的成绩，他明白自己创业的梦想不应该止步于此。虽然娃哈哈营养口服液仍旧是市场中的畅销产品，但他已经察觉到，保健食品的生命周期比较短，很难取得持续的发展。宗庆后决定从保健食品向食品饮料转型。

1991年年末，继“喝了娃哈哈，吃饭就是香”后，又一句广告语红遍中国，那就是“妈妈我要喝，娃哈哈果奶”。凭借着超强的广告效应和过硬的产品质量，娃哈哈果奶很快畅销于大江南北。之后，宗庆后又充分利用了原杭州罐头厂的研发优势，相继推出了八宝粥、银耳燕窝等罐头食品，都取得了不错的销售成绩。

“销地产”灵活布局

一炮走红的娃哈哈成了中国千家万户的“大红人”，但宗庆后也开始在心里犯起了嘀咕：虽然娃哈哈很火，但它的生产厂家还是局限在杭州境内，如何将娃哈哈做到生产与销售一条龙呢？恰逢1994年党和国家号召企业对口支援三峡移民建设，宗庆后牢牢把握住了这个大好时机。在重庆市涪陵以“移民经费与移民任务总承包”的改革思路的指导下，娃哈哈与当地政府各出资4000万元，通过兼并当地的3家特困企业从而建成了娃哈哈涪陵有限公司。这是娃哈哈在外省成立的第一家子公司。

娃哈哈资金雄厚，技术成熟，产品优质，很快就打开了涪陵市场的僵局，并以涪陵公司为切入点，积极进军中国西南市场。随着市场产值和利税的连年快速增长，娃哈哈涪陵公司的影响力与日俱增，很快就跃居重庆市工业企业 50 强。

通过这一次“销地产”的尝试，宗庆后尝到了甜头。自此，娃哈哈的子公司开遍了中国各地。到 2007 年为止，娃哈哈一共在全国各地成立了 100 余家子公司。宗庆后明白，一家企业要想走得更久、更远，就一定要承担起社会责任。为了宣传娃哈哈的企业文化，拓展娃哈哈的品牌影响力，宗庆后将娃哈哈许多生产类型的子公司设在了一些贫困、落后地区，如湖北宜昌、吉林靖宇、湖北红安、四川广元等。这不仅解决了娃哈哈产品生产的问题，也解决了当地人的就业问题，促进了当地经济的快速发展。

宗庆后做梦也没想到，当年那个靠自己奔波于杭州城区各个学校间、靠卖冰棍维持运转的经销部已经成长为一家颇具规模的大企业。然而，他又很感谢当年那个敢想敢拼的自己，生命不息，梦想不止。

Part 2

创业艰难百战多，胜者终将成王者
——首富的“创业课”

有人说，创业是一项十分残酷的竞技比赛，1%的成功者是从99%的尸体上跨过去的，这句话一点也不假。创业初期的艰辛似乎是每一个成功的企业家在成为“王者”之前都要品尝的苦果，世界首富们亦是如此，没有人能跳过艰苦奋斗的岁月直接摘下王者的桂冠。

沃伦·巴菲特：捷运公司诈骗案里的财富契机

出生在1930年的沃伦·巴菲特，是全球投资领域的一个传奇人物，他生于美国内布拉斯加州的奥马哈市，被外界尊称为“奥马哈先知”。在他的资本运作生涯中，除了以实际资产的飞速上涨证明了自己的投资天赋之外，还多次在别人不敢轻举妄动的非常时机押对了宝。就连在艰难险阻的创业阶段，他照样能在捷运公司诈骗案里找到财富契机，实现资本的最初积累。那么，我们不禁想问，这些年，成就他世界首富地位的，到底是他逢赌必赢的好运气，还是稳操胜券的天才投资智慧？

美国捷运公司子公司成立，遭受巨额诈骗

1963 年夏天，美国捷运公司的子公司——美国捷运仓储公司遭受诈骗，几乎使整个公司陷入信誉扫地的境地。事情是这样的，美国捷运仓储公司在毫不知情的情况下接受了一大批联合原油精炼公司用海水冒充的罐装食用油，联合原油精炼公司用美国捷运仓储公司开出的收据作为抵押取得了银行的贷款。而联合原油精炼公司总裁安东尼·迪安杰里斯在拿到这些银行贷款之后，试图操作色拉油期货市场，结果输得一塌糊涂。他的违规操作引发很多家经济公司技术性破产，致使美国的金融市场陷入旋涡。到了当年 11 月中旬，债权银行到捷运仓储公司现场去检验色拉油，揭开了这场天大的骗局。粗略统计，美国捷运公司在这次的恶意诈骗事件中损失 1.5 亿美元。但是，法律上规定的捷运仓储股东责任仅捷运仓储资产上所有的 36 万美元而已。这剩余的巨额漏洞怎么填补呢？

美国捷运公司总裁霍华德·克拉克是一位有影响力且讲诚信的经营者，他懂得在公司没有有形资产的情况下，依然有这么多的投资者选择追随美国捷运公司，就是因为捷运公司的信誉。而在变幻莫测的金融市场领域，公众的信任才是保证公司正常运转下去的法宝。于是，在损失的承担者还未确定之前，他就宣布承担起损失，先拿出 6000 万美元给仓库的债权人以求息诉。

屋漏偏逢连夜雨，美国捷运公司受到诈骗的消息传出后，又恰巧传来肯尼迪总统遇刺的消息，美国金融市场一度陷入极大的恐慌中。双重打击下，美国捷运的股价从 65 美元每股开始疯狂下跌，仅仅用了一两个月时间的时间就近乎腰斩，跌至 35 美元每股。

违背恩师信条，购买一种特殊的股票

而巴菲特却从捷运公司的诈骗案里，嗅到了财富的味道。

若从沃伦·巴菲特在 1941 年购买人生中的第一支股票算起，到 1963 年，年仅 33 岁的沃伦·巴菲特就已经拥有 20 年的股龄了。在这 20 年中，沃伦·巴

菲特买过无数支股票，但是师从保守谨慎的投资人本·格雷厄姆的他，在投资实践中更多地继承了格雷厄姆的投资信条，即购买一种股票必须以“来自于统计数据的简单而明确的数字论证”为基础。简单地说，就是在决定投资一种股票之前，要以那些运营资本、厂房、机器、设备等可以被确定的有形资产为依据。因此，在此前他所购买的股票中，很少有例外的。直到1963年，沃伦·巴菲特一反常态，开始关注并研究起一种与他以往所买的任何股票都不相同的股票——美国捷运公司股票。

没有工厂、没有机器、没有设备、没有任何硬件资产，沃伦·巴菲特选中美国捷运公司，就是因为这个名字的特许权价值。也就是说，在沃伦·巴菲特看来，这个公司最大的价值就在于它拥有独占市场的权利。在那个年代，旅行者支票比较流行，而美国捷运公司在全国范围内拥有旅行者支票市场80%的份额，并且在付费卡上也拥有主要的股份。巴菲特仿佛看到了一块即将到嘴的肥肉，尽管这种公司没有实实在在的资产可以评估，但是巴菲特依然坚信，没有任何一个公司能够在当时取代美国捷运公司。那种由于顾客的忠诚度而被赋予极大价值的产品，是无法通过简单明了的统计数据表现出来的，就算背离恩师格雷厄姆的投资信条，他依然淡定自若。

又是在别人唯恐避之不及的时候，巴菲特将自己资产的40%，大概1300万美元用来投入到这种股票上。这场赌博风险巨大，若投资失误，意味着巴菲特辛苦数年所积累的资产将大大缩水，同时他股神的声誉也将受到影响。

然而，巴菲特的这次判断，不但为他保住了好声誉，同时也为他带来了多于原有投资两倍的丰厚回报，这一切仅仅用了两年时间。

巴菲特将大比重资产投入到美国捷运公司的股票上之后，他的投资组合便大部分集中在美国捷运和伯克希尔上了。巴菲特对美国捷运的选择，来源于他对捷运公司产品质量及管理能力的乐观预测下，因此当数以万计的华尔街基金管理者持有上百种不同的股票时，巴菲特的投资组合仅有 5 种股票，分别是：美国捷运、伯克希尔及另外 3 种。对于巴菲特来说，他不愿意将资金过分分散投资并不仅仅是因为嫌麻烦，更主要的是因为在当时的条件下他能够找到的符合其投资理念的股票很少。

在诈骗案里寻找财富契机是巴菲特投资生涯中打得比较漂亮的一仗。和那些只看到表面的基金管理者不同，巴菲特的这次成功完全取决于他对捷运公司的了解。他了解捷运公司的赢利、费用、现金流量、劳工关系，以及公司的资本需要、分配与运用状况，所以才敢借着这次捷运公司诈骗案股票大跌的机会，大手笔地抄底进军捷运公司。

巴菲特的这次冒险投资之旅为美国乃至世界金融界树立了一个伟大且理智的投资大师形象，他用自身的实际投资经验证明，股票投资和毫无头脑的赌博不同，它不是一种仅靠运气就能获得收益的游戏，而是一种有着规律的合理具体事业。

比尔·盖茨：从哈佛退学从商

在 IT 行业，“微软”可谓是在神坛之上屹立不倒的巨头，其运行系统被运用于千家万户，同时为人类社会全面进入信息化时代作出了巨大的贡献。21 世纪，科技发展的步伐日益加快，人们对于 IT 产业的需求量越来越大，而这巨大的需求量为微软带来了不可估量的收益，最终使微软的创始人比尔·盖茨获得了“世界首富”的宝座。比尔·盖茨的商业帝国究竟是如何缔造的呢？

“学业”和“兴趣”之间的抉择

作为白手起家的成功商人中为数不多的学习优异者之一的比尔·盖茨，在少年时便展现了他对数字异于常人的敏锐感觉和非同一般的聪明智慧。他热衷于科技，对未来科技的发展拥有十分强烈的求知欲。同时，年少的他，知识面也非常开阔，热爱阅读和思考。在这种求知若渴的思想的催动下，他的各方面品质都比同龄人优秀许多。最终，他以优异的成绩被哈佛大学录取。

众所周知，哈佛大学是世界上门槛最高的学府，是所有在校学生憧憬的知识殿堂。当时比尔·盖茨能够进入哈佛研修，是被众人艳羡的。大学中的比尔对学习依旧保持着兴趣和认真。虽然在当时，从哈佛退学从商并且取得成功的例子不在少数，但他却并没有想过自己会走上这条路。

但命运从不会与自己所想象的完全契合。当比尔以为自己会和大多数学生一样安安稳稳地度过大学生活时，一个机遇出现在他的视线里。

少年时的好友艾伦放弃了原住地的工作，在哈佛附近住下准备创业。

艾伦的目的非常明显——他希望能够拉到比尔一起合作，建立自己的公司，在商业道路上闯出自己的一片天地。毕竟比尔在数学方面的才华是别人无法媲美的，而他们对计算机的天赋也是从小就被对方所熟知的。那时候，比尔的成绩在哈佛并不算很好，除了数学每次都800分以上以外，其余都只是B等的程度。

艾伦的出现和创业的点子让比尔开始反思之前的决定——对于知识，他是渴求的，但大学的专业却并非他所热爱的科技或是编程，而且自己在哈佛的成绩一直平平；对于创业，他并不排斥，如果能够在实践中将自己的优势发挥出来，还能够积累财富，何乐而不为呢？

在艾伦的劝说和自己的反复斟酌下，比尔终于决定，放弃学业，走上商业之路。而这个决定，也成为他为自己的辉煌人生迈出的第一步。

经验，创业之初的“必需品”

若是追溯比尔的创业史，或许离开哈佛之后成立公司并不是他第一次创业，他成立第一家公司是在八年级时。

在 1972 年，他和艾伦在杂志上发现英特尔公司一款新推出的 8008 微型处理芯片后，毫不犹豫地花了 376 美元买了一颗芯片，不久就这个芯片的基础上摆弄出一台机器。为了赚钱，他们成立了一家交通数据公司，并四处寻找业务，想要出售自己设计出来的数据分析机器。只是保罗·艾伦跑了好几个州，都没有寻找到用户源。没有消费者，这家公司便没有了资金的支持，最终只能不了了之。

然而这次经历并没有让比尔觉得气馁，他将自己的心思暂时压下，等待厚积薄发。

之后，在比尔上大一时，计算机市场相较于之前他们成立通讯公司之时已经显现出了较好的苗头。上一次的失败所积累的经验告诉他们，电脑的发展已经到了关键的时刻，电脑革命一旦爆发，将会引来一场翻天覆地的科技狂潮，将电脑推向千家万户，成为像电视机、录音机那样普及的家用电器。而这里面的商机，无疑是十分巨大的。

于是，在这种商机的诱惑下，他们成立了属于他们的第二家公司。

机遇降临在 1975 年元旦，他们在杂志上偶然翻看到第一台上市的微电脑“牛郎星 8800”时，便决定将公司的发展方向规划到这个领域。

第一台微电脑上市，但是运用在它上面的语言命令却十分的枯燥和匮乏。这时，比尔灵机一动，为什么不编写出能够运用在这种微型电脑上执行的语言呢？

于是他们费尽心思弄来了微型电脑的说明书，在哈佛的计算机中心没日没夜地干了 8 周，终于将把一种简单的语言——BASIC 语言的架子简单地拼凑在了一起。

而后，BASIC 语言让他们迎来了公司成立以来的第一笔生意，也终于让他们尝到了盈利的甜头。然而这时，比尔的课业却日益紧张，于是他们不得不放弃了属于他们的第二家公司。

他们的创业之路在这时候看来并不平坦，但这两次创业却让比尔积累了不少的经验——第一次的经历让他知道了时机的重要性，只有抓准时机，生产出符合市场需求的产品，才能够将自己的心血推广给大众；第二次的经历让他明白了创新的重要性，在市场发展形势一片大好的情况下，只有创造出更加容易被消费者接受的产品，才能让自己的公司更加有竞争力。

于是，这两次的经验被比尔运用在了他从哈佛辍学之后的第三次创业上。

从哈佛退学后，比尔和艾伦通过编写代码的数量分配了股份，并根据各自擅长的领域分配了公司的部门管理权，于是微软公司在比尔 20 岁时终于成型。

在深刻的观察过产业发展水平和远眺过发展前景之后，他们决定将 BASIC 语言进行完善与拓展，最终借助“牛郎星”的风行，将 BASIC 语言推广到了市场之中，同时赢得了 GE 和 NCE 两大客户。

在此之后，微软的发展势如破竹，迅速占领了美国 IT 行业一大部分的市场，最终发展到现今受无数人追捧的地位。

比尔·盖茨的创业之路并不平坦，然而这份曲折却让他在失败中积累了许多经验。

并不是每次探索都能得到自己想要的效果，但回首走过的路，我们能够吸取教训，并积累经验，这也正是创业者创业之初最需要的。

经验能够磨砺我们发现商机的慧眼，经验能够锻炼我们抓住机遇的敏锐，经验能够搭建起我们通向成功的桥梁。

史蒂夫·乔布斯：我的第一桶金只有 1300 美元

卢梭说："当一个人能一心一意去做一件事的时候，他必然会成功。"

牛顿说："跌倒了，爬起来。这就是一个人最大的成功。"

……

在通往成功的路上，有的是心态赢人，有的是紧追目标，有的是运用创新，有的是天赋加机遇……每个人对获取成功都有不同的见解。

对于乔布斯来说，他的成功无法被人超越或者复制，但他的成功里面除了天赋兴趣之外，更多是一心一意的坚持。坚持过程中的种种困难无疑成为宝贵的经验，也成为他成功路上的指路明灯。

兴趣指引下的坚持

乔布斯的第一桶金诞生在他 16 岁的时候，当时他通过一种能够免费打长途的"蓝盒子"赚取了 1300 美元。而在乔布斯的这份收入里有一个很重要的人物，这个人正是日后在乔布斯创立"苹果"后有重要贡献的斯蒂夫·盖瑞·沃兹尼亚克。

又有谁能想到，这个开创了乔布斯创业先河的"蓝盒子"，一开始仅仅只是沃兹和乔布斯的恶作剧。说起当时乔布斯和沃兹的恶作剧的兴趣可以说是"臭名昭著"，乔布斯因此被停学过两次。但正是他们的恶作剧般的兴趣，不经意间却为他们打开了走向创业的路。

沃兹是一个拥有丰富电子学经验的"电子小孩"，他在童年就受到父亲的影响，积累了大量关于电子学的知识和经验。在之后的学习和生活中，沃兹更是将大量的时间用在了“电子创造”上，不同于别的同龄人将兴趣放在异性或者派对，他宁可将时间花在电路的组装上。就这样，沃兹在电子件的陪伴下度过了小学四年级到高中四年级的时光。

1970年注定是一个不平凡的年度，两个拥有着相同兴趣以及天赋的少年，两个在当时其他同龄人眼中有些异类的人相遇了。就像两股河流汇聚在了一起，他们在之后的时间里翻起了一朵朵更大的浪花。甚至他们也没想到正是这次见面，开创了一个名为“苹果”的时代的先河。

1971年9月，沃兹发现了一个新的恶作剧，当时他和乔布斯都是单纯地把这件事当成恶作剧在做，之后乔布斯一个可以称之为天赋的提议，却让他们的人生的走向都发生了天翻地覆的变化。

当时通讯公司的保密措施并不完善，一个名为约翰·德雷珀的黑客找到了漏洞并发表了一篇名为《小蓝盒的秘密》的文章。他在上面写道：“早餐麦片附赠的哨子发出的声音，与电话网络中用以传输呼叫的开关发出的音频是一样的，都是2600赫兹。这样就可以骗过系统，允许长途电话接通，而不产生额外的费用。”文中还提到其他一些可以作为内部线路控制的单音频信号的信息。由于涉及电话电报公司的重大利益，刊登那篇文章的杂志被紧急下架。但听说此事的沃兹和乔布斯认为这是非常值得探索的，因此他们尽最快速度去寻找这本杂志。

也许是冥冥中自有天意，沃兹和乔布斯并没有费太多时间就找到了这本杂志，上面完整地记录了他们需要的所有资料。

当天晚上，沃兹就动手制作所谓的“蓝盒子”，一开始并不顺利，但后来在新的材料和同学的帮助下，沃兹还是制作出了这个令人觉得不可思议的电路。

如果没有沃兹和乔布斯对电子和恶作剧的兴趣，可能也不会有这个苹果“起源”的诞生。兴趣是最大的动力。当一个人能拥有足够实现自己兴趣的自由和毅力时，这份动力可能就能化为开创未来的潜力。创业就是这样，没有足够坚持下去的兴趣，没有苦中作乐的精神，创业又谈何成功。

天赋也是关键

制作出蓝盒子以后，沃兹和乔布斯一开始还仅仅将目的停留在恶作剧上面，但乔布斯的创业天赋使然，他提出了一个划时代意义建议——将“蓝盒子”用作商业用途。随即他们俩确定了日后扮演了数十年的角色——制作和销售。

在销售的过程中，乔布斯开始展现他在销售上的天赋。一个成本40美元左右的蓝盒子，乔布斯将销售价格定在了150美元。在最初挨个寝室推销的过程中，乔布斯一遍一遍演示“蓝盒子”的用法并介绍它具有的价值。购买者会将“蓝盒子”用在什么地方乔布斯并不关心，但他尽可能将“蓝盒子”的作用介绍完整。就这样一只又一只的“蓝盒子”从沃兹的手里诞生，又从乔布斯的手里卖了出去。

然而这份疯狂的工作在一次意外中结束了。在推销了100个左右“蓝盒子”后，乔布斯前往伯克利销售他下一个“蓝盒子”。但这个“蓝盒子”并没有像之前那样顺利地销售出去——向乔布斯购买“蓝盒子”的人用枪抢走了那只“蓝盒子”，正是这次意外，结束了这场有些疯狂的销售行动。

谁也说不好这究竟是巧合还是注定，但这次经历为乔布斯和沃兹确定了自己的兴趣和天赋能带来财富这一理念，也为他们注入了足够的信心。两个在电子上充满兴趣的年轻人，用这种恶作剧式的开局，但又一本正经的过程，出乎所有人意料地划出了一个新的时代。

乔布斯的第一桶金除去各项成本和开支只有1300美元，数字并没有太大的意义，但这一次收入却证明了兴趣与天赋对创业的意义。

每个人都有一份创业的梦想，每个人都想走上成功的道路，那么请热爱你所选择的路吧，将路上每一个困难都视作挑战去克服，将每一次克服困难都视作享受。你会发现，成功在不经意间离你越来越近。在创业的路上，当你发现自己所擅长的领域时，请不遗余力地从这条路开拓下去吧，未来也许不是一帆风顺，但每一次的得心应手都会是一剂莫大的强心剂。热爱你所选择的路，了解你所拥有的能力。也许你不能复制别人的成功，但在未来，你也能拥有一片属于你的蓝天。

马克·扎克伯格：成功带有偶然性，你必须顺势而为

马克·扎克伯格少年成名，是家喻户晓的计算机天才。作为风靡全球社交网站 Facebook 创始人，“神童”、“比尔盖茨第二”、“世界首富”这些标签让他的一切都被外界披上了传奇色彩。然而，我们在惊叹他年纪轻轻便取得如此骄人成绩的同时，却忘了回望他的成功之路。扎克伯格太过年轻，我们更愿意将他的成功看作一夜成名，因而也就对扎克伯格的财富更感兴趣，忽视了真正支撑他成功的并非对财富的占有欲望，而是将世界连在一起的创业初衷。同时被我们忽视的是，在创业的路上，扎克伯格付出过多少努力，品尝过多少辛酸，舍弃过多少难以割舍的机会成本。

到底是年少轻狂，还是天赋异禀？

马克·扎克伯格的出身并没有太多优势，一个纽约的普通犹太人家庭，父母都是医生。若非要论起在马克·扎克伯格成功的道路上家庭对他的帮助，那可能就是父亲在 20 世纪 90 年代教导他 Atari BASIC Programming 之后，聘请软件研发者 David Newman 当他的家教以及送他去家附近的大学旁听计算机研究生课程，这可能对他的成功大有帮助。据马克·扎克伯格的父母回忆，自从

10 岁马克·扎克伯格得到人生中的第一台电脑之后，从此电脑就成了他最好的伙伴，他的大把时间都花在了电脑上。

随后，马克·扎克伯格在计算机方面的独特天分就渐渐表现出来了，在他只有 12 岁的时候，为了方便父亲在家里和牙医诊所之间的信息交流，他编制了一款名为“ZuckNet”的软件程序。这套程序的可贵之处并不仅在于给父亲提供了便利，还在于它是美国在线实时通信软件（AOL）的原理和思路参考版本。到了高中时代，他又创作出一套音乐程序，名为 Synapse Media Player，可以通过借助人工智能来记录听众收听音乐的习惯，并且这款软件程序在 Slashdot 上得到了 3 颗星的评价。扎克伯格在计算机方面的作为很快引起了微软及美国在线的注意，两家大企业纷纷向他抛出橄榄枝。然而，2002 年年仅 18 岁的扎克伯格拒绝了年薪 95 万美元的工作机会，于同年 9 月进入哈佛大学深造。

哈佛宿舍里的突发奇想

在哈佛岁月里，被 Vargas 称为“程序神人”的扎克伯格突发奇想，想帮助本校同学通过参照其他同学所选的课程来确定自己的课程，也就是说，选课的同学只要在用户网页上点击一门课程，就能找到其他报名选学这门课的同学。不过很多注册该系统的用户似乎更热衷于通过这个选课系统知道让自己心仪的男生女生选了哪门课，再选报相同的课程来增加和他们交流的机会。同学们的这一心理，激发了扎克伯格建立交友网站的灵感，既然大家都想多认识一些朋友，为何不建立一个平台，满足他们的交友需要？

于是，Facebook 问世了，2004 年 1 月扎克伯格在网上向域名公司支付了 35 美元，注册了名为 The facebook.com 网站一年的域名使用权。同年 2 月 4 日下午，他在宿舍点击了自己在 Manage.com 的账户链接，Facebook 从此启动。

网站开通之后，迅速在哈佛校园引起了轰动。一个多月的时间，整个校园 3/4 的学生都在 Facebook 上注册了账户，他们都主动提供自己的资料，利用这个平台来和朋友聊天互动，认识新的朋友。

这个交友平台的受欢迎程度完全超乎了人们的想象，没过多久，注册用户就扩展到美国主要的大学校园，随后又扩展到包括加拿大在内的整个北美地区。从2006年9月11日起，Facebook抛却层层限制，允许任何用户输入有效电子邮件地址和自己的年龄来注册。此后，Facebook的影响范围更加广泛，成为全球范围内的社会化网络，可以说风靡全球。

辍学只为抓住机会，顺势而为

马克·扎克伯格“盖茨第二”的美名除了来自于他和比尔盖茨一样在计算机方面所具有的旁人所不能及的天赋之外，大概和他像比尔盖茨一样从哈佛大学辍学有关。随着越来越多的学校被邀请加入该网站，Facebook的运营需要大量时间和人力来专门维护，在朋友肖恩·帕克的鼓励，以及前辈比尔盖茨的影响下，他最终在恋恋不舍中离开了这个天之骄子聚集的地方——哈佛。他终于成了一名全职创业者，同时也和那些金融界大佬微软创造者比尔盖茨、苹果创造者乔布斯一样，被贴上了“大学辍学者”的标签。

关于这段辍学创业的经历，扎克伯格并不后悔，他曾公开表示：“成功有时只是一个意外，一些人要等到很晚才可以。可现在就有那么多事情需要做，为何要等待?”

不忘初心，方得始终

扎克伯格曾多次公开表示，他创立Facebook的目的并不是为了赚钱，而是要实现自己的一个梦想。其中，在上市“公开信”中扎克伯格再次强调：“Facebook的创建目的并非成为一家公司，是为了践行一种社会使命，让世界更加开放，联系更加紧密。”

若从这一点上考虑，扎克伯格是非常成功的，正如美国《时代》周刊2010年的评选活动中对扎克伯格的评价一样：“他完成了一项此前人类从未尝试过的任务，将全球数亿的人口联系在一起，并且建立社交关系，如果将他联系起来的人口数量聚集在一起当作一个国家的话，那么扎克伯格的Facebook王国是仅次于中国和印度的第三世界大国。”

对于未来的发展方向，Facebook的招股书中写道：“根据行业数据，全球目前有超过20亿网民，我们的目标是将这些人全部联系起来。”

“让人们联系起来”，这个简单的梦想就是扎克伯格的创业动力。那些抓住机会不放手的顺势而为，都只为实现这个最初的梦想，至于在实现梦想过程中创造出来的巨额的财富，就算是上帝送给这个单纯孩子的礼物吧。

李嘉诚：我在意大利塑胶公司的学徒生活

李嘉诚的好学是出了名的，无论是身为“打工仔”，还是成为首富，他还是坚持每天阅读大量的经济类杂志。好学一直是他成功路上必不可少的精神支柱。尤其他那一段直至今日仍然为人们所津津乐道的意大利“偷学”故事，一直被广为传颂。

成功，从“好学”起步

1957年，对大部分人来说是平凡的一年，但对于李嘉诚来说，绝对是意义重大的一年。这依旧要从李嘉诚的好学开始说起。1950年办厂以来，虽然也经历了挫折困难，但最终在李嘉诚的不懈努力下，长安厂走上了正轨。但终究只是香港无数厂子中普通的一个，李嘉诚并不满足于现状。他有在晚上阅读经济类杂志的习惯，而正是这个习惯，成就了之后的“塑料花大王”。

有一天，李嘉诚在阅读《塑胶》这本杂志时，无意间看到了一则被普通人一掠而过的消息，然而李嘉诚凭借敏锐的直觉抓住了这条信息——意大利某公司已经研制出塑胶作为原料生产的塑料花，正打算向全世界招寻分销商。同样身为塑料产品制造者的李嘉诚自然知道这种小小的塑料花在当时市场有多大的意义，这完全是一个具有无限潜力的市场空缺。当夜，李嘉诚兴奋得难以入眠，他看到了长安厂一举超越同业的希望，决定尽快动身，抢先把握住这份商机。

1957 年春，李嘉诚踏上了去意大利的征程。

成功，以“偷学”为路

到达意大利后，一向勤俭的李嘉诚匆匆找了一家普通的小旅社安顿下来，便动身寻找那家公司。他忙碌的身影和当时美丽的春色有些格格不入，路上到处是来意大利旅游的游客，李嘉诚四处问路却总是得不到想要的答案。终于，在两天后，李嘉诚找到了这个饱含着他当时全部热情和希望的工厂。但这时，另一个问题摆在了李嘉诚面前：李嘉诚那时候并没有那么大的资金去购买专利权。

意大利方面，该公司当然深知自己的产品在当时塑料制品市场的重大意义，而且外国在专利方面的意识远超国人，而那家公司更不会轻易将这么一块可口的美味还未品尝就拱手转让。种种思虑之下，李嘉诚想到了一个说不上点子的点子——“偷学”。

之前也说过意大利方面正在向全世界招收分销商，而李嘉诚上门后，也表明了自己愿意做公司在香港的分销商。这对于急于将塑料花在全世界打开市场的意大利公司来说，自然是一个喜闻乐见的消息，因此李嘉诚顺利进入了意公司，并受到了意方的友好招待。

李嘉诚当时急于将塑料花工艺带回香港，毕竟时间就是金钱，商场更是战场，稍有不慎便会落入下风，因此李嘉诚在极短的交流后，便要求查看塑料花的各种款式。当时李嘉诚的急切引起了意方小小的怀疑，但想到这也许是香港人特有的性格，对方便也没有多疑虑，将李嘉诚带到了产品陈列室。

来到产品陈列室的李嘉诚仿佛一下子打开了新世界的大门，但他不能表现得过于急躁，以免作出太多不自然的动作表情引起对方的怀疑。李嘉诚一边向接待员旁敲侧击地询问关于塑料花的所有信息，一边集中十二万分注意力，将每一款塑料花都拿起来细细观察，并牢牢记在心里。当时的李嘉诚心里是强忍着激动的。在观察完所有的款式并记住了所有细节后，李嘉诚才像一般的分销商一样，买了各种样品说要回国尝试销售。

然而，只有样品没有技术是做不出塑料花的，李嘉诚盯着手里的样品端详了一晚上，苦苦思索着如何将技术搞到手，终于他想出了一个连他自己也不知道可不可行的方法——去那家塑料厂当工人，借此学习制作工艺。但毕竟已经在该公司露过面，如果被认出，那这份工艺自然就无法学习到手。结果事情却出乎李嘉诚意料的顺利，并不在意工资的他在接受了普通员工的一般工资条件后，正式成为该公司的员工。而工厂由于环境问题并不是和公司在一个地方的消息，更是让李嘉诚放下了最后的心。

李嘉诚在当时的塑胶厂只是一个废品清理员，但正是这个身份，使他得以自由出入各个生产车间。李嘉诚一边推着清理废品的小车，一边一圈圈地在各个车间游走，争取将每一道工艺都看在眼里，记在心里。而与此同时，李嘉诚发现该工厂有不少中国人，在尝试交流后，凭着同胞间的感情，工人们不动声色地将一些光是观察无法注意到的细节告诉了李嘉诚，最终李嘉诚得到了较为详细完全的生产工艺。

李嘉诚回国前做的最后一件事是调查了各个款式在当时国外市场的销售情况，最终大致了解了消费者对塑料花各个款式的喜爱程度。

带着各种宝贵的信息，李嘉诚回到了香港，将塑料花推向市场，一举成功。他并没有因这短暂的成功而头脑发昏，始终先人一步，最终成为香港的"塑料花大王"，当然这是后话了。

其实成功真的没有什么捷径，没有方向，就努力地去寻找方向；没有路径，就自己闯出一条路来，同时保持清醒的头脑，敏锐地抓住通向成功路上最重要的钥匙，成功便在不远的地方。但现在很多人成功前怕苦怕累，小有成就后就自我膨胀不再愿意放下身段去接触基础工作，甚至有所成就后便不思进取，蒙蔽双眼，错失商机，最终在商海激流中成为历史的尘埃。

三人行，必有我师，在通向成功的道路上，我们应虚心好学，努力进取，一步步完善自我，将成功牢牢抓在手心。

马云：有时你无需张望，只需低头拉车

创业路上坎坷颇多，但坚持就会有希望。马云原本是一个普普通通的英语老师，却立志创业，用自己的亲身经历在商界给世界的年轻人上了生动的一课：创业确实很艰难、很迷茫，而且随时会有种种困难，但只要牢记初心，坚持下去，你就会看到希望，待到春暖花开时，定然会悄然绽放属于你的那份光彩。

跌跌撞撞着前行

小学考重点中学考了三次没考上，大学考了三次后也是在侥幸的情况下才被杭州师范学院的英语本科录取，或许正是这种天生的“差生”性格，注定了马云和别人不同。风光的大学生活和安逸的教学生涯还是没有磨平马云那颗不甘平凡的心，反而愈发让其躁动起来。

马云幽默风趣的教学方式在学校还是很受学生们欢迎的，但每月仅 110 元的工资根本满足不了家庭需求。马云找了不少兼职，并且利用课余时间为到杭州观光的外国友人担任导游，可是这样的零工并没有提高多少收入。

1992年，马云和他的一帮朋友们成立了杭州最早的专业翻译社——“海博翻译社”，一有闲余时间就四处接翻译的业务。尽管如此，社内的经营仍然十分困难，仍然是入不敷出，更不用说有盈利的钱来补贴家用了。翻译社的“困境”让马云不得不再去找些“兼职”。在那段日子里，他硬着头皮，做一些小买卖来改善自己的财务窘境。

他选择了摆地摊。

先是在大街上卖，但是因为长得丑不讨人喜欢，卖得不怎么好，还受人白眼。后来转移到小摊多的广场上卖，这才凭借自己的口才在众多小摊中占据一席之地，以此维持翻译社的经营。

前进的道路总是崎岖的、坎坷的，然而正是这段经历，让马云有了一种面对挫折不屈不挠平和应对的心态，也对之后他的创业之路有了很大的帮助。

马云一路跌跌撞撞着前行，不知道路在何方，不知道路该怎么走，但是他相信，只要坚持，只要耐心寻找，一定会有机会的。

万事开头难，但怕有心人

“机遇总是留给有准备的人的”，这句话真的没有说错。艰难经营的“海博翻译社”虽然没有带来多少盈利，却是改变马云人生的关键因素之一，正是翻译社带来的一次出国的机会，让马云第一次接触到了互联网。

那还是在美国朋友家的时候，马云第一次接触到了互联网。那时候的他对电脑甚至有一种恐惧感：“我甚至害怕触摸电脑的按键。我当时想：谁知道这玩意儿多少钱呢？我要是把它弄坏了就赔不起了。”

但真正让他迸发灵感的火花的是，当他好奇地在搜索引擎上输入“啤酒”这个单词后，结果只有美国和德国的品牌，马云迅速意识到，互联网有着很广阔的前景，尤其是对于在这方面几乎空白的中国来说，更是难得一遇的好机会。

很多人接触互联网后想的是其背后的技术问题，但是马云思考更多的却是商业模式问题。

机遇降临，怎么能白白看着它离开呢？马云自然不会放任机会飞走。

1995年4月，回国后的马云马上辞职，找朋友借了2000美元开办了“中国黄页”，业务主要是为其他商业公司制作网页。当时一个汉英双翻加一个大彩图的网页就是5万，这次尝试着实让马云大赚了一笔。1997年底，马云又在北京相继开发了外经贸部官方站点、网上中国商品交易市场等一系列政府站点。

在当时的马云看来，他似乎找到了自己要走的方向。

相信冬天过后必是春天

尽管公司盈利不错，但他在商业之上却有着更大的野心。1999年，马云毅然决定放弃在北京的一切，回杭州创办一家能为全世界中小企业服务的电子商务站点。回到杭州，马云马上集合最初的创业团队开始策划，势必要作出令人惊叹的壮举。经过一番商议，众人凑了50万元启动资金，根据地就是马云的家里——阿里巴巴就这样诞生了。

万事开头难，和当初海博翻译社刚开始的处境一样，公司又小，经营还相当艰难。最初团队里的朋友都是身兼数职，马云自己的生活也是相当拮据，新衣服能不买也是尽量不买。

功夫不负有心人，在马云和朋友们的不懈努力下，阿里巴巴开始被很多人知道，美国的《商业周刊》和英文版的《南华早报》最早报道了阿里巴巴，这只名不见经传的“小蚂蚁”终于开始在海外崭露头角。

可惜福祸双至，正在公司开始有些名气的时候，公司的资金遇到了瓶颈：账户上的流动资金根本不足以维持公司的日常运营。巧妇难做无米之炊，纵有再多想法和思路，没有资金将其实施，所有想法都只能是空谈。但是在这种危急关头，马云却没有丝毫放弃的想法，一边安抚公司成员继续加油，一边精挑细选那些想投资阿里巴巴的公司，哪怕是多耽误时间也不能胡乱选择投资商。马云希望第一笔风险投资除了能带来钱，最好还能有其他更好的资源。

经过多方交涉，以高盛为主的一大批投资银行终于向阿里巴巴投资了500万，真可谓雪中送炭，总算是解了燃眉之急。后获得日本软银总裁孙正义2000万美元的投资，阿里巴巴的发展更是一日千里，成为中国互联网界的遥遥领先者。

然而好景并没有持续多久，2004年纳斯达克指数开始暴跌，并且持续两年低迷不振。互联网界开始进入冷冻期，很多大公司困在其中，崩溃倒闭的也不在少数，但是阿里巴巴在马云的正确领导下，如履薄冰地度过这段危险期，彻底在中国互联网界站稳了脚跟，哪怕是后来的非典时期，公司的业绩也没有受多大影响。正是因为马云的坚持不懈，甚至可以说是顽固的精神感染着阿里巴巴公司的每个员工："我们即使跪着活，也要活着一天。"

任何人在创业之初都不可能一帆风顺，成功者和失败者的区别就在于面对困难的态度。失败者把成功看得太遥不可及，只愿瞻仰，而不愿闷头前行；成功者则只在乎自己前行的路，无论未来如何，选定了就勇敢闯荡，低头行路，最终和成功的距离越来越近。

想要成功，或许可以学习马云的"闯荡方式"——有时你无需张望，只需低头拉车。

张朝阳：可以做很多次梦，但必须做对一次

创业需要梦想的支撑，也需要选择的支持——我们可以拥有很多梦想，但是只有选对了自己的路，才能够舞出人生的精彩。对于搜狐总裁张朝阳而言，他的创业之路，正是他在众多梦想之中选择最为正确的一条。而这条路，即使并不平坦，却在最后引导他走向了成功。

创业之前的迷茫期

作为当时能够进入清华大学进修的“天之骄子”之一的张朝阳，和众多大学的学子一样，在校园里过着以学习为中心的枯燥生活。大学专业是他所热爱的，他甚至曾梦想过，以后要在这条学业之路上一直走下去，成为像杨振宁那样的人。

他的成绩的确不错，在后来的全国统招，他以第 39 名的成绩获得去美国麻省理工学院继续深造的机会，公费出国。

而在美国，繁华的都市生活、课余时间的见闻却让他对自己原来的梦想有些质疑，他的爱好很多，难道真的要把毕生都投入物理事业之中？当明星或许更符合自己的性格，他开始做起了“明星梦”，甚至自创了一套“张氏劲舞”。

可是如果当明星，假设自己出不了名，要拿什么来吃饭、租房子？

张朝阳曾在访谈中说过，美国那段经历教会了他如何面对现实。

那时候的他十分迷茫，常年学习物理的他并不知道扑在物理上面能给自己带来什么，他开始对自己的未来展开思考。

直到后来他争取到麻省理工学院中国联络执行官这一职位，才终于看到了一点未来的希望。他于是梦想留校，在麻省理工学院争取自己的一席之地。

然而，后来的一次访华，却彻底改变了他的想法——那时，他才渐渐从选择梦想的跌跌撞撞的旅途中找到了正确的方向。

既然选择了，就要坚持下去

1994 年，张朝阳陪同当时的麻省理工大学校长访华，遇见在清华担任副校长的校友，这段经历让他坚定了回国的信念——是的，在美国，自己顶多就是个校长的跟班，但回国内，自己的天地将会变得极为广阔。于是，他又有了一个在中国开拓自己的一席之地的梦想。而这个梦想，也成为他的最终选择。

1995 年 7 月，张朝阳回国的念头变得十分强烈，他想创业。那时候，美国随处可见的“硅谷”创业模式激起了他的热情，而且他清楚地认识到互联网经济极为惊人的商业和社会价值。

他突然想到了之前找过他、想要合作在中国互联网领域开拓市场的哈佛的好友。那时候，好友正在 ISI 公司做总裁，他和张朝阳的想法相近，两人一拍即合，于是融资 100 万美元，张朝阳在 1995 年底以 ISI 公司驻中国首席代表身份，开始用 Internet 在中国收集和发布经济信息，为华尔街提供服务。

回国之后的创业经历无疑是艰难的，他自己回忆，当时一个月美国所供给整个公司的资金只有 5000 美元，而这些资金包括了公司租屋费用、员工薪资和项目投资费用。那段时间，无疑是他最为“清贫”的阶段。

这是自己选择的路，他深刻地明白，没有人能在创业之初就一帆风顺，而为了梦想，他一定会坚持下去。没有人能动摇他在国内发展的决心，而机遇就在不远的前方等待着他。

用别人的钱做自己的事

在ISI工作了一段时间，张朝阳想起了自己的初衷——自己是要在中国市场占据一席之地，而不是只为他人工作。想要实现这个梦想，在ISI公司工作显然不能满足他的需求。于是，他决定开拓属于自己的事业，以自己的力量去开拓中国的互联网领域。

然而，想要实现这个设想，光资金紧缺就是一个极大的问题。

这是，张朝阳想到了融资——他想以风险投资的形式来吸引商圈的成功人士的眼光，使他能够拼凑出创业所需的启动资金。当时，的确也有不少人对中国互联网行业的前景有着很好的预期，而如果项目成功，他们投入的资金将会得到一本万利的回馈。本就有远见再加上张朝阳的游说，很快他便凑足了18.5万美元的启动资金，而这笔资金也让他最终成立一家属于自己的公司。

1997年1月初，ITC网站正式开通，这也成为了张朝阳创业最初的成果。然而接近年关时，他第一次融资得来的18.5万美元已经被消耗得所剩无几，公司一度陷入了连工资都发不起的窘境之中。被逼无奈之下，张朝阳再次想到了融资。

他向他的投资人再一次发出了“求救信号”，而有了一些成果的张朝阳这次又获得了10万美元的活动资金，这正好解决了他的燃眉之急，同时也为他下一步的产品科研提供了资金。

艰难前行，终于有了突破性进展。1998年2月，张朝阳正式推出了第一家全中文的网上搜索引擎——搜狐（S0HU）。这个搜索引擎又为张朝阳吸引了Inter等两家公司210万的投资，而正是这些投资，让搜狐开始在互联网行业中站住脚跟，同时也让张朝阳在商业之路上一往无前。

张朝阳在创业之时，并没有什么底蕴，而是“取巧”，靠风投得到了创业最初的资金。这种方式看起来似乎比苦苦打拼要轻松很多，实则不然。说服商家投资，需要有对市场风向的预见性和极好的口才，想要拥有这一点，比起踏实工作而言，或许更加困难。

张朝阳创业的成功，与他的梦想密不可分——人生之中难免彷徨、徘徊，但梦想对于人生而言，就像是黑暗中的光亮，能够指引你前行的方向。梦想的多少并不会影响未来的行路，只要正确地选择自己的方向，就能通向成功的大门。正如张朝阳自己所说："在人生中，我们可以做很多次梦，但必须做对一次。"

任正非：华为在破旧厂房中走过最艰苦的一段路

如今，华为在全球都可谓赫赫有名，人们惊艳于它光鲜的外表，对它的产品也青睐有加。然而人们不知道的是，华为在创办初期，也曾有过一段异常艰辛的经历，而这段经历可以说是日后华为凝聚力的源泉。

不惑之年，不畏艰辛

大多数人认为，创业要趁年轻，连中国古语都有言，"三十而立"。由此可见，创业最好的年纪是青壮年——但这个情况在任正非身上有些颠覆，他决定投身创业之路时，已然到了不惑之年。

然而年龄并没有限制任正非的冲劲儿，他用不亚于年轻人的朝气和不畏艰险的精神，带领着华为的创业团队走过了一段最为艰苦的岁月。

1991 年 9 月，华为租下了深圳宝安县蚝业村工业大厦三楼作为研制程控交换机的场所，50 多名年轻员工跟随任正非来到这栋破旧的厂房中，开始了他们充满艰险和未知的创业之路。这里也成为华为在商业之路上第一个停靠的港湾，在这里，他们满怀希望地憧憬着和工作着。最终，他们开启了华为在创业路上的第一程。

那时候的华为名不见经传，但任正非却觉得有了属于自己的家，虽然条件很差，但他和他的团队却甘之如饴。

他们把整层楼分隔为单板、电源、总测、准备 4 个工段，外加库房和厨房。挨着墙排开十几张单人床，外加用泡沫纸箱板上加床垫的地铺，就是所有人的住所。华为最初的员工就以此为家，吃住都十分艰苦朴素。

在 20 世纪 90 年代，空调是一种极其奢侈的电器，所以当时楼里并没有空调，只有吊扇，人们在这样的高温下夜以继日地工作——设计制作电路板、话务台，焊接电路板，编写软件，调试，修改，再调试。

当然，环境只是他们面临的困难中的一环，在创业之时，他们最大的困难出现在资金上。

但办法总比问题多，虽然那时候华为没有钱买设备，但这个团队却有着强大的脑力支持。

技术人员用万用表和示波器来测试交换机，用放大镜一个个地检查电路板上成千上万的焊点。遇到交换机的大话务量测试，往往要将所有的人都叫到一起，每人同时拿起两部话机话筒来检验设备的性能。

在那时候，无论学历高下，团队里所有的员工总能打成一片，亲如一家。

在这样的情况下，任正非几乎每天都到现场与团队共同工作，开会研究面临的困难，和大家一起协调解决各式各样的问题。遇到吃饭时间，任正非和公司领导就在大排档同大家聚餐，并且自掏腰包不定期地“犒赏”员工。

这种体验让任正非和华为团队建立了一种极高的友情和默契，他们不再单单是上下级的关系，更是朋友、伙伴甚至家人。

任正非凡事亲力亲为的态度也让大家受到了鼓舞，这也提升了华为自身的凝聚力。

“那种情景恐怕只有在20世纪五六十年代的中国才能见到。在华为历史上，也很难再有第二次”。

苦难是一笔财富

华为在苦难中缓缓前行，在10年后终于有了近200亿的市值，也早已离开了最初的那个厂房。

然而那段经历，却也成为任正非记忆之中最为宝贵的一部分。

任正非的远见、通透，几乎都是在那时磨练出来的。

苦难和贫穷带给任正非的，还有吃苦耐劳和坚韧不拔的品质。面对生存给予他的种种困境，他并没有选择气馁放弃，而是迎难而上，竭尽全力对抗命运设下的关卡。

“生存下来”的信念让他敢于面对现实，放下所有的抱怨和不平，在艰苦的环境中不断充实自己，锻炼自己，认识自己的不足，弥补自己的缺点，为日后的崛起做好先行准备。

任正非40多岁才开始自己的创业之路，在20年的时间里，他将华为打造成一个科技帝国，成就了一段普通人无法直视的辉煌。而在这过程中，他的坚持不懈是华为集团形成巨大凝聚力不可忽略的重要原因。

坚持不懈、艰苦奋斗也成为华为员工贯彻到生活方方面面的一个原则。事实上，只有把艰苦奋斗落实到现实之中，并且经历过真正艰苦的人，才能理解这个原则的价值，才会自始至终去贯彻它。

人生在世，不可能一直处于坦途，逆境挫折都在所难免。任正非的梦想之路，起步就比寻常人要晚许多，这无疑给他造成了一定的阻碍——但只要前行的意志坚定，这些小小的阻碍又算得了什么呢？

创业本就艰难，梦想之花需要血泪的灌溉，面对命运的不公，我们不必抱怨，因为只要我们低头前行，在不远的前方，机遇总会给我们意想不到的惊喜。

艰难困苦所造就的是人面对挫折不屈不挠、永不言败的精神和不抛弃、不放弃的勇气，而这些在成功之路上都是不可或缺的。

成功之人与庸碌之人，通常是在逆境中拉开差距的。学会正视挫折，坚持梦想，人生才能够绽放出最美的花朵，梦想才能被送达成功的彼岸。

Part 3

找最佳拍档，组最尖刀团队——首富的“团队课”

21 世纪不是靠单打独斗就能雄霸天下的时代，而是团队合作的时代。正如中国古代谚语中说的一样：“众人拾柴火焰高”，拥有一支具有很强向心力、凝聚力、战斗力的团队就等于拥有了一把制胜的利剑。因此，寻找最佳拍档，组团刀尖团队也是世界首富们的必修课。

约翰·D.洛克菲勒：创业初期，你最好找个合伙人

成功需要团队的力量，一个人单枪匹马很难攻下成功的壁垒。约翰·D.洛克菲勒的成就让后世惊叹，但他的成功也并非只是他一人的努力。标准石油在当时甚至在现在的辉煌，都少不了他的合作伙伴的功劳。

不同寻常的“合作伙伴”

1858 年，洛克菲勒结识了比他大 12 岁的英国移民莫里斯·克拉克先生，从他那里了解到很多发财的诀窍后，洛克菲勒决定与克拉克一起创业。在创业之初，他遇到了大多数人都会经历的困难——资金缺乏。

看着自己腰包中仅存的 800 美元，他想到了之前父亲给过他的一个承诺——“每个子女成年后都能分到 1000 美元现金”。他打起了这 1000 美元的

主意。然而当时美国的成年标准是 21 岁，约翰离这个标准还差了一年多。若是按照平常父子之间的相处模式，得到这 1000 美元并非难事，但约翰和比尔这对父子却是一个特例。比尔并没有直接给约翰这些资金，而是让约翰以年息 10%从他这里贷款。

为了开拓业务，约翰遵从了父亲定下的规则，然而让约翰没想到的是，他的父亲根本不按常理出牌，总是在他资金流动最紧张的时候向他“讨债”，不论约翰如何哀求都无济于事。按照比尔的话说，这是在锻炼儿子的危机意识和在商场上临危不乱的应变能力，他要和自己的儿子做买卖，让儿子懂得商场无情。这个做法在当时虽然让约翰甚是反感，但不得不说，这对他之后的从商之路好处极大。

在之后的一年里，约翰从父亲那里“借取”了一部分的流动资金，使自己的第一家商行“克拉克——洛克菲勒商行”的货物流动量达到 45 万美元，而其净利润也达到 4000 美元。

此时约翰的年收入比之前在别家商行做记账时的收入翻了近 7 倍，第二年又福星高照，利润上升到 14000 美元。

约翰早年的成就与其父亲的“帮助”脱不开关系。作为约翰众多合作伙伴中最为特殊的一个，他的父亲比尔除了给予他最初的资金帮助之外，还用自己的方式给予约翰从商之路所必备的“条件”——商业头脑和应变能力。这样的“合作伙伴”，在创业之初是必不可少的。

并非任何形式的“帮助”都能让创业者在创业之初打下坚实的基础，有时候，伙伴刻意营造的“逆境”反而能够激发创业者的斗志，从而让创业者在前行的道路上更有勇气，并且朝着既定的方向，坚持不懈，一往无前。

在面对这样的伙伴时，或许起初创业者会头疼万分，但展望未来，他们给予的“帮助”是不能以金钱物质来衡量的，这种不同寻常的“合作伙伴”在创业之初必不可少。

前行路上，有目的地选择助力

从商行中盈利不少的约翰并没有过于沾沾自喜，而是对财富有了更大的渴求，他和克拉克商议后与另一位伙伴安德鲁斯合作，又新成立了一家公司。不过，在打拼一段时间后，约翰和克拉克在公司经营上有了分歧。

在公司经营上，克拉克和约翰都非常有主见，也正因为如此，在公司不断发展之后，两人的意见总是不能统一。日久天长，他们之间的矛盾加深，人心涣散之下，公司也陷入了亏空10万美金的困境之中。

最后，他们在商议下决定将公司拍卖给出价最高的人。出价最高的人将取得从事石油生意的业务，另一方只能保留代理商行的业务，且以个人经营为主。

1865 年 2 月 2 日，约翰在拍卖中取得了胜利，这一天也成为决定他一生石油大业的一天。

而在不久之后，另一个对于约翰意义重大的合伙人出现在他的生命中，他叫弗拉格勒，是一位精明能干、大胆泼辣的商人。而他所能奉献的身家对当时正处于困顿时期的洛克菲勒—安德鲁斯公司而言无疑价值巨大，他本身精明的头脑和特有的商业策略对约翰而言也是一个很大的助力——这样优秀的合作伙伴，约翰怎么可能舍弃呢？

公司需要发展，仅凭约翰和安德鲁斯的努力，还不足以让公司发展到约翰心里想象的那个规模，而弗拉格勒的出现正好弥补了约翰心中对未来规划的空缺。弗拉格勒加入后，约翰和安德鲁斯的公司便正式更名为“洛克菲勒—安德鲁斯—弗拉格勒公司”，而有了资金支持，他们便开始拟定公司新的发展战略。约翰的两个合作伙伴对约翰的商业头脑深信不疑，因此在约翰决定要“扩大生产”时，两人表现出了支持的态度。他们很快把资金投入了原油炼制生产，来扩大生产并催生新的市场。自此，这家三人公司很快就差不多垄断了铁路专用运油车皮，并且以雄厚的财力打动了当时的铁路公司的新任副董事长詹姆斯·德弗罗，后者给予了他们非常优厚的运输条件，从而使三人公司炼制的原油，在运输速度上拥有了别的商家和工厂无法比拟的优势，并迅速占据了国内的市场。

对于合作伙伴，刚刚创业的约翰的选择十分有目的性——公司成立之初，他选择与克拉克结盟。克拉克比约翰年长 12 岁，在商场上打拼许久的他，拥有约翰所缺少的沉着谨慎和经营之道。公司成立之前与他合作，约翰可以很快地架构好公司的架子；安德鲁斯为人沉稳老练，在众人都想发横财的时代却目光独到，并能够支持约翰的举措，这样的合作伙伴在公司初期运营时，能够给予约翰的帮助相比于克拉克更加巨大；弗拉格勒出现对于创业时遇到困难的约翰来说，是一根“救命稻草”。他精明能干，并且能够对所有决定保持冷静的态度，能给予约翰鞭策与鼓励。他们三人虽然出现在创业之初不同的时期，但对于约翰来说，其帮助无疑都是十分巨大的。

创业之初，需要保持冷静的态度和敏锐的眼光，对于合作伙伴的选择，需要有目的性和针对性。不是任何给予帮助的人都会成为优秀的合作伙伴。面对局势和商场的竞争，一个出色的团队对创业者而言十分重要，约翰所选择的历任合作伙伴值得所有创业者深刻地剖析学习。

有目的地选择合作伙伴，这会成为成功路上的一大助力。

比尔·盖茨：我和我的好伙伴保罗·艾伦

商业之路上，伙伴的陪同必不可少，而作为“世界首富”的比尔·盖茨，之所以能在IT行业中一往无前，他的伙伴保罗·艾伦功不可没。他们的关系，并非一般的合作伙伴。可以说，他们共同见证风雨，共同享受成功。正是因为有了这样一个由他和至交艾伦组成的“团队”，微软在世界商业舞台上所建立的形象才更加坚不可摧。

“臭味相投”的伙伴

比尔·盖茨和保罗·艾伦友谊的开端或许要追溯到他们的童年时代。童年时期，按照保罗·艾伦的描述，年长比尔·盖茨两岁的他和比尔·盖茨的家境相差甚远。比尔·盖茨出生在美国西雅图的一个上层家庭，父亲是著名律师，母亲是教师，从小便有优越的读书条件，而他在孩提时代就表现出了在数学方面惊人的天赋。而保罗·艾伦的父亲则是华盛顿大学的图书馆副馆长，家境并没有比尔·盖茨的殷实，但他有自由出入图书馆的得天独厚的条件。因此，在童年时，保罗·艾伦也读过不少书，包括计算机科技方面的各种图书，并对计算机起了不小的兴趣。

两人真正意义上的相识，起于比尔·盖茨在湖滨中学就读之时。那时候，保罗·艾伦高比尔·盖茨两个年级，而当时比尔·盖茨令人惊艳的数学成绩，让他注意到了这个看起来面容青涩、十分瘦弱的学弟，并很快和他见了面。

两人一见如故。在交流中，他们发现彼此对计算机技术都有着近乎执念的喜爱，于是两人很快成了很好的伙伴。

保罗·艾伦对于那时候的比尔·盖茨而言，可谓是“创业的启蒙者”。他们极度重合的兴趣爱好和近乎天才的大脑，让他们在计算机的研究上可谓顺风顺水，更让他们很早就对计算机领域有了很大的野心，于是两人更加坚定了想要创业的信念。而也正是这个信念，让比尔·盖茨日后在IT界创造了一个“不败的神话”。

一个“臭味相投”的伙伴，对一个成功者而言，作用无疑是巨大的。在商业之路甚至是人生之路上，这样一个伙伴，能够帮助你找到前行的方向，并在前行之路上，互相扶持，互相鼓励，带着对于目标坚持不懈的信念到达胜利的彼岸。

不惧风雨，携手并进

在和保罗·艾伦相识之后，比尔·盖茨在计算机方面的兴趣被极大程度地得到了激发，在湖滨中学，他们两人利用大量的时间窝在机房操作计算机——也正是在这时，他们萌生了创业的想法。

既然彼此在计算机领域这么有兴趣和天赋，那么为什么不就此开辟一番事业呢？

在这种想法的驱动下，他们在比尔·盖茨八年级时便创建了一家公司。然而好景不长，由于缺乏经验、缺少资金和产品销路，他们只能放弃。

他们第二次成立公司是在比尔·盖茨在哈佛求学之时。那时候艾伦在华盛顿工作，并极力劝说比尔放弃学业，进入商界和他一起创业。当时比尔有一些犹豫，可创业的野心和对计算机的热爱，让他很快便决定：利用哈佛的有利条件和保罗·艾伦一起迈出在创业路上的第二步。在实验机房里，他们将代码拆成几份，分工明确，最后终于完成了世界上第一个计算机编程语言的基本框架。

就在这时，比尔·盖茨的学业压力变得十分巨大，而在家庭的反对下，比尔不得不放弃了第二家公司的运营。若是换作平常人，在遭遇一次次的失败与变故之后，必定会气馁继而相互埋怨，但保罗·艾伦却没有。此时的他，拿着他们的成果去往别的州县奔波，并且最终为比尔和他们的公司拿下了第一笔订单。

保罗·艾伦在遇到困境时的“不抛弃、不放弃”，让比尔·盖茨有了深深的感触，并最终促使他放弃了在哈佛继续深造的机会，决定与艾伦共同打拼。于是，在后来举世闻名的“微软”公司成立了。

公司创立之初的日子并没有比尔想象的那么艰难，从小便相识的比尔和艾伦两人的配合也十分默契。很快，他们便拿到了几个大客户，并在两人的配合下，将原来和MITS进行的合同打断，正式开始在商圈的基石上写下了自己的名字“Micro-soft”。

创业之路上，磕绊在所难免，而这时，一个能够与自己同舟共济的伙伴就显得尤为重要。一个能够在未显达之时，给予无私帮助和无条件支持的朋友，将会是一个人一生永远无法取代的财富。而这种伙伴，在创业路上，不仅能给予自己前行的勇气，更能成为通向成功的助力。

在团队合作之下，大风大浪才会显得十分渺小，成功之路才会显得更加宽阔平坦。

我们从来都在互相竞争

在犹太经典《塔木德》中有这样一句话：和狼生活在一起，你只能学会嚎叫；和那些优秀的人接触，你就会受到良好的影响。按此推理，如果两个优秀的人能走在一起，互相影响，作出的必将是壮举。

比尔和艾伦是这样的关系：相互依存，却也有着相互的攀比和竞争。

对于比尔·盖茨而言，他从小就不愿意屈居于人下，一直有着“我应为王”的理念；保罗·艾伦则不然，他相比与比尔而言，显得不那么争强好胜，而是习惯于在自己的领域做自己的事情。但是在平静的工作的同时，他在计算机方面展现的惊人实力却让比尔也为之惊叹。比尔自然不会让自己轻易被超过，于是在编程方面表现出了更大的热忱。

两人合作多年，分工明确，合作默契，在IT界所有人都把他们当作不可分割的整体。但他们却知道，相互之间的比较和竞争从来没有停止过。

但正是这种竞争，让比尔·盖茨在一帆风顺的IT之路上有了更加强烈的前行欲望，并且鞭策自己不断进步，不断挑战自我。

1983年，艾伦在微软正往巅峰行进时，被诊断出患有癌变之类的病症，最终辞去了在微软的职务。但即使离开，他和比尔·盖茨的“合作与竞争”也在继续。

比尔和艾伦无疑都是在自己的领域优秀到极点的人，而与优秀的人为伍，他们无疑都给自己的未来创造了更多的机遇。机会并不是上天给的，而是人创造的，在和优秀的人的良性“竞争”中，我们能拓宽自己的视野，并从彼此的经历中受益。

在商圈之中，我们更需要像保罗·艾伦这样的伙伴。这样的伙伴能与自己同舟共济的同时，给予自己压力，鞭策自己不断向目标行进，并完善自我，发展未来。

成功之人，从来不会是人生路上的“独行侠”，一个优秀的伙伴和团队，是成功的前提。

马克·扎克伯格：找一个互补的人做助手

中国有句古话叫：“一个篱笆三个桩，一个好汉三个帮”，意思是说，再好的篱笆也需要桩子的支撑，再厉害的人也需要别人的帮助。试问，若没有“汉初三杰”张良、韩信、萧何三人的帮助，出身平民的汉高祖刘邦能够打下天下吗？若没有诸葛亮、关羽、张飞、赵云的辅佐，身为布衣的刘备能够蜀国称帝吗？若没有当初不离不弃的十八罗汉，马云能够成就现在的商业王国吗？所以，无论是在政治领域还是商业领域，不依靠团队的合作，仅仅凭借一个人的力量是很难取得成功的。Facebook 的成功也不例外。在互联网竞争激烈的今天，马克·扎克伯格所取得的成就，同样离不开那些在背后默默给予他支持的助手。

脸谱网创始人兼总裁肖恩·帕克，人们口中的叛逆鬼才

肖恩·帕克和扎克伯格有很多相似之处，同样作为那个时代的创业偶像，其桀骜不驯、离经叛道的花花公子形象更加深入人心。他 7 岁就开始学习编程，16 岁时就成为因为入侵某财富 500 强公司网站而被 FBI 追踪的黑客，后又因为年龄不满 18 岁获得较轻的处罚。1999 年，还是中学生的肖恩·帕克因为在计算机方面的杰出天分，成为肖恩·范宁创办 Napster 的得力干将。但是仅仅一年的时间，肖恩·帕克便被无情地驱逐出了 Napster 管理层，理由是他的不当言辞损害了公司的利益。随后，他和两个伙伴出来单干，创建了邮件服务型网站 Plaxo。同样是将随心所欲、不考虑后果的行为方式带到了工作中，新的网站被肖恩·帕克管理得一团糟，于是他再次尝到了为所欲为的恶果，被董事会赶了出去。

商场上这些曲折复杂的经历，让肖恩·帕克受益匪浅。他年纪轻轻便成了商海老手，成为能够和扎克伯格互补的技术狂人，他的远见卓识和商业经验正好弥补了扎克伯格在创业经验上的青涩。

2004 年，脸谱网刚刚起步，帕克以一封邮件促成了和扎克伯格首次会面。两人一见如故，相谈甚欢。经过聊天发现，两人在技术、产品和服务上都有着惊人的执着，同时对于脸谱网的发展都具有长远的目光。最难能可贵的是，他们都不过分在乎生意人眼中的盈利，而是很清楚地将公司的成长放在首位。基于这点默契，当扎克伯格将创业地点搬到美国硅谷，和闲逛的帕克不期而遇的时候，他当机立断，邀请帕克加入脸谱网并出任该网站第一任总裁。

帕克对于扎克伯格的互补还表现在劝退扎克伯格的学业上。帕克性格果断，那次未成年时的被FBI追踪事件，虽然没有将之被判入狱，却影响了他的学业。他高中毕业后，就毅然决然地放弃了上大学的机会，开始了自己的创业之旅。因此，当他看到扎克伯格在是否放弃学业的事情上犹豫不决时，便用尽威逼利诱的办法，最终使扎克伯格放弃了学业，将全部身心投入到创业中。

由于之前吃过投资人的亏，帕克在脸谱网的融资方案上格外小心，他与风投基金几番较量，寸土必争，最终帮助扎克伯格在多次融资之后依旧牢牢地掌握着公司的主动权。单从这一点上，帕克这位得力助手为脸谱网作出的贡献就是无人能及的。

但是，好景不长，本性难移的帕克又玩起了无故消失、百无禁忌的游戏，引起脸谱网的投资者及员工们的极度反感。2005年，帕克因涉毒被捕，被迫选择辞职。

又是一年的魔咒，帕克结束了在脸谱网的名誉工作生涯。但是，凭借他和扎克伯格的关系以及他所持有的脸谱网大量股份，网站的发展还是离不开他的宝贵建议，或许，我们称他是扎克伯格的幕后助手也不过分。

Facebook的"第一夫人"雪莉·桑德伯格

与和得力助手帕克的轻松结识不同，扎克伯格能够请来这位睿智可亲、极富领导能力的助手雪莉·桑德伯格可谓是煞费苦心。当脸谱网的发展已经初具规模时，年仅23岁的马克·扎克伯格日渐感觉自己能力有限、分身乏术，急需找到一位能够在工作上与自己互补的得力助手。当有人向他推荐时任谷歌公司副总裁雪莉·桑德伯格时，他并没有立即采取挖人行动。因为他并不知道，自己这个利润微薄的脸谱网能不能吸引来这位曾任克林顿政府财政部长办公厅主任、谷歌全球在线销售和运营部门副总裁的商业女精英。

2007年12月，上帝给扎克伯格创造了一个机会，使他在硅谷高管丹·罗森斯韦格家的圣诞派对上见到了雪莉·桑德伯格。他自然不会错过这个好机会，于是上前自我介绍并与雪莉·桑德伯格交谈了一个小时之久。有了这次见面做铺垫，扎克伯格的拜访便不再唐突，接下来的6个星期，他每周都会去拜访雪莉·桑德伯格，并且常常和她聊到很晚。

通过这些近距离接触，扎克伯格更加确定，雪莉·桑德伯格正是他要找的那种能够和自己互补的合作伙伴。用扎克伯格自己的话说就是，“有人是出色的管理者，能够管理庞大组织；有人精于分析或注重发展策略，这两种特质通常不会存在于同一个人身上。我自己更多属于后者”。很明显，扎克伯格认为，雪莉·桑德伯格在管理上的才能和自己在技术上的才能，是两项绝佳的互补优势。于是，2008年3月扎克伯格成功邀请雪莉·桑德伯格出任“脸谱”首席运营官。

至此，脸谱网的广告和运营业务便交由雪莉·桑德伯格全权负责，扎克伯格本人则可以抽出更多的时间和精力，来关注自己擅长的技术及谋划公司远景业务。

雪莉·桑德伯格并没有辜负扎克伯格的信任，她的到来为脸谱网带来了立竿见影的成绩。雪莉·桑德伯格将脸谱网的盈利模式定位于社交广告，充分利用网站对用户信息的精准了解，提供广告主最需要的定位效果。短短3年时间，她将脸谱网的广告收入由原来的不足3亿美元提升至30亿美元，提升了10倍之多。

事实证明，一个技术天才，一个管理女王，他们二人这种和而不同似的互补配合非常完美。虽然桑德伯格并没有出任脸谱网的CEO，但是她却被美国媒体称之为“脸谱网最有权势的女人”和“脸谱网的幕后女王”。甚至连扎克伯格自己都说，桑德伯格就是他寻找的未来20年脸谱网的领导。

史蒂夫·乔布斯：A+ 级小团队大于 B+C 级小团队

在当今社团，有一个现象充斥着社会的方方面面，那就是精英阶级现象——通过某种方式筛选出某一方面出类拔萃的人组成小团队，以得到较高的能力回报和较低的资源浪费。这样的“精英小团队”不失为一种高效的措施。乔布斯就是这种小团队执行者的一个典型例子。他将精英团队的作用发挥到了极致，但也因小团队的缺陷失策过。

“海盗”团队为起点

乔布斯有一个很独特的团队理念——当海盗，不当海军。海盗和海军最大的区别就是纪律的区别。海军往往有着严格的纪律，而海盗则只存在一个所谓的“江湖规矩”，在其他方面并没有很严格的要求。而乔布斯最初对他团队的要求也像海盗那样，尽可能地自由，不限制团队成员的发挥，以得到最大的能力回报。这在起初的时间里发挥了很大的作用，少数的员工将自身的才能发挥到了极致，直接撑起了整个 Macintosh 团队。

而海盗与海军另一个区别在于人数。海军作为国家守卫机构，必定有着庞大的基础人数以保障足够的战斗力。而海盗则不同，一艘海盗船上往往只有不多的人员，而各个人员都分工明确，在海盗船上发挥各自的作用。尾田荣一郎的漫画《海贼王》中的主人公的团队组成就和 Macintosh 团队有着异曲同工之妙。在那部漫画中，主人公的船只有区区 9 人，但却包括了船医、厨师、音乐家、历史学家、航海士、船工等等各个有用的职务。没有庞大的机构人员，这样可以大大减轻船上的负担，而少数的人才都发挥着他们各自的长处，将整个团队的力量提升到了最大，这也是主人公们一路披荆斩棘克服困难的原因。相同的，乔布斯的海盗理念，同样在一开始将整个团队的力量都激发了出来，并一举克服了最初的困难，开拓了市场。

最初，乔布斯确实踏踏实实地履行着“海盗理念”。他说过两句话：“当海盗比当海军更快乐” 以及“能当海盗，为啥还要当海军？”这充分表达了他对“海盗”式团队的认可。海盗们拥有的爽快、直白、激情、灵活等特点，这都是乔布斯所希望团队成员们所能拥有的，而人数则是实现“海盗”式团队很重要的一个因素。最初乔布斯将 Macintosh 团队的上限严格定在了 100 人，并且一旦纳入新的成员，便会有另一个人被淘汰。这不但使有专长的成员得到了提拔和重用，避免了滥竽充数的现象，而且使整个团队充满一种良性的竞争氛围，大大地提高了工作效率。

“海盗”式团队是乔布斯成功路上的创举，精英小团队的作用也通过这创举得到很好的证明。

发展与“海盗”的不足

世上并没有十全十美的事物，团队的运营模式亦是如此。乔布斯的“海盗”式团队不能说是完美的，也有一些缺陷。

正如同这种团队的模式名字——“海盗”，这种模式同样有着海盗般的缺点，也就是高度自由灵活带来的纪律散漫，以及相当严重的排外心理。乔布斯的“海盗”团队与公司的其他团队很难有良好的沟通，相互之间的关系一团糟糕。这还只是问题之一，更多的问题在于“海盗”们没有很好的决策能力，唯一的“海盗头子”乔布斯并不能包揽所有大大小小的决策，而手下的团队成员又没有果断决策的能力，这使得过了最初发展期的“海盗团队”不断暴露出越来越多的问题。

而另一方面，乔布斯一直相信这种团队模式是正确的，但事实并未朝着他想象中的趋势发展。一开始的成功使得公司迅速壮大，随之而来的便是人员的激增，乔布斯的团队也不能“幸免”。或者说乔布斯自己也把人数的限制忘在了公司的发展背后。随着这份遗忘，乔布斯心中的“海盗团队”只剩下一个理念。这种状况一直持续到了1984年。

1984年，乔布斯将一个名为Lisa的团队并入Macintosh，与此同时，大约1/4原Lisa成员在乔布斯的意愿下离开了公司。然而遣散部分人后的团队人数依旧超过了300人，这与乔布斯当初定下的100人远远不符，至此乔布斯的“海盗”团队理念完全成为历史。

对于乔布斯的这种团队管理风格，有人这样评价：“乔布斯在苹果不大像个IT企业的经理人，倒更像是哪个艺术团体的艺术总监或剧院经理。乔布斯经常说，架构和流程并不是为了扼杀创造性，而是为了通过创新的思维方式培养、扶植创造性。”正是基于乔布斯的这种心理，他带领的团队是整个公司最具有创造力和活力的，而所带来的产品也是苹果最具有代表性的。乔布斯却也部分因为这种艺术家式的管理模式以及与之相匹配的心态，得不到苹果高层的认可，进而最终被逐出苹果。

当然最后苹果还是不得不将乔布斯请回，因为没有了乔布斯，苹果就没有了激情，就如同失去了灵魂一般，在原地停滞不前。

一个团队的成功永远不是靠人数来取胜的。越是人员臃肿的团队，越是可能出现偷懒和推脱责任等种种问题，即使本来都是精英的团队，也会随着人员的增加而人均工作效率越来越低。这并不是少数情况，在社会各个角落都可见。这是一个崇尚精英的社会，这是一个到处是精英优先的社会，而作为管理者，应懂得将社会中少数的精英筛选出来，组成一个恰到好处、人人都能发挥的最大作用的团队，而不是收容越来越多滥竽充数、拉整个团队后腿的人，这也是考验领导者管理能力的一项指标。在当今社会，学会成为精英，学会管理精英，是每个人人生阶梯很重要的两阶。社会并不缺少人才，但缺少管理的人才，乔布斯的“海盗”理念正是管理精英极佳的方式，也是因为如此，Macintosh才能在苹果历史上留着如此浓墨重彩的一笔吧。

杰夫·贝佐斯：团队要尽可能小，并适度限制团队人员交流

在中国有句谚语："一个和尚挑水吃，两个和尚抬水吃，三个和尚没水吃。"意思是说，当只有一个人做一件事情的时候，由于没有可以相互推诿依靠的对象，就会为了满足自己的需要而去付出相应的劳动，不存在任何私心；当有两个人做同一件事情的时候，他们之间的关系就会变得微妙起来，谁都想占别人的便宜，又都不想吃亏，渴了的时候，只好两个人一起去抬水，问题尚且能够解决；但是，当这个简单的打水工作变成三个人来做的时候，因为有了对比的对象和选择的空间，所以就会让自己原本不平静的心有了动荡，在攀比和较量中就会出现矛盾和推诿，最终只好全部忍受饥渴。这个故事告诉我们，合理控制团队的人数非常重要。

全球最大的网上书店亚马逊的总裁兼首席执行官杰夫·贝佐斯虽然不是中国人，却也深谙这个道理，他在管理团队过程中一贯执行的"两个披萨原则"，就是对群体效应造成工作效率低下问题的有力回击。

人多不一定力量大

我们常说，"打江山容易守江山难"，除了因为打下江山之后人们会不自觉地放松警惕，不会居安思危外，很大一部分原因在于打江山的过程和守江山的过程已经发生了实质性的变化。守江山是一个管理的过程，而管理是一门技术活。

通常情况下，我们更倾向于认为，在公司的成长和运营中，团队的人数越多越容易成功，即所谓"人多好办事、人多力量大"等。也就是说，将一个项目交给一个人数多的大型团队来做，比交给一个人数少的小团队，更能

节省时间和资金。然而，杰夫·贝佐斯的想法却完全相反。他认为，把一个少数人就能解决的问题交给多数人来完成，本身就是人力资源的浪费，何况让一些富有创意的人组成一个大的团队来完成一个项目，不但不能解决问题，反而会带来很多新的问题，比如分工不明确而造成的扯皮推诿现象、出了问题找不到负责人的现象等。而这些新的问题最终会让项目陷入停顿状态甚至彻底失败。若明知道会出现 1 加 1 等于 1，或者 1 加 N 等于 1 的结果，为什么还去迷信人多的力量呢？

两个披萨原则

杰夫·贝佐斯十分注重提升工作效率，若无必要，他连会议都懒得召开。因此，这位被外界尊称为“电子商务教父”的时代风云人物，在运营管理公司的过程中，形成了独有的管理风格。

他一直强调员工独立思考的重要性，培养员工的独立思考能力。关于这点，《华尔街日报》的记者理查德·布兰特能够证明。布兰特曾采访过一位亚马逊的前高管，该高管称：“贝索斯想要建立一家充分放权的、甚至缺乏组织的公司，从而让独立的思想充分发挥作用，让集体的意见靠边站。一次开会时，有经理建议员工彼此之间应加强工作交流。贝索斯站了起来，大声说，不，交流是可怕的，相互交流的效果很糟糕。”

这就是杰夫·贝佐斯，他有时并不是那么的“和蔼可亲”，他有自己独特的“守江山”法宝，那就是“重视员工独立思考的价值”。

“团队要尽可能的小，同时要适度的限制员工之间的交流”是杰夫·贝佐斯管理团队过程中最常说的一句话，已经成为一个至理名言，被商业领域的很多管理者套用。而这两句话，也基本就是“两个披萨原则”所推崇的主要内容了。

贝佐斯主张企业应该实行分散的管理，就算整个公司都因为分散而陷入无组织状态也不要紧。因为只有在这种放松自由的氛围下，独立思考才能在与集体意见的较量中占得上风。同时，要严格限制团队的人数，如果两个披萨都喂不饱一个团队，那就说明这个团队实在太大了。

杰夫·贝佐斯用两个披萨作为衡量一个团队大小的标准，这点十分有趣。两个披萨到底够喂饱多少人呢？很多人对此产生了争议，可能也就六七个人。

人的搭便车心理决定，当做一件事情时，参与的人数越多，效率也就越低下。因为怕被孤立，很多人最终将会为了和别人的意见和行动达成一致而妥协，不敢坚持或者发表自己独特的见解。而这些见解中，或许正有公司发展所急需的良好建议。因此，杰夫·贝佐斯认为，对于如何提高工作效率这个问题，最好的解决办法就是绝对不能让一件事情的参与者多到两个披萨还不够他们吃的地步。

亚马逊从1995年成立到现在，已经有20年之久，杰夫·贝佐斯的商业王国也由原来的“地球最大书店”扩展成为“地球最大的综合网络零售商”。同时，亚马逊的营收也由1995年的51.1万美元增涨至2014年890亿美元。整整20年，投资人一边抱怨亚马逊的低利润，一边看着亚马逊以年20%以上的增长率成为超级巨无霸。今天，亚马逊已经成为全球用户数量最大的零售网站。有数据显示，2014年亚马逊的用户量已经达到3.7亿，位居全球第一，这个数量已经大大超过沃尔玛、苹果以及中国的电子商务大鳄阿里巴巴。杰夫·贝佐斯在打下江山之后，能够把疆土守护得这么好，足以证明管理理念的明智。

通过杰夫·贝佐斯的管理方法，我们应该从中学到，“两个披萨原则”能够有效地避免员工惰性及依赖心理的产生，避免项目陷入停滞不前的状态。因此，作为企业的领导人和管理者，要有慧眼识英才的本领，能够在众多员工中找到核心人物之所在，然后给这些核心人物足够的自由和公司资源，让其帮助推动项目的发展。同时要牢记，只有让一个比较小的团队在一起做项目或者开会讨论，才能够提高整个公司的工作效率，有效避免人力资源浪费。哈佛心理学家 J. Richard Hackman 也曾发表过相同的看法，“大型团队一般不靠谱”。

李嘉诚：成功的关键是有人能够帮助你，乐意和你工作

没有任何一个人的成功可以完全不借助外力，除了买彩票。在一个人的人生道路上，总有那么几道难关单靠一个人根本无法渡过，每个人都会有需要帮助的时刻，而这份帮助也将是一个人走向成功的关键。

助人亦是助己

李嘉诚一向都不认为成功是靠一个人，一直对所有帮助过他的人心怀感激。无论是商界大佬还是普通员工，李嘉诚认为过去的成功缺少他们任何一个，都可能无法实现。而李嘉诚信奉助人即是助己的原则，这从过去一件轰动一时的商界大手笔上可见一斑。

香港有一个很著名的地段叫作九龙仓（九龙），虽然地处黄金地段，掌握着香港绝大部分的海运装卸业务，但当时的拥有者怡和却不擅经营这块风水宝地，更使得怡和集团自身陷入财务危机。怡和为解决财务危机，不得已出售大量的债券，但这又导致股票大跌。当时不少人分析，若将这块宝地好好利用，必将呈现极具潜力的势头，李嘉诚也是这样认为的。正因当时九龙城股票贬值，李嘉诚又极其看好九龙仓的潜力，因此一直不动声色地收购着九龙仓股票，直至20%左右。

但李嘉诚的举动依旧引起了当时证券分析员的注意，随即各方均介入，竟将九龙仓股票炒至5倍左右。为防止失去九龙仓，怡和不得不以高价回收九龙仓股票，但当时的怡和因投资问题财务危机更加严重，资金已不足以使自己拥有的股票数保持在一个绝对安全的数量。最后，怡和向英资汇丰银行，

也就是香港最大的银行救助。

在汇丰银行大班亲自出马劝说下，李嘉诚从长计议，为避免四面树敌，停止了对九龙仓股票的收购。但也正是李嘉诚的停止收购，却使得其他势力开始介入这场商界大战，其中就有和李嘉诚互助最后双赢的包玉刚。

包玉刚是当时绝对的世界第一船王，实力足以与怡和相抗。而敏锐觉察世界航运业走向的包玉刚，深知日后世界对航运的需求会越来越低。将这个与他的船队及其相配的大海港拿下，也是包玉刚势在必得的目标。李嘉诚权衡再三，作出了一个日后依旧为香港人所津津乐道的决定。

1978 年 8 月底，一个注定不平凡的日子，李嘉诚和船王包玉刚在文华酒店见面。李嘉诚的意思很明确，他想与包玉刚合作——李嘉诚将手头的 1000 万九龙仓股票转让给包玉刚，这对于包玉刚来说是一个极其心动的条件，而包玉刚需要做的则是帮助李嘉诚拿下和记黄埔。对于这个清晰明了的双赢局面，李嘉诚和包玉刚一拍即合。至此，九龙仓和和记黄埔命运已定。

员工是最大的助力

李嘉诚的“用人之道”亦是令人折服。他曾说：“长江取名基于长江不择细流的道理，因为你要有这样旷达的胸襟，然后你才可以容纳细流。没有小的支流，又怎能成为长江？只有具有这样博大的胸襟，自己才不会那么骄傲，不会认为自己样样出众，承认其他人的长处，得到其他人的帮助，这便是古人说的‘有容乃大’的道理。假如今日没有那么多人替我办事，我就算有三头六臂，也没有办法应付那么多的事情，所以成就事业最关键的是要有人帮助你，乐意跟你工作，这就是我的哲学。”

从创业初期，李嘉诚没有因为自己是老板而对属下颐指气使。他对员工的态度是极其重视的。“本公司不是没有跳槽，公司行政人员流失率极低，可说是微乎其微”。这不仅是因为公司的福利，更是因为李嘉诚的人格魅力。李嘉诚会非常严厉地批评犯错的下属，而且越是被李嘉诚重视的下属越会受到严厉的批评，这是李嘉诚对员工重视的方式。而且李嘉诚杜绝任人唯亲，他认为任何一个上进的员工都可能是公司不可或缺的助力之一，他会给予极大的信任。需要是相互的，当一个员工在公司兢兢业业工作，却发现老板对他没有一丝信任，只是将他当作外人时，员工必然会心灰意冷，失去该有的动力和上进心，这对于员工自己以及公司都是非常不利的。

李嘉诚在对待员工方面很像另一位纵横商海的人——松下幸之助。松下幸之助曾说过："当员工 100 人时，我必须站在员工的最前面，身先士卒，发号施令；当员工增至 1000 人时，我必须站在员工的中间，恳求员工鼎力相助；当员工达到 1 万人时，我只有站在员工的后面，心存感激即可；如果员工增到 5 万到 10 万时，除了心存感激还不够，必须双手合十，以拜佛的虔诚之心来领导他们。"对待员工用虔诚之心是很少有企业主能做到的，毕竟大部分商人认为财富比员工重要，却没有意识到员工才是他手下最大的财富。

在一个企业主走向成功的路上，他手下的员工就像是一把把照亮前方的火把，他重视员工，员工就会迸发出更多的光芒；而如果他用一颗冰冷的心去对待员工，员工的热情也会很快降低，最终熄灭。能不能将员工最大的热情激发出来，是一个企业主是否合格的标杆之一。李嘉诚做到了，他让员工一直忠心耿耿全心全意地跟随和努力。他成就了员工，更是员工成就了他。

人的一生就是这样，没有一帆风顺，没有心想事成，更没有独行者的未来。越是光明的未来，前往的路就越崎岖，所受的挑战也会越来越多、越来越难。能够给予他人帮助，在关键时刻能够得到援助之手，所谓的挑战，也不过如此吧。

成功的关键，是有人能够帮助你，当然，你也要帮助别人。

马云：我和十八罗汉一起打拼的日子

刘邦建立大汉王朝，是因为有着韩信、张良、英布等大将的追随；刘备后来居上与曹操、孙权三分天下，与和关羽、张飞的桃园三结义分不开；李世民开创大唐也是靠着长孙无忌、房玄龄、尉迟恭这样的得力助手……众人拾柴火焰高，马云创立阿里巴巴这个巨人自然也不是一个人努力的结果，在相当大的程度上，是因为他有一个团结的队伍，一个18人的尖刀团队。

充分的信任

“我近来身体不太好，打算回杭州了。你们可以留在部里，这有外经贸部这棵大树，也有宿舍，在北京的收入也非常不错；你们在互联网混了这么多年，都算是有经验的人，也可以到雅虎。雅虎刚进入中国，是家特别有钱的公司，工资会很高，每月几万元的工资都有；也可以去刚刚成立的新浪，这几条路都行，我可以推荐。反正我是要回杭州了。”这是马云下定决心离开北京回杭州时，对跟随着他从杭州一路打拼的兄弟们说的话。接着他又说：“你们要是跟我回家二次创业，工资只有500元，不许打的，办公就在我家那150平方米的房子里，做什么还不清楚，我只知道我要做一个全世界最大的商人网站。如何抉择，我给你们3天时间考虑。”

1999年是中国互联网的小春天，从事IT行业和其他互联网的技术人员都是互联网大公司的稀缺人才，月收入过万是很正常的。和当年离开中国黄页一样，马云的这个决定又一次在团队里引起轩然大波，有不理解的，有坚决反对的。想想也是，在那样一个稳妥的工作环境下，谁愿意离开再白手起家呢？但让人惊讶的是，大家在激烈的讨论后，还是表达了一个共同的意愿：

跟马云一起回杭州。

为什么会有这样的结果?

这18人中，有马云的妻子，有他曾经的同事，有他的学生，还有后来接触互联网后认识的朋友，但不管什么身份，他们对马云都只有一个态度：信任，绝对的信任。

在联想的柳传志看来，领导人大而化之有两种类型，一种是孔雀型，以个人魅力取胜；另一种就是老虎型的，以发号施令树威。马云显然是属于孔雀型的，无论在外界如何被误解，无论公司陷入怎么样的困境中，追随的人都没有放弃对他的信心。

阿里巴巴副总裁戴珊说过："无论什么时候看到他，你在他眼中看到的都是自信，我一定能赢的信心。你跟他在一起就充满了活力。"马云的人格魅力可以让他的自信感染到身边的每一个人。创业的第一天，马云就宣称，阿里巴巴会成为最伟大的电子商务公司，他也让员工们相信，公司上市时会得到更多。一开始，阿里巴巴的经营很艰难，员工很辛苦而且待遇也低，有人抱怨，有人受不了要离开，马云的解决方案就是告诉他们要有信心，并且把自己的股份稀释给了员工。

信任只有是相互的才能持久，马云对他的伙伴也是相当信任的。马云自己对网络技术可以说是一窍不通，但是他对市场的发展有着敏锐的嗅觉，他就把业务和管理上的事情大胆地放手让伙伴们去做，很少过问。因为他相信他们会做好，而他们也相信马云指引的方向绝对不会错。正因为有了这样信任的基础，马云的团队才在日后的工作中无坚不摧，战胜重重困难取得胜利。

面对面地解决各种矛盾

信任归信任，关系再好的团队在生活和工作中肯定会有分歧或矛盾，磕磕碰碰总是难免的。马云从创业的第一天就考虑到了这个问题，为此他定下了一个原则：团队中任何两个人发生矛盾，必须由他们自己互相面对面地解决。只有在双方都认为对方无法说服自己的情况下，才引入第三者作为评判。而正是这个看似执拗的原则让马云这个团队肩并肩走到了最后。

不要小看这个原则，现在很多公司“办公室政治”现象很普遍，工作伙伴之间不乏尔虞我诈、互相埋怨，这就直接导致在工作过程中各部门之间，又或是同事之间有间隙，当需要共同完成一项任务时不够协调，效率低下，甚至会影响任务的完成度，破坏公司的和谐环境。

众人拾柴火焰高，从来没有哪个大成就，是一个人努力的结果。而马云这种简单粗暴的原则却恰到好处地杜绝了这种可能，不光是加强了团队的凝聚力和战斗力，对于阿里巴巴公司的发展也有了一个良好的保证。

2000年，阿里巴巴在得到高盛500万美元的投资后，从马云的150平方米的家里搬到了宽敞体面的办公楼。有了正式的工作地点，划分部门、明确分工也是自然而然的事，有了部门就肯定还要有负责人，团队有18个人，不可能每个人都会提干。这时候，矛盾产生了。

当时提干的是孙彤宇、张英和彭蕾。本来团队只有一个将军和18个兵，已经习惯了的环境突然变成4个将军14个兵，很多人都觉得不公平，怨气便产生了。

刚搬工作地点后不久后的一天晚上，除了4个“将军”外的其他团队成员到咖啡馆聚餐。开始时大家说好只叙旧不谈工作，但聊着聊着就不由自主地说到了工作。说到马云提干的事，所有的怨气、愤怒都爆发了，大家谈到深夜，最后团队的老大哥楼文胜提议：说了这么多，屁股一拍就走根本于事无补，我们应该写出来告诉马云。众人都默然点头，纷纷把自己的内心想法说出来，由楼文胜总结在纸上。

回家后，楼文胜把大家的想法整理成一封信给了马云，第二天马云立即把团队成员全部召集在一块围着圆桌坐下，说：“今天大家不用回去了，既然你们有那么多怨恨，很多人有委屈，现在当事人都在，都说出来。一个个骂过来，想哭就哭，所有都摊在桌面上，不谈完别走！”

会议一直从那天晚上开到第二天凌晨 5 点多，所有的不满、怨气、委屈都在这个晚上宣泄了出来。很多人情绪激动，说到委屈的地方失声痛哭。这是个不眠夜，却也是对马云团队的一次精神洗礼，所有的委屈、误解和矛盾都在这场会议中烟消云散，团队变得更加团结、更加有激情。

由此可见，作为团队，好的规则不是束缚，而是助力，是一种能够促使团队走上巅峰的动力。

张瑛：你打拼时我在幕前，你成功时我甘居幕后

我们惊艳于马云的成功，并给予他极高的社会评价和极其闪耀的商业光环，却经常会忽略那些站在成功者身后的人。他们，在成功者创业时不离不弃，给予成功者前行的助力；而在功成名就之后，他们却归于沉寂，以幕后人自居，再不出现在人前。马云的妻子张瑛正是马云成功路上给予他这样助力的人，在马云落魄时，以自己柔弱的双肩与马云一起面对生活的苦难；而在马云成功之后，她却默默无闻只为他照顾家业。台前幕后，她的角色转换，也见证了马云让人艳羡的成功。

爱情之花，淡而清芬

张瑛出生在浙江嵊州甘霖镇，拥有江南女子特有的精致婉约的气质。在杭州师范学院就学时，她是学校公认的“美才女”，追她的人简直多如牛毛，但她却从来没有动心，可以说是“稳坐钓鱼台”。很多人都好奇，这样的一个女孩子，最终会被怎样的男生攻下？身为同学的马云也自然有这个疑问。然而跟别人不同的是，此时的马云心中早有一颗爱情的种子，懵懂却极度渴望

着生根发芽。

开始的时候，马云对爱情有些腼腆，并不愿意向张瑛表达自己的爱慕之情，只是默默地看着张瑛、喜欢张瑛。直到一次同学商量着给张瑛介绍男朋友时，马云才有些坐不住了。

马云在情场上也可谓是不鸣则已，一鸣惊人。在下定决心以后，他很猛烈地发起了自己的攻势，甚至在不久之后，几乎全校人都知道有一个相貌平平、学习一般的男生在追学校中早有盛名的美人。

刚开始张瑛自然是不愿意的，也婉拒了马云几次，她并不想把自己的一生交给这样一个并未深交的人。然而之后，马云的一句话却让张瑛对他的印象有了改观——通常情况下，长相和智商成反比。

这句幽默的自嘲和自夸让张瑛觉得马云或许是一个懂得生活的人，而在后来相处中马云表现出的生活智慧，也让张瑛开始心动。张瑛虽然柔婉，但在感情方面却并不乏决心。决定和马云在一起之后，他们很快便浇灌出了爱情之花。

这朵爱情之花的长久也让人们羡慕和惊奇，没有人会想到，他们会一起携手走过大学，再走过一段无论对马云亦或张瑛来说都最为艰苦的时光。

打拼之时，两肋插刀

毕业之后，马云有过一段困顿期。那时候，大多数人都以为，这个长相柔美的天之娇女会和一事无成的马云分道扬镳。然而事实却让人咋舌，张瑛非但没有抛弃马云，反而在毕业之后，直接和马云领证结婚。当时马云被分到高校任教，张瑛亦然，他们在工作和生活上可谓琴瑟和鸣、幸福美满。然而马云却并不满足于只教书任教的生活，他想干出一番事业，而不是在校园中耗费自己的一生。

马云开始“折腾”，办翻译社，开展英语角，又借钱买房子……这股折腾劲让他们的生活几近拮据，张瑛却始终默默支持着。

终于，马云按捺不住自己心中蠢蠢欲动的创业之火，决定放弃原来高校教工的铁饭碗，开始创业。在马云的劝说下，张瑛也放弃了自己的“铁饭碗”，开始帮助马云。他们很快找到了16个伙伴，这些伙伴也成为马云后来在阿里巴巴成长之路上的精英团队，即后来威名远扬的“十八罗汉”。

那时，他们倒卖过鞋子、鲜花、礼品、服装，几乎是从零做起。比起高校老师，这样的打拼可谓是苦不堪言。然而张瑛并没有就这样放弃马云，而是默默支持，成了马云的精神支柱。

命运总会在人生最为灰暗的时刻出现转机：马云想，自己为什么不找一种更加便利的买卖方式呢？这时候，马云终于把目光放到了电子商务上，得到妻子的认同后，他很快便开启了真正的创业之路。

在之后的日子里，张瑛一直都在马云身边，支持着马云的打拼，甚至给马云倒贴公司的伙食费——也正是这样的支持，让马云在打拼之时，少了不少的坎坷和阻碍。阿里巴巴就在他们的打拼下诞生，它的诞生也最终将马云推送到了成功的面前，被光环环绕，被民众瞩目。

成功之后，浮华褪尽

商场、情场两得意的马云，在家庭上却也如普通人一般，有着自己无法解决的问题。在子女的教育上，马云经常会手足无措。在互联网领域占有极高地位的马云怎么也没想到，自己的儿子曾沉迷在互联网的诱惑之中无法自拔，而在学校的表现更是差强人意。老师为此曾多次找马云和张瑛谈话，而在一次儿子上学一夜未归之后，马云找到了妻子张瑛：“我们家现在比阿里巴巴更需要你。你离开阿里巴巴，少的只是一份薪水；可你不回家，儿子将来变坏了，多少钱都拉不回来。儿子跟钱，挑一样，你要哪个?”

此时的阿里巴巴在马云以及十八罗汉的打拼下已然走上了正轨，可谓是日进斗金，面对着家庭和事业，张瑛原本的事业心也有所动摇，她开始将天平倾向了家庭。

毕竟自己在事业之上已经是一片坦途，若要选择，或许家庭更需要她的存在。他们的子女需要父母，而作为“事业狂人”的马云无疑抽不开身，那么作为母亲，她必须让儿子感受到家庭的温暖，相比起儿子的未来，事业又算得了什么呢？

她选择了退隐，在马云成功之后退居幕后，相夫教子，为马云在商场之上的勇往直前解决了家庭的后顾之忧。

在成功之后，她卸下了所有在商战中的锋芒，归于沉寂，这种沉静的气质不可多得。

她的牺牲，在某种意义上可以说是成就了马云。正是她的宁静、不争，让马云在前行的路上不必瞻前顾后，只需一往无前。

这样的队友，在马云的成功之路上意义巨大，而对于她自己而言，虽然为马云默默无闻做过很多，却也在马云成功之后得到了一份与世无争的幸福。

一个出色的队友，懂得在合适的时机出手相助，也懂得在功成名就之后默默扶持。在成功路上的一张一隐，无处不显其风度。这样的队友，在行路时不可或缺，正如马云的妻子张瑛是其一生最坚实的伙伴一般，他们将成为每个创业者最为宝贵的财富。

Part 4

打造你的专属财富模式——首富的“经营课”

生意场上从来没有一成不变即可长久取胜的经营理念，在充满变数和不确定性的环境中，企业想要保持稳定的发展态势，就要始终拥有前瞻性心态和颠覆性视角。这一点，世界首富们都了然于胸，他们或探索，或总结，或学习，在长久的“冲锋陷阵”中都形成了自己独特的财富经营模式。

乔治·索罗斯：人性之弱，正是我的财富之源

乔治·索罗斯是金融界首屈一指的投资大师，是令政经两界谈之色变的头号投机客。他的经历充满传奇，他翻手为云覆手为雨，在金融领域兴风作浪，将很多国家的财富顷刻间收归囊中。由于他的敛财手段独特，又取得了骄人的成绩，他的名字一直伴随着荣耀和争议。每当人们谈论起他的时候，也总是褒贬不一。关于这一点，从人们给他贴的各种各样的标签上可以看出，比如“英镑狙击者”、“金融天才”、“打垮了英格兰银行的人”、“货币投机分子”等。仔细研究乔治·索罗斯的财富经营模式，和别的投资大师相比，他最大的特点就是善于运用人性的弱点。

克服人性弱点：赚钱只是工作，不是目的

做金融投资，最不可缺少的就是一个好的心态，那种赚钱之后欣喜若狂丧失理性判断的人，和亏钱之后悲痛欲绝、哭天抢地的人都不适合做投资。但是，人性患得患失的弱点使然，很少有人能够做到将盈亏置之度外，真正的宠辱不惊。乔治·索罗斯是个例外。在他的人生中，钱并不是什么重要的东西，赚钱更不是他的最终目的，不管赚钱也好，亏钱也罢，一切得失都不过是他工作过程中需要经历的阶段而已。也正是他这种泰然自若的心态，使他站到了一个更高的视角，以更加开阔的视野，客观地分析市场所处的阶段，时刻保持清醒的头脑，最终在弱肉强食的金融领域赢得了一片天地。

乔治·索罗斯这种处变不惊的修为的养成，主要来源于两个方面——幼年时父亲的教诲和成年后对哲学的偏爱。乔治·索罗斯出生在匈牙利的一个富裕家庭，他的父亲是一名为人精明、性格冷静的律师，他从小就教育乔治·索罗斯要用一种和平的心态对待财富。在父亲的影响和教诲下，乔治·索罗斯学会了自尊自重、坚强自信。

1949年，一心想要改变自己命运的索罗斯考入伦敦经济学院，很荣幸地成为1977年诺贝尔经济学奖获得者约翰·米德的学生。但是，这种幸运对他来说并不意味着什么，他内心真正喜欢的却是自由哲学家卡尔·波普。卡尔的思想中关于“严肃地思考世界运作的方式，并且尽可能地从哲学的角度解释这个问题”的主张，给索罗斯建立金融市场运作的理论打下了坚实的基础。

早些年的时候，索罗斯还一心想成为一名哲学家，来思考关于人类存在的命题。后来，他认识到自己的想法滑稽可笑。因为人们想要了解人生的神秘领域，必须先要能够客观地看待自身，可最大的问题是，人们根本做不到正确认识自己。好像真的是这样，当我们把自己作为被考虑对象的时候，总是没有办法摆脱自己观点的束缚，因而我们在思维的过程中就不能获得独立的观点。若不能获得独立的观点，就无法透过事情的现象看到事情的本质，

来探索出毫无偏颇的真理。索罗斯日渐成熟的哲学观，对他投身金融市场建立独特投资理念产生了深远影响。

终于，索罗斯在其哲学修为的帮助下得出了这样一个金融战略核心观念：人类在认知上存在缺陷，而他能做的最实际的事，就是关注人类对所有事物的那些存有缺漏和扭曲的认识。

利用人性弱点

能够像索罗斯一样发现人性弱点，并且克服人性弱点的投资者毕竟是少数，余下的这大多数投资者就成了金融领域的牺牲者，他们参与投资的下场就是被瓜分侵蚀。

细心的索罗斯发现，在投资行为中，人们经常受到周边大多数人的影响，其行为和思想在很大程度上具有从众性。当一件事情发生的时候，他们并不会自己独立思考这件事情可能对金融领域产生的影响和意义，只会追随大众所认同的，仿佛大多数人的决定一定是正确的，这就是人性弱点中的跟风心理，也就是我们常说的“羊群效应”。羊群是一种很散乱的组织，它们平时待在一起，也都是毫无目的地横冲直撞，若其中一只羊因为一件事动起来，其他的羊根本不会考虑这只羊为什么会动，就直接一拥而上，无论前方等待它们的是不是危险。投资行为中的羊群效应很容易让投资者因盲目跟从而陷入失败的被动局面，而这种心理就是大多数投资者投资行为中谬误产生的基础。

除了从众心理之外，索罗斯还发现，投资者在投资中的思想和他们现在所从事的事业之间是相互决定的，也就是说大众对于股票的预期和市场呈现出来的实际股市行情具有偏差。比如说，当投资大众很热情地参与到投资中去，会影响股票价格，出现短时期的上涨，而投资者对于股票上涨的心理意念形成之后，又会作用在股票价格上，这时候股票的价格并不一定按照大众意识形态发展，会与人们的心理预期产生偏差。偏差产生之后，投资者悲观退出，股价反而又会意外飙升和震荡。基于这一现象，索罗斯给出的解释是，市场永远是对的，很多时候并不是人们对市场未来的预期与事情的态势发展不符合，事实上，事情的态势发展本就是人们对未来市场的预期所塑造出来的。市场中注定不可能只有一个投资者参与投资，而这些为数众多的参与者各有各的观点和预期，若把那些相对立的预期或者偏向抵消掉，剩余的这部分偏向或预期就是对股票价格产生影响的“主流偏向”。索罗斯认为，股票价格和基本趋势及主流偏向之间的关系，是相互作用的关系，即基本趋势和主流偏向能够决定股票的价格，而股票的价格又反过来影响市场的基本趋势和主流偏向。

认识到这些，索罗斯在投资行为中便制定出了符合市场规律的投资方案，即投资者与市场之间的互动影响为理论基础，当市场出现转折点的时候进出，再利用投资者的从众心理，在逆市中主动操控市场进行投机，赚取投机差价。

对人性弱点的认知使索罗斯在投资中所向披靡，他曾很自信地评价自己：我认为我不是一名商人，我投资别人经营的商业，因此我是一位名副其实的评论家。在某种程度上，你们可称我是世界上薪水最高的评论家。

沃伦·巴菲特：告诉你投资获利的四条定律

在金融界，沃伦·巴菲特的投资理念绝对称得上金科玉律，他眼光独到，曾经创下无数投资奇迹。作为国际公认的股神，其投资心得被整理成“5 项投资逻辑、12 项投资要点、8 项投资标准、2 项投资方式”，被投资者广为传颂。其实不必那么麻烦，归纳起来，可以将这些心得总结成 4 条投资定律。

要把鸡蛋放在同一个篮子里

和我们耳熟能详的“不要把鸡蛋放在同一个篮子里”完全相反，沃伦·巴菲特先生主张要把鸡蛋放在同一个篮子里。众所周知，不把鸡蛋放在同一个篮子里是因为分散投资可以降低风险，即便遇到什么大的金融风险，也不至于全军覆没，这点很好理解。而沃伦·巴菲特为何主张把鸡蛋放在同一个篮子里呢？沃伦·巴菲特认为，把重金压在一个比较有成长空间的股票上，好过浪费过多的时间和精力来分散投资。我们不必过分纠结沃伦·巴菲特的投资理念和我们以往所坚持的投资理念谁对谁错的问题，因为在金融界本就没有放之四海而皆准的投资理念。对于普通的投资者来说，若自身投资经验欠缺，投资的专业知识又达不到一定的深度，很难深入了解投资对象，作出正确的投资选择，那么分散投资在此时就是优于集中投资的明智之举。相反的，若投资者投资经验丰富，深谙投资技巧，时间和精力却有限，那么投资决策次数越多其成功率越低，投资次数越少，成功率反而越高，这时候集中投资的优势就凸显了出来。

不做不熟的生意

“不做不熟的生意”本是中国有经验的商人一贯遵循的经营理念，却被巴菲特深深掌握并运用在股票投资领域。对于那些不熟悉的股票，例如高科技股，巴菲特是不会去碰的。相比之下，巴菲特所选择的股票一般都来源于自己所熟识的传统行业。很多人认为巴菲特的这种投资观念太过谨小慎微，但也正是这种投资理念，很好地帮助他规避了投资领域一些突如其来的金融风险。比如2000年的那场网络泡沫，葬送了很多疯狂的投机者，而巴菲特却因为坚持不涉猎自己不懂的领域而拒绝跟风，才在全球性的高科技网络股灾中幸免于难。事实证明，巴菲特才是真正理智的投资大师，才是股市真正的赢家。

在当今股市暴跌暴涨的时期，投资者一定要牢记巴菲特的这条投资定律，在做投资之前做好调查研究，不能盲目跟风投资，更不能为了投资而投资。比如看到股市不景气，立即在不熟悉的情况下转身投入到房地产市场，或者炒黄金、炒期货、炒外汇等。总之，就是见不得自己的钱闲着。这种投资心态是要不得的，冷静下来想一想，把钱放在并不熟悉的领域进行投资和存在银行哪个更安全呢？

要做长期投资

在股市，有人形象地将做短期投资的人称作投机客，今天选了一支股票，明天就希望能够赚到钱，若股票价格稍有震荡，立即清仓再换另一支股票。这种追涨杀跌的做法是股市最常见的现象，和巴菲特所主张的长期投资完全背离。

巴菲特曾说："短期股市的预测是毒药，应该把它摆在最安全的地方，远离儿童以及那些在股市中的行为像小孩子般幼稚的投资人。拥有一支股票，期待它下个星期就上涨是十分愚蠢的。"巴菲特甚至从来不在意一家公司来年能赚多少钱，而是更加关注未来的 5 到 10 年该公司能赚多少钱。曾有人做过统计，巴菲特对每一支股票的投资没有少过 8 年的。

让我们以他的时间限制为标准算一笔账：假设股票交易一次的佣金、印花税和过户税共千分之六，每周换一次股的话，支出买进卖出手续费是 0.6% 的 2 倍，一年 12 个月，每月 4 次，需要支出的买进卖出手续费为 57.6%，8 年的话就是 460.8%，这还只是不算复利的静态支出！若这 8 年来回换股票的收入不能翻 4.6 倍，在不考虑物价上涨的情况下也是处于赔钱状态。不要小看这不起眼的手续费，决定成败的往往是细节，不要粗枝大叶好几年，最后竹篮打水一场空。

学无止境，在投资领域也是如此

北宋年间，大文学家欧阳修就曾经提出了一个观点，"立身以立学为先"，就是在告诉我们学习的重要性。很多时候，学习就像是照镜子，能够帮助我们正衣冠，修形象，使我们看清当下的自己。若将这一思想推及投资领域便是：只有学习并掌握足够多的投资知识，才能够在投资行为中作出正确的判断。拥有赚钱神力的巴菲特，曾给投资者带来了很多比较实用的书籍，供投资者阅读并提升投资知识。

1. 罗杰·洛温斯坦编著的《巴菲特传》，被誉为"投资者不可不读的投资经典"。作者以巴菲特数十年的投资风格和管理方式为基点，对他的投资行为进行了深入且详尽的分析，为读者刻画出一个凭借正义和智慧在尔虞我诈的投资领域寻找价值洼地、挖掘潜在投资价值的传奇大师形象。

2. 被誉为“证券分析之父”的本杰明·格雷厄姆所编著的《证券分析》，也是投资者必不可少的书籍，巴菲特认为每个投资者都应该将此书阅读10遍以上。

3. 广受华尔街推崇的投资大师菲利普·A.费舍所编著的《怎样选择成长股》，是一本被封为经典之作的实用投资指南。巴菲特曾说，自己的投资策略85%来自格雷厄姆，15%来自费舍，运用费舍的技巧，可以了解这一行业，有助于作出最聪明的投资决定。

4. 巴菲特本人编著的《巴菲特致股东的信：股份公司教程》，书中以大量的信中精华段落，论述了公司治理、公司财务、普通股、兼并与收购等内容，是一本精炼且具有教育性的投资手册。

此外，还有杰克·韦尔奇所编著的《赢》、艾米·亨利为年轻女性所写的《女总裁告诉你》、科里·帕特森所编著的《影响力》等书，都是投资者在短时间内提升投资技能，掌握投资技巧的必读书籍。

投资是一门很深的学问，它就像一架梯子横隔在天堂和地狱之间，放对了位置就能登上人人神往的天堂，反之，就会跌入万丈深渊。这个世界上并不缺少投资者，真正缺少的是成功的投资者。站在平地上作战和站在巨人的肩膀上作战是不可同日而语的，聪明的投资者往往能够率先找到真正的巨人，在其理论指导下实现财富的积累，攀上通往天堂的梯子。

马克·扎克伯格：你得比用户更了解他们的需求

无论在什么领域，了解用户的需求都是取胜的先决条件，甚至有时候，我们要比用户自己更了解他们的需求。在广告界，流传着这样一个故事：有个富翁想娶老婆，助理给他找来 3 个入选的姑娘，富翁给这 3 个姑娘每人 1000 元钱，让她们利用这笔钱买一样东西可以将房间填满。第一个女孩买来了很多棉花，这些柔软且体积膨胀的棉花近乎填满了整个房间的一半；第二个姑娘买来很多气球并且将气球吹到最大，近乎填满了整个房间的 3/4；第三个姑娘买来一支蜡烛，蜡烛虽小，但是所发出的微弱光线却填满了整个房间。最终，富翁却从这 3 个姑娘中选择了胸部最大的那个姑娘。很明显，故事中富翁的真正需求是胸部大的姑娘，而不是能将房间填满的智慧姑娘。假如助理能够及时洞悉富翁的真实需求，那么就不用大费周章地让她们填满房间，只需要从中挑选出胸部最大的姑娘即可。若我们仅仅将这个故事当作笑话看过之后一笑了之，那么我们永远也无法理解这故事背后蕴含的深刻道理，即了解用户最真实的需求至关重要。甚至有时候我们要比用户自己更加了解他们所需要什么。关于这一点，年轻的世界亿万富翁，风靡全球的社交网络 Facebook 的创始人马克·扎克伯格做得就很好。

Facebook 诞生的过程就是满足用户需要的过程

回顾扎克伯格在哈佛的那段岁月，他的最初设想并不是要建立一个交友网站，而只是想编写一个软件，帮助哈佛在校的学生依据别人所选择的课程，做参考来确定自己的课程表。他的想法是，只要用户在他所设定的网页上点击一门自己感兴趣的课程，那么就能够了解到还有其他哪个同学选报了这门课程。若是想深入了解某个同学选报了哪些课程，只需要点击一个已经注册了该网站的同学姓名即可。

出乎扎克伯格意料的是，同学们并没有按照他原本设想的那样来使用这个系统，这个选课系统并没有帮助使用者来选课，反而在帮助同学们搭讪美女上发挥了很大作用。也就是说，使用者更希望通过这个选课系统了解自己心仪的同学选了哪些课程，然后自己若和她一样选择同一课程的话，就多了和她搭讪的机会。这一现象使扎克伯格意识到，用户的真正需求并不是选课，而是交友。扎克伯格灵感大发：既然大家如此热衷于交友，为何不建立一个网站，满足用户的真实需要呢？

为了给同学们提供一个平台，使大家相互认识和了解，扎克伯格放弃了与高年级学生共同开发的“哈佛连线”，转而开发真正能满足用户需要的网站，于是便创建了交友网站 Facebook。

了解用户真正需要之后对网站的促进作用是巨大的，这套系统很快就以迅雷不及掩耳之势扩展到美国的主要校园，甚至在英国、澳大利亚及加拿大等国都吸引了很大一批热衷于交友的用户。雅虎公司曾经对 Facebook 作出过估计，仅美国一个国家 2015 年的注册用户就会达到 5250 万人，超过 60%的学生和年轻人会注册该网站，而 2015 年该网站的年收入将有望达到 18.6 亿美元。

Facebook 的成功和发展速度更加笃定了了解用户需要的重要性，也为扎克伯格以后的经营理念打下了基础，即努力做到比用户更加了解他们的需要。

比用户更加了解他们的需求

从事过广告业务的人都知道，工作中最痛苦的事情并不是用户的需求太复杂，也不是用户的需求过多，而是我们辛辛苦苦地忙活好久，最后发现，自己作出来的东西压根不是客户最需要的。误工误时拿不到报酬不说，还会严重损害信誉。推及其他行业的公司经营上也是如此，当我们想要推出一款产品或者服务的时候，最先要考虑的就是用户最真实的需要。对此，扎克伯格做的就十分到位。

扎克伯格认为，通常情况下会有两种情况发生：第一种，用户知道自己的真实需求是什么，只要经营者深入挖掘，仔细分析研究，顺着用户的意思去做就能满足用户的真实需要，也知道工作的重心应该放在哪里；但是还有一种情况，就是连用户自己都不清楚自己的需求在哪里，这个就比较难办了，我们需要用尽一切办法来了解用户的真实需求，甚至比用户自己更加了解他们的需求。

事实上，了解用户需求之后坚持自己的主见是扎克伯格一贯的工作原则。2006年9月发生了一件事情。那时候Facebook推出了一个新的功能——News Feed。这个功能可以按照时间的顺序来显示用户的最新动态，为客户提供清晰的定制化界面，这本是一次很好的为客户需求考虑的改版，但是很多用户并不买账，甚至70万用户联名发表抗议，反对Facebook的这次改版。自信的扎克伯格认为自己比用户更了解他们的需求，于是只是对和用户未达成完全交流而公开道歉，但是并不否定公司这次改版为用户带来的便利。因此，不管用户对此发表什么看法，他都以高度的自信作为回应。最终，这项新功能确实给用户带来了良好的上网体验，它在帮助用户看见所关心的内容之际，还能给用户带来新闻中的头条消息和相关社会内容，就像一个私人定制的报纸一样。

在扎克伯格的成长之路上，最难能可贵的品质就是“为用户着想”。只要用户真正需要的，他就尽力去满足。比如他允许用户使用Facebook的账号和密码登陆其他网站，从而实现用户潜在的个性体验需求，后来他又推出Facebook Connect，就连太阳微系统公司的联合创始人之一、Khosla资本的创始人维诺德·科斯拉都忍不住发问，“我记得曾经夸赞过他的执著和勇气，要是换了其他人，难免会担心，人们难道不会撬走我的用户然后自立门户吗?”

然而，就算真的会像AOL公司一样由盛而衰，扎克伯格也不改变自己的初衷。他更相信，用户的忠诚度会随着被满足的程度加深而加深，并不会因为多了选择的空间和自由而降低。Facebook越来越庞大的用户群就是很好的证明，扎克伯格的做法是正确的，比用户更了解他们的需求才是王道。

柳井正：安定就是风险，不成长和死了没两样

如果你每天都沉浸在泡吧、追剧、唱K这些毫无意义的事情中，忽然需要扛起整个家族的生计，你能否不辱使命？如果你觉得自己并非等闲之辈，一心想干一番大事，但是所有人都认为你在痴人说梦，没有人理解你，更没有人愿意协助你，这时你是否还能义无反顾地坚持自己创业的初心？如果你将一腔热血付诸行动，屡败屡战，屡战又屡败，每次失败都要付出十分惨重的代价，你是否依旧能够坚持不渝？如果你完成了爸爸对你做第一名的要求，从此所向披靡，环顾四周，竟然再也找不到对手，你是否会骄傲自满，从此止步不前？这些问题，或许我们永远都不会遇到，所以很少有人真正去想这些答案。只有一个人，面对这些难题，他凭借自己不服输的坚韧个性给出了震撼世界的答卷，他就是日本迅销有限公司主席兼首席执行官柳井正。他乘风破浪、克敌制胜所走过的每一个路口都留下了一句话：“安定才是风险，不成长，跟死了没两样。”

成功之道很简单：不怕失败，不断挑战

和那些出身非富即贵的金融界大佬相比，柳井正的起点并不高。1949年2月7日出生在日本山口县宇部市中央町的他，父亲只是一名普通的西装店

老板。没有背景只有背影的他并不甘心像父亲一样平庸的过一生。于是，他暗下决心，不能贪图安定，要改变现状。大学毕业之后，他接管了父亲的生意，通过此前的不断学习和实践，他很快发现了父亲的西装店里存在一些严重的弊端，比如商品摆设不合理工作流程效率太低等。有了改变的经营理念支撑，他立即决定要用自己认为对的方式来管理这家店。老员工无法理解他不按常理出牌的做法，认为他没事找事，纷纷离他而去，整个店只有一个员工愿意留下来帮他。在这种窘境中，他依然没有放弃，而是和留下的这名员工一起承包了从进货到销售的所有工作，每天忙得晕头转向。

还是不安于现状，继承了父亲的西装店之后，柳井正依然不愿意就此罢手。恰逢整个日本都在流行奢靡之风，他剑锋一转指向了日本的普通老百姓，在日本广岛开设了第一家“优衣库”专卖店，主打廉价日常服装的销售。1991 年他将父亲西装店原来的名字改为“快速销售”，并且为公司提供了明确的服务宗旨，全力进军时尚领域。只用了短短 3 年的时间，他的公司便在广岛成功上市。1998 年，优衣库喊出“1900 日元一件休闲服”的口号，使该品牌服装的形象更加深入百姓心中。根据当时日本的物价水平来看，一件稍微像样的服装动辄需要上万日元，而 1900 元就能买到一件能与时尚沾边的休闲服无疑是一件令人难以置信的事。优衣库以低廉的价格、高品质的服装迅速占领了日本服装市场，一年卖出 200 万件。

这个优秀的商业成绩单已经足够让很多人安分知足，甚至裹足不前，但是柳井正依然不放弃挑战，他认为每个人都应当有危机意识，否则失败很快就会找上门。之后，他将眼光放到了海外，为优衣库成长为一家跨国大企业打起了盘算。

悬赏百万寻找批评，只为更接近完美

身为日本首富的柳井正，对于自己永远只打 70 分，为了追求进步，他不断寻找创新的办法，甚至悬赏百万寻找批评。1995 年，柳井正作出了一件惊世骇俗的事，他在媒体上大登广告，谁能找出优衣库的缺点，就给他日币 100 万。广告登出之后，他收到了超过一万封的批评回信。柳井正履行了他的诺言，从中找出最满意最直率的批评者，奖赏了 100 万。同时，他将这些来信奉若至宝，认真研读并从这些批评中寻找公司存在的问题。他第一次意识到，原来优衣库还存在很多自己并未察觉的问题，原来自己的产品并不及格。

柳井正不怕失败，一直寻找改变和突破，被外界调侃地称为“善变的老头”。他变，因为他知道“失败一定蕴含着成功的芽，一边思考一边修正，才不会有致命的失败”。他从来不让自己停止变革的脚步，主动迎接未知的挑战，就算失败了，也没什么关系。正如他曾经说过的话：“只要不致命，我认为失败也无所谓。因为不去做，就永远不知道结果如何，在行动前考虑再多，都是在浪费时间。只有实践，才能出真知。”

是的，如果不拼命努力改变，就不可能一直在风云突变的商场上屹立不倒，因为做任何成功的事业都如同逆水行舟，不进则退。正是知道市场的残酷性，柳井正才这般奋斗不止。试问，我们见过哪个老头年过花甲却依然热衷于关注市场、了解巴黎、伦敦、纽约潮流趋势的？柳井正便是这样的。因为不满足于既得成绩，他要求自己不断学习，要求自己能够准确判断出下一季度服装的流行趋势，要求自己用一件夹克或者内衣就能在时尚圈掀起潮流。因为想要创新，他还会将自己家的 T 恤交给来自世界各地的艺术家，直到他们将 T 恤变成可以珍藏的艺术品为止。就这样一件件每个人都买得起的普通衣服，成就了柳井正的服装帝国。

优衣库总裁柳井正从商 40 多年，一直坚持奉行“安定才是风险，不成长，跟死了没两样”的经营理念，在问及他的成功之道时，他谦虚地说：“世人把我看作成功者，我却不以为然，我的人生其实是一胜九败。如果说取得了一些成功，那也是不怕失败、不断挑战的结果。失败那么多次，总有一次要成功吧。”

郭台铭：只做自己可以完全掌握的事

中国的富豪，几乎都与房地产有关，郭台铭却是个例外。20 世纪七八十年代，台湾经济开始起飞，土地价格开始上涨，房地产价格开始狂飙，引起投资者的关注，很多企业家买下许多土地等待其增值，包括郭台铭身边的一些朋友。企业刚有起色的郭台铭也看到了这一商机，但他却果断放弃了这个“更大的赚钱机会”，反而花费大量资金、人力和物力，倾尽心血来搞模具机器技术，并自主研发，打造先进生产力。事实证明，那些投机房地产的人虽然从土地赚了一笔钱，但却好景不长，只能止步于地皮涨价上，没有什么实质的进步。而郭台铭却通过艰辛的努力和奋斗，依靠日本先进的机器和设备，使工厂不断壮大，并实现由家电零件制造业向计算机领域的成功转型，一举成为世界级制造业大厂。

另辟蹊径，不做品牌梦

除了一心一意做制造业，郭台铭还一直坚持只做自己可以完全掌握的事情。比如郭台铭心中没有“品牌梦”。当宏碁公司的施振荣开始研发自己的个人电脑品牌，自创品牌“Acer”时，郭台铭还是老老实实地专心在计算机配件的制造和供应上。

且不说鸿海当时还没有研发开创立产品的能力，郭台铭知道，客户尤其是大客户担心：鸿海翅膀长硬后会像宏碁一样，会自己研发创办诸如“鸿海牌”的个人品牌，来和客户抢市场。因此，为了留住客户，郭台铭首先把话说得很明白——鸿海不会创自有品牌，鸿海要做的只是根据客户提供的产品设计来为客户提供服务，让客户放心合作。就像郭台铭所说的，“我们虽然没有自己的品牌，但是品质是我们的品牌，科技是我们的品牌，人才是我们的品牌”。

鸿海不在品牌上做虚无的梦，只一心一意地提高自身的制造能力，为客户提供更好更优质的服务。为此，鸿海开创出 CMM (Component Module Move) 快速制造模式，从“自制零件、零件模块化、快速物流”的组装，再通过电子化的信息流来联系和整合全球客户，充分调动全球数百亿美元的电子专业制造服务（EMS）市场。鸿海创造性地用“交期准、品质好、成本低”的 CMM 模式，快速掌握市场，使 EMS 市场发生了颠覆性的变化。

到了 2000 年，郭台铭已经成为全球最大的电脑制造商。从电脑到手机，再到游戏机、DVD、数码相机、程控交换机、网络设备等领域，从鸿海到富士康；从一颗连接器开始，郭台铭创造了全球代工大王的神话。正如郭台铭从来不后悔没有炒地皮做房地产一样，他坚信不用自创品牌，全心全意在制造业用心为客户提供高效的服务，同样能够创造不败的神话。

不给自己找竞争对手

鸿海在台湾甚至在大陆、全球所向披靡，无往不利。然而资源是有限的，每个公司和企业之间必然存在相互的竞争。那么，如此强大的鸿海，它的竞争对手是谁呢？郭台铭最担心最提防的竞争对手在哪里呢？

郭台铭竟然豪放地“大放厥词”：“我的领域没有竞争对手！”

这不仅仅是郭台铭对鸿海以及自身实力的自信，也是郭台铭一直以来不给自己设置竞争对手的人生信条。

郭台铭祖籍山西，他的父亲是典型的山西人。晋商足迹遍布全国，曾在中国历史上显赫一时，在全国商人中大有名气，“山西人善于经商、善于理财”。而晋商的成功根源在于“诚信”和“团结”的商帮政策。郭台铭身上流淌着山西人的血液。他曾经说过，晋商做生意不讲“零和”而讲“双赢”。所谓“零和”如同两个人下棋，必然会有一个人赢一个人输，赢的人往往风光无限，而输的人必然辛酸、苦涩；而“双赢”就是在被困的沙漠里，我有面包，你有水，我们互相交换，共同分享自己拥有的东西，一起走出沙漠，最终获救。这样的双赢一直都是郭台铭的追求，所以他从不给自己找竞争对手，也不会可以去刻意关注哪些企业会在未来威胁到鸿海的地位。

一流的客户，与国际大厂的坚定关系

郭台铭称，鸿海是“四流人才、三流管理、二流设备、一流客户”，“一流的客户”就是鸿海能做大做好的最关键因素。现在，鸿海为苹果、惠普、戴尔、诺基亚和索尼等世界上最大的数码品牌生产个人电脑、手机、游戏手柄和其他产品，这些全球数一数二的企业巨头都是富士康的代工客户。

“从客户的角度出发，让合作伙伴占便宜”，郭台铭准确把握鸿海的客户定位，对“一流客户”敢下血本，做到极致。郭台铭的 30 岁生日在日本松下谈合作中度过的，为了争取客户，他还被灌醉了。为争取康柏的合作，郭台铭抛下董事长的身份，亲自去谈合作。

鸿海是索尼 PS 游戏机的唯一海外供应商。在交给鸿海代工之前，索尼开出较为苛刻的两个条件：一是要在 45 天内完成所有模具的设计，二是要在 4 周内做到 100 万台，结果鸿海提前两周达成目标。鸿海利用组织切割的方式，使交货的时间大大地缩短，其他厂要花 3–6 个月完成的代工任务，鸿海只用 2–3 周就可以完成了。

鸿海严格地要求自己，以出色的代工表现，赢得了 IBM、康柏等大厂的信任和青睐。对于与国际大厂的坚定合作，郭台铭是这么认为的：“你想想看，国外电脑品牌愿意给你机会，只要价钱可以，他愿意派工程师来教你。这就好像你成天与少林寺、武当派、昆仑派切磋剑法，如果能自成一格的话，就有自己的派。这些经验都不是书本上学得到的，这是 28 年来最宝贵的学习、最宝贵的成长过程。”

与国际大厂间的深厚关系，不仅是鸿海成长的一大资产，还为鸿海的稳步向前发展提供了坚实的基础。比如鸿海与英特尔合作共同研发，派人常驻

英特尔，使鸿海开发的连接器几乎与英特尔的新规格同步。时时与客户的最新需求联系在一起，就是这样坚定的服务信念让国际一线大厂相信鸿海。

只做自己可以完全掌握的事，郭台铭始终专注核心领域，坚持掌握技术，绝对不做外行的事，出色的模具设计和执行能力，使公司做到“一地研发、三区（亚、欧、美洲）制造、全球交货”的大厂风范。

史玉柱：告诉你脑白金制胜的法宝

史玉柱是中国商界的一个传奇，从一贫如洗的创业青年到中国排名第八的亿万富豪，他是投资领域著名的弄潮儿；从受人瞩目的亿万富翁再到负债 2.5 亿的“中国首负”，他是全国最潦倒的杨白劳；再从穷的深渊攀登到富的顶点，他是一个可歌可泣的东山再起者。他的一生像极了好莱坞电影，情节丰富、命运跌宕，在大起大落中创建了“史氏江山”。这一次次成功的背后彰显的是史玉柱洞悉人性、精于执着的经营头脑，正如脑白金的制胜之路，史玉柱一路凯歌高奏登上了保健品“盟主”的宝座。

用脚步丈量民心：助推脑白金神秘出场

1994 年，已经在商海浪潮中显示过人经营智慧的史玉柱，不甘心只在一个领域分吃蛋糕，同时将手伸向了高科技产品、保健品、建筑等 3 个领域——年初，他在珠海启动巨人大厦，在众人的追捧下原本计划建 18 层的大厦加高至 72 层，有望建成中国第一高楼，投资费用也随之提升了 6 倍。而此时，已经在高科技企业排名全国第二的巨人集团，在拥有众多科技产品及巨人大厦等项目之后，又不甘寂寞地将目光瞄向了保健品行业。做事不能一心一意的后果是惨重的，1996 年巨人大厦资金告急之后，史玉柱被迫从保健品行业调集资金挽救大厦项目，最终保健品由于“抽血”过度迅速衰败，而巨人大厦也因资金断裂而被迫停工，史玉柱欠债2.5亿成为全中国最穷的人。

然而，失败有两种，一种是事业上的失败，一种是精神上的失败。很多企业家在事业失败以后，精神上也败了。但是传奇人物史玉柱在事业失败之后精神上并没有失败，并且当巨人大厦停工、讨债人蜂拥而至时，他还庄重地向大家承诺“欠百姓的钱一定会还”。正是受这种负责任的态度和永不言败精神的感动，在史玉柱最困难的时期，他的团队20多个人没有一个离开他，而是紧跟着他的步伐做起了保健品。

史玉柱把江阴作为咸鱼翻身的起点，1998年，拿着找朋友借来的50万元开始运作脑白金。史玉柱是聪明且理智的，受到重创之后，他并没有抱着“赶紧赚大钱实现逆转”的心态来盲目投资，而是在项目启动之前做足了调查。史玉柱了解到江阴是江苏的一个小县级市，广告投入费用低，且人们生活富裕购买力强。为了确保万无一失，史玉柱还挨家挨户地找老人聊天，去挖掘市场的实际需求和倾听老人的心声。他问老人：“你们吃过保健品吗？如果可以改善睡眠，可以调理肠道、通便，你想不想吃？”得到老年人“想吃，舍不得买，只能把空盒子放在显眼的地方暗示儿子”的答案之后，史玉柱终于找到了打开市场的突破口，他因势利导推出了“今年过节不收礼，收礼只收脑白金”的广告，既满足了老年人需要，又打开了知名度。

充分了解到市场需求之后，史玉柱以“大赠送”形式正式启动脑白金项目，一批一批的送，前后送了价值10多万的产品。逐渐地，从这些体验客户中产生了回头客，很多老人吃完之后拿着空盒去药店买。很多药店为只见空盒而找不到进货渠道发愁时，脑白金又适时打出广告，于是先付款后提货就成了脑白金的销售规则。江阴市场一举被史玉柱拿下。在全国市场的推广中，史玉柱依样画葫芦，创造了中国保健品市场的销售奇迹。3年时间不到，他又重新站了起来，还清了全部债务，脱下了“中国首负”的帽子。

以广告打下江山：创造保健品销售神话

除了投入生产之前的市场调查，脑白金成功之路最为人津津乐道的就是它的广告策划。脑白金的广告可谓是匠心独运、无孔不入、技高一筹。

首先，低成本软文为脑白金鸣锣开道，使脑白金以“润物细无声”的方式走入公众视野。软文广告是近些年广告界人士最擅长和喜欢的宣传方式，它成本低廉，传播速度快，披上疑似新闻稿件“真实可靠”的外衣，很快就能取得消费者的信任和支持。在脑白金的推广过程中，比较让人眼前一亮的软文有《两颗生物原子弹》、《人类可以长生不老?》《98’全球最关注的人》《格林登太空》等，史玉柱对软文加以整合，有层次有步骤地推广开来，同时他以其强大的逻辑思维能力，由点到线、由线到面、环环相扣的将脑白金概念炒作起来，引起一阵阵抢购热潮。

其次，诉求高度一致的电视广告，培育出前所未有的送礼大市场。脑白金的电视广告语铺天盖地、气势如虹，在中央台和各地卫视黄金时段长时间重复播出，就连几岁的小孩都耳熟能详。虽说“今年过节不收礼、收礼只收脑白金”、“孝敬爸妈，脑白金”、“脑白金，年轻态，健康品”等广告词和别的广告相比毫无创意、甚至土得掉渣。然而，这种数年如一日、诉求高度一致的广告词却迅速地打开了脑白金消费市场，使直接购买人群在数量上大大超过了实际消费人群。脑白金电视广告的定位十分成功，它舍我其谁的礼品定位在消费者心中留下了难以忘怀的效果，在健康越来越受到人们关注的今天，“送脑白金就等于送健康、送关心、送呵护”的概念为脑白金在中国市场开创营销霸业立下了汗马功劳。

这些年，无论是首富还是首负，史玉柱都有为“首”的能力，脑白金广告被骂低俗的背后，有着营销天才史玉柱善于观微、缜密策划、敢于投入的系统性广告策略思维。从脑白金横空出世到迅速成为保健品行业独占鳌头的品牌这点来说，史玉柱的经营方式是十分成功的。

马化腾：我和我的“经营三问”

马化腾作为腾讯的创立者和现任CEO，在创办和经营腾讯时，总是小心翼翼地问自己三个问题，一问：这个新的领域你是不是很擅长？二问：如果你不做，用户会损失什么吗？三问：如果做了，在这个新项目中自己能保持多大的竞争优势？在开发新的项目和领域时，正是他这种谨慎的经营态度和经营方针，让腾讯每每出新，都得到中国众多网民的期待和支持，也使得腾讯公司最终站在了众多网络服务公司的前列。

这个新的领域你是不是很擅长？

IT产业在现今的发展可谓日新月异，几乎每天都会有新的公司和新的产品出现在大众的视线之中。面对市场巨大的竞争力，一些盲目跟风并且跟不上时代步伐的公司，最终难免被淘汰的命运。那么在公司运营之初，我们应该以怎样的态度去面对这个充满机遇和挑战的市场呢？

在马化腾看来，要经营一个公司、确定公司未来的方向并且预见公司将来的前景，首先，就需要以自己的兴趣和专长为依据，而不是盲目跟从市场的风向。

马化腾大学毕业时，IT行业并未兴起，尤其当时还是一个没有网络的时代，大多数人都不知道网络存在的价值。当时，在深圳，大多数计算机专业的毕业生都会选择从事计算机组装行业，但马化腾却对IT通讯十分的痴迷和看好，“一开始接触网络，我就知道它那些方面是有用的。我是有目的的选择，并不只是玩。所谓的玩，是想知道这个东西为什么好，用户为什么会喜欢它，是用一种研究的心态去尝试”。

网络方面的专长让他在创业初期少了不少的犹豫，在反复考虑过自己的专长和兴趣之后，他开始了公司的初期运营。对于网络近乎偏执的痴迷和狂热，让马化腾很快便构建起了公司和产品的雏形，而后来的腾讯也正是在他的这种工作热情中逐渐成长完善，最后被大众所知。

简单地说，马化腾提出的经营第一问，就是如何“找准专攻”——创业者和经营者需要对自己将要进军的领域反复思考，对市场冷静地观察和分析，再有目的地选择方向运营公司及产业，从而实现风险的最小化及工作效率的最大化。这一信条，在马化腾之后的公司运营中，也被应用得很充分。

腾讯公司成立后，马化腾不断地提醒自己，要充分利用自己的专长和热爱自己所从事的领域，并且他还把这种经营理念传达给了公司员工。他的公司以牢固掌握技术为理念，专注于技术的开发和提升质量，终于在中国 IT 界有了一席之地。

“找准专攻”是一种能够在一定程度上削减市场风险的有效方式，在竞争日益激烈的中国市场之中，这种方式是有一定借鉴价值的。

如果你不做，用户会有什么损失吗？

想要让公司盈利，仅仅靠着这条“找准专攻”的经营法则是远远不够的。意识到这点的马化腾在客户上打起了主意——到底要怎样才能提升，使自己的产品被更多的顾客所喜欢，从而让公司盈利呢？这时，马化腾提出了在经营理念上的第二问：如果你不做，用户会有什么损失吗？

作为软件开发工程师的马化腾明白，所有软件存在的意义就是实用，只有实用的软件才能得到大众的喜爱，“其实我只是个很热爱网络生活的人，知道网迷们需要什么，所以为自己和他们开发最有用的东西，如此而已”。

早在马化腾在润迅公司做程序员时，就已经意识到产品实用性的重要性。当时作为为数不多的“资深网民”之一的他，把目光放在了 ICQ 这个网络通讯软件之上，并给当时润迅的领导提议开发一个类似模式的软件并加以推广，可惜并没有得到重视。而自己成立腾讯公司以后，他终于把这个想法变成了现实。

1999 年，马化腾从 ICQ 软件受到启发，开发了一款叫作 OICQ 的聊天软件，这就是现在被大家广泛运用的 QQ 的前身。在设计这款软件时，马化腾以用户的视角考虑了用户可能的各方面需求，从而改善了 ICQ 软件的不足，也提升了软件的实用性，使软件变得更加人性化。这使 OICQ 软件一经推出便吸引了不少网民的关注，在极短的时间之内，就抢走了 ICQ 原有的一些用户源。

这种站在用户的角度为用户考虑的经营策略无疑是极其正确的，因为无论什么产品，其价值的实现，最终都依赖于用户的消费，只有把用户信任度和用户的依赖性提上去，才能扩大产品的销路，从而使公司获得最大的利润。

在这个新项目中自己能保持多大的竞争优势？

1999 年下半年，获得初步成功的马化腾并没有沾沾自喜，而是从经营公司和市场需求的角度思考着以后该怎么发展。

那时候，国内的寻呼通讯行业正在走下坡路，而作为 ICQ 类产品的 QQ 的注册量却与日俱增。马化腾当时对 QQ 的市场价值也没有太大的估量，但站在经营者的角度上，他并不想放弃任何一个能够挑战的机遇。

所以，在反复询问自己怎样保持竞争优势之后，并没有太大把握的马化腾采取了比较保守的“三管齐下”的策略：一方面巩固网络寻呼业务带来的利润，一方面根据用户的需求开发 QQ 及拓展新的业务，另一方面则在社会各界寻求风险投资的支持。

这种谨慎的经营态度，让马化腾把开发新项目的风险降到了最低，毕竟如果 QQ 的市场没有被开拓的话，OICQ 仍可以是自己主攻的方向。

事实证明，他的策略是无比正确的。不久后，OICQ 由于和 ICQ 过于相像被控诉，腾讯进入了一段时间低迷期，但同时 QQ 却被越来越多的网民所了解和应用。马化腾这才意识到 QQ 的市场前景，于是决定集资开发 QQ，并将其推广到更多网民的视野之中。

也正是这一理念，使腾讯不断地更新其产品，使它们的身影在我们现在的生活中无处不在。

马化腾的“经营之道”，并不像其他成功者一样“明知山有虎，偏向虎山行”，而是谨慎思考，“谋定而后动”。这种对于商圈、市场局势的把控和对于自身不断反省和完善的经营态度，是值得所有人借鉴和学习的。

如今的市场本就是机遇和挑战共存的，只有把握好机遇，从消费者的角度考虑问题，并且谨慎经营，才能一步步走向成功。

马云：是阿里巴巴开启了“互联网第四模式”

阿里巴巴作为电子商业行业的巨头，其运营模式被称为“互联网第四模式”，它掀起了中国网购的狂潮，甚至在世界范围都产生了巨大的影响。这种经营模式更是给马云带来了巨额的利润，让他在2015年一度登上“中国首富”的宝座，那么这种经营模式究竟是怎样的呢？

定位明确，业务广泛

在现今，企业如果想要在激烈的市场竞争中占取一席之地，就必须有其自己独特的定位。企业定位对于企业发展必不可少，它代表着企业的发展方向，同时也影响着企业的竞争力。

马云在建立阿里巴巴公司之前，就有过四处倒卖商品的经历，而这段经历，让他明白客户在市场中占据的地位，因此在确定阿里巴巴公司的发展定位之前，马云将目光投在了客户的选择之上。当今，中小企业占据了市场的很大一部分，而如果将自己的发展和中小企业结合起来，不仅能够提升劳动力的利用率，还能够加强自身和企业以及消费者之间的沟通，以更加了解消费者的需求，来完善自身。

马云的这种目光，让企业以及市场更加了解客户的需求，从而根据需求创造产品，扩大市场，更让企业获得了规模的扩大、效率的改善、资源整合能力的提升。

这种面向生产者、影响消费者的定位，让马云选择了以互联网为媒介——互联网方便快捷，有利于扩大业务系统规模、掌握各种资源和能力。马云在中国电子商务市场，从阿里巴巴建成以后，就可以说一直立于不败之地，这除了基于阿里巴巴在市场上科学的定位，还和它所推行的各类广泛业务有关。

阿里巴巴创建之后，马云并不只满足于将自己的产品发展为沟通消费者与生产者之间的媒介，而是希望自己的产品能够融入人们生活的方方面面，为人们生活、消费带来更为便捷的享受。因此在业务开拓上，马云也带领着阿里巴巴成为了行业的先驱。

马云首先针对生产者和个体商户推出了阿里巴巴 B2B 业务，促进了企业和商户、商户和消费者之间的交流，为他们创造了一个比较便捷、安全的平台，也加大了货物和资金的流通量；而后，马云面向消费者又推出了淘宝 C2C 业务，这个平台面向消费者，同时吸引了大量商户的入驻，也让电子商务市场在中国市场掀起了一股狂潮，最终影响到了国外市场；马云还想到购买支付安全性和便捷性的问题，于是阿里巴巴公司开发出了支付宝这样的业务。支付宝可以直接连接银行，帮助用户快捷支付，并且作为第三方担保，保证了交易的安全可行。

阿里巴巴在业务上的开拓，让消费者在一定程度上依赖上了这种方便快捷的购物方式，并且让这种电子商务的形式在人们的生活之中深深扎根，更让阿里巴巴公司商户和消费者之间获得了巨额的利润。

经营之道，在企业创立之初显得极为重要。企业在经营之初，需要有明确的定位，这个定位需要新颖、符合潮流，而根据定位和市场需求开拓出新的业务，则有助于企业在市场上开疆辟土。学会经营，让企业在成立之初出奇制胜。

战略当先，巩固发展

商场如战场，诡变风云无处不在，想要在商场上立于不败之地，经商战略尤为重要。中国首富马云在阿里巴巴的成长路上，对于商业战略的制定极为用心。

马云明白，在商场之中，在制定好公司的定位之后，正确的战略对于一个企业而言，可以说是成功的一半，应该为公司走向市场提供先驱力量。

在阿里巴巴刚刚成立之时，马云在战略的制定上，显现出了极大的野心，他对阿里巴巴未来的展望，也成为他制定战略的一部分——他希望阿里巴巴能够持续发展，成为跨越世纪的当世名企，同时成为当代十大互联网公司之一。而要做到这点，他把战略目光投到了商人身上，他甚至希望，只要是商人，就得使用阿里巴巴。

他的目标十分宏伟，看起来难以实现，但这也让不畏艰险的他把商业战略变得更加全面。

创建阿里巴巴之后，他充分分析了当时的市场环境，从中小企业切入，准确迅速地攻入了电子商业市场，而在市场内取得一定的成绩之后，他开始实行自己的“改革”战略。

在当时，电子商务刚刚兴起，大网站对顾客采取收费制度，这让很多浏览者感觉十分不便。马云意识到这一点后，深刻感觉到这种体制的弊端以及其对行业发展的滞碍，于是决定在这上面动脑筋，从信息流做起，实行免费服务，为广大中小企业提供免费的供求信息。这让阿里巴巴在 2001 年的网络泡沫破灭之时得以生存，而其之后的发展变得更加迅猛。

然而在小有成就之后，马云并没有对电子商务业中的竞争对手掉以轻心，而是继续走他的“持续发展”之路，于是另一个被阿里巴巴奉行至今的战略诞生：双向战略。

这种战略由横向战略和纵向战略组合而成，两个方面相对独立，而在全局之上，两个方面又表现出很好的统一性。

横向战略面向行业竞争对手。阿里巴巴面对竞争对手，在自身之上采取了一系列的创新，加强了业务上的开拓，减少了市场风险，同时根据中国本土市场的特点，开拓出了一个适合中国市场的电子商务平台，使阿里巴巴在行业中占据了一个很大的比重。

纵向战略面向行业发展前景。阿里巴巴在进行改革的同时，马云一样考虑到了自己开拓的业务对市场发展之后的影响、它存在的挑战以及在民众心目之中的价值，因此他更加注重产品和消费者利益之间的关联，运用自己开拓的信任担保业务，将产业链和消费者更加贴合地粘连在了一起。而一旦将自己的产品贯穿了整个产业链，在未来的发展自然不可估量。

他利用这两者的结合，构筑了 B2B、C2C、软件服务、在线支付、搜索引擎和网络广告六大领域的电子商务生态圈系统，使自己的公司业务覆盖到了全国甚至全球的中小企业之中。整个生态圈中，这六大领域环环相扣，互相依存，也使战略不断地更新和成长。

阿里巴巴的这种生态圈形式，最后被称为“互联网第四模式”，被无数人争相效仿，取得了巨大的成功——而这，正得益于马云独到的战略眼光和稳健的战略实施力度。

商场也正如一个生态圈，厮杀博弈屡见不鲜，想要生存下去，定位和战略都是重中之重。在初出茅庐之时，我们需要明确定位来寻找进军目标，而在小有所成之后，我们需要用战略来开疆辟土，守住功业。

在商场之中，经营之道也是生存之道，善于经营的创业者，能够将自己的人生在商业的舞台之上，演绎出不同寻常的风姿。

李彦宏：在技术上要始终为用户着想

作为一个中国网民，你可以不知道李彦宏是谁，但是你一定知道百度是什么；作为百度搜索引擎的使用者，你可以不知道百度在技术方面进行了哪些革新，但是如果足够细心，你一定能感受到这款搜索工具正逐渐变得“善解人意”；作为全球最大的中文搜索引擎，百度安身立命的根本主要来自于两个方面，其一是对中国本土文化的熟悉和运用，其二就是在技术上始终为用户考虑。

“超链分析”技术在世界互联网搜索引擎领域意义重大

许多科技领域的创业公司，很容易在发展过程中拎不清公司的创业初衷，时而以赚钱为己任，时而以爱好为先锋，最终往往因偏离轨道而走向衰败。但是，这种情况在李彦宏身上始终没有出现。相反的，他一直都很清楚自己创业的目的，正如百度坚定地把公司使命定义为“让人们最平等、便捷地获取信息，找到所求”一样，百度的创建和发展一直都是围绕用户的需求做文章。

百度，从一个名不见经传的小公司成长为在中国市场能够超过全球最大的搜索引擎谷歌，而被评选为“中国最佳雇主互联网行业第一名”的搜索引擎，除了在语言方面的优势之外，最主要的优势就来源于百度的过硬技术。关于这一点，从百度创始人、董事长兼首席执行官李彦宏身上就能明显地看出。

李彦宏毕业于北京大学信息管理专业，随后前往美国布法罗纽约州立大学完成计算机科学硕士学位，他在计算机技术方面的造诣有多高，可以从别人对他的客观评价上略知一二。

百度公司成立前夕，李彦宏和他的得力合作伙伴徐勇找风投融资，投资方都是金融领域的“花钱”高手，就算对技术领域没有多精通，但是却能很轻易地嗅出一个项目的商业价值。为了让投资更加保险，除了对项目计划进行深入细致了解之外，他们往往还对项目创始人的技术水平很感兴趣。面对百度的商业计划，投资人直接问李彦宏：“在搜索技术方面，你认为谁排在前三名?”李彦宏的回答很“中国”，他列出了包括他原来东家威廉·张在内的3个人，唯独没有提到自己。投资人又问：“你和他们熟吗？”李彦宏也是很谦虚地表示自己都认识。在和投资者聊天的过程中，其中一个投资者离开了一小会，随后带着一种满意的微笑对李彦宏说：“Robin，我刚才打电话问了一下你提到的威廉·张，他说，在搜索技术方面，排在世界前三位的专家中，一定会有你。”

为人谦虚的李彦宏在百度成立之前，最为人津津乐道的事就是“超链分析”技术的发明，从中可以看出，李彦宏在技术上始终为用户考虑的信念由来已久。

那是互联网搜索引擎逐渐走入人们视野的年代，1996年前后，搜索引擎技术遇到了一个从来没有遇到过的考验：搜索排名作弊。也就是说，一些希望自己网页、网站在搜索引擎的搜索结果排名靠前的网页拥有者或网站站长，利用词频统计原理，在自己的网页搜索页面里重复输入一个词，或者在网页题目里重复出现某个词，使自己的网页、网站排名靠前。这种现象给搜索引擎搜索结果的客观性带来了很大的挑战，对用户来说，更是一件很苦恼的事情，原本自己想要搜索的信息因为商业用户的有意为之而排在了后面，有时候需要找很久才能找到。时任《华尔街日报》网络版实时金融信息系统设计师的李彦宏，很快发现并意识到搜索引擎作弊问题的严重性，他迅速创建了ESP（超链分析）技术，并将之运用于INFOSEEK/GO.COM的搜索引擎中。这个技术的发明具有重大意义，率先促成了网页质量的排序和搜索内容相关性排序之间的完美结合，它通过别人引用一个网站内容的次数来确定该网站在搜索引擎里的排序，引用次数越多，排名越靠前，这样一来，真正被大多数用户所需要的信息就会更容易搜到，搜索结果的客观性得到了保证。

用户要的别绕弯子，没要的一定别给他

2000年至今，从美国硅谷回国开始在中关村创建百度的李彦宏，在过去的这些年里，只专注地做了一件事，那就是为用户提供更好的搜索引擎。2001年8月百度推出全球最大、最快、最新的中文搜索引擎，并且宣布全面进入中国互联网技术领域；2002年11月发布mp3搜索；2002年11月推出搜索大富翁游戏；2003年6月百度推出中文搜索风云榜；2003年12月百度陆续推出地区搜索、“贴吧”等划时代功能，搜索引擎步入社区化时代，同时发布的还有高级搜索、时间搜索、新闻提醒3个功能……可以看出，从创建百度，到搜索引擎，到框计算理念，再到开放平台乃至盘活整个产业链，李彦宏和他所率领的百度在中国互联网上的十年发展历程中，每一次的技术突破，都紧紧围绕李彦宏“便利用户”的宗旨。

2012年IT领袖峰会上，主持人数字中国联合会主席吴鹰犀利发问“百度为何收录腾讯微博信息?”问题一抛出，立即引起了在场诸多来自高科技领域企业家的高度关注。面对提问，李彦宏表示：“作为搜索引擎，百度需要竭尽所能把所有收集到的信息搜集起来给用户检索。”很明显，此举的初衷和百度一贯遵循的“让人们最平等、便捷地获取信息，找到所求”的愿景如出一辙，也正是这种始终把用户需求放在首位的出发点，使李彦宏巧妙地避开了“竞争”的讨论，同时给中国网民在搜索引擎上搜索微信消息提供了便利。

此外，百度贴吧的产生也是李彦宏在搜索信息搜索上的一大创举。面对中国搜索引擎和早已成熟的Google相比信息严重不足的问题，百度上线了贴吧，让用户自己产生内容，为网站提供了丰富的中文信息的同时，也使中文搜索引擎进一步融入人们的生活。至今，贴吧仍为百度搜索总流量贡献着超过10%的份额。

“你要在变化之前就预先看到将要发生的事情，然后及早作出应对。”李彦宏在峰会上说。“用户没有要的，你一定不要给他，用户要的，你直接给他不要绕弯子”，一切从用户需求出发，洞察这样的变化趋势，这或许也正是李彦宏总能够向前看两年的前瞻之所在。正是这种看透实质的经营理念，使李彦宏在2014年的福布斯中国富豪排行榜中能够以147亿美元身家名列第二。

雷军：小米不做广告，发烧友就是我们的最佳营销伙伴

在国内手机市场小米可算是一枝独秀。它价格低廉，硬件性能优越，并创下了一套低价抢购的营销模式，使国内很多手机品牌大受影响。更有趣的是，小米营销没花钱，它从不做广告。仅凭借互联网销售与营销模式，小米改变了整个中国手机市场的玩法和格局。

做产品营销你能接受多大预算？

2000年以来，国内手机市场竞争日趋白热化，如何在众多同类产品中突出重围，站稳市场份额，产品营销策划变得尤为重要。以往，大多数企业在产品营销上很舍得下血本，应该说，广告投入是公司运营的必要开支。任何一家健康的公司和企业都会打广告，用广告去轰炸用户，洗脑式的让用户接受产品理念，只是广告预算有多有少而已。

那么，雷军的小米手机营销预算是多少呢？

2011年，雷军的首席营销专家黎万强做了一个3000万的营销计划，想借用已有的媒介资源，计划做一个月的全国品牌推广。毕竟手机是2000块钱的东西，一点广告费不花就妄想让用户来买单，那简直是天方夜谭。结果，雷军做起了“白日梦”，他否决了这个3000万的营销方案，要求黎万强不花一

分钱就做到100万用户。在雷军看来，小米是全新品牌，主打低价位高品质，与其在营销上花钱，不如把钱用在产品和服务上，让大家主动夸你的产品，主动向身边的人推荐。如果能做到这样，小米即使不花广告费，也能打开销售渠道，把产品推销出去。

同年6月，小米网诞生，专门用来发布小米手机。9月5日，小米手机第一次发售预定就拿下了30万的订单，小米营销就这样出人意料地成功了。

如今，市场上仍有一些大企业想用大预算垄断媒体资源来把持市场，事实证明，这种营销策略效果正在减低，广告已不再是产品成败的决定因素。在社交化、互动化的互联网传播环境中，人们的购买决策不再限于广告信息，他们越来越容易获取别人的体验经验，这些体验经验正在成为决定购买的重要因素。小米的营销策略就是由此入手，通过口碑相传，使产品快速并大范围推广开来，在手机市场的重围中杀出了一条血路。

"参与感法则"，让数万发烧友爱上小米

小米手机不仅卖得好，用户对产品的关注度也极高。消费者为什么会像着了魔一样，如此钟爱小米手机呢？小米手机究竟有什么独特之处？其实原因很简单，小米手机是"活"的，是有生命的。譬如小米的操作系统，开发版坚持每周升级一次系统，稳定版也固定每月更新一次。

操作系统升级，这非常考验手机厂商技术实力，即便是应用软件要做到每周升级也具有相当难度。所以，传统的手机厂商很少会升级操作系统，他们认为升级操作系统根本没必要，只有在操作系统出现漏洞，或者手机出现不停重启、死机、黑屏等严重问题的情况下，才有必要升级。

但小米认为，手机将会替代PC成为大众最常用的终端，既然手机就是PC，为什么不能升级呢？不过，系统频繁升级对小米的研发团队来说是个不小的挑战。就拿开发版来说，每周升级一次，就意味着开发团队要在7天之内完成搜集客户需求、开发、测试、发布等一系列工作。对于小米来说，研

发部分并不难，真正耗时耗力的是测试过程。通常，手机升级系统测试需要1：1甚至1：2的测试配比。譬如小米初期的研发团队约有40人，按照这一配比至少需要40–80人的测试团队。

人手不够怎么办？小米团队非常聪明，他们让广大的小米发烧友参与开发，并通过米聊论坛建成了一个“荣誉开发组”，从数万名发烧友中抽出一批活跃度相当高的用户，让他们和研发团队同步做测试。通过同步测试，研发团队一边测试一边改进，把复杂的测试环节很好地解决了，确保了每周一次的系统升级。

小米操作系统的频繁升级，不仅是对用户需求的准确把握，更是一种营销策略。在升级过程中，小米积极开放参与节点，通过互动交流，构建用户参与感，把小米团队做产品、做服务、做品牌、做销售的过程开放，让用户参与进来，培养了一大批铁杆小米发烧友，以此打响了小米品牌的知名度。

粉丝不是战术，而是小米商业模式的核心

在关注用户粉丝方面，小米并非走在最前面，其他手机品牌也一直在做，却没能作出小米一样的爆炸性营销效果，最关键的原因是没有把粉丝作为商业模式的核心，而只是一个战术。

粉丝营销要想成功，必须上升至互联网思维。互联网思维的核心精神在于“专注、极致、口碑、快”，从企业管理到产品、从服务再到营销，必须有效对接，形成完整的闭环。但在实际操作过程中，很多企业都未能做到，仅仅浅尝辄止就妄图从网络平台获得最大价值，这种营销策略本身就是错误的。企业要想从粉丝营销中获得商业利益，至少要将粉丝营销上升至企业战略层面，举全力攻于一役才有成功的希望。

雷军就把小米的未来全都压在了粉丝身上，所以他不做媒体广告发放，而是打造自媒体平台，通过互动做好服务。正因为如此专注，小米与粉丝之间的互动更积极、更频繁、更有效，让粉丝们在互动中不断获益，实现了功能和信息共享。这些粉丝、发烧友们关心小米，他们的钱包也真诚地拥护着小米，使得小米迅速在手机市场上占有一席之地，并迅速成长为一个可触碰、可拥有，并与用户共同成长的优秀品牌。

正如雷军所说，做产品就得把产品、服务做得用心一点，让用户喜欢我们。用户喜欢我们了，“打赏”我们一点小费，我们挣这个小费就可以了。正是这数万小米发烧友们打赏的小费，成就了如今的小米传奇。

Part 5

你打算凭借什么打败对手——首富的“竞争课”

商场就是没有硝烟的战场，一丁点儿的疏忽都可能使企业陷入窘境甚至破产。因此，每一位想要基业长存的经营者，不单单要具备灵活的生意头脑，还要在经营活动中形成正确的竞争意识，不能盲目跟风，要以谨慎的心态对待每一次出击，才能把胜券稳稳地握在手中。

约翰·D.洛克菲勒：我不迎接竞争，我摧毁一切竞争者

众所周知，约翰·D.洛克菲勒作为“石油大王”，他的“标准石油”几乎垄断了美国的整个石油市场，凭借着“标准石油”所创造出的巨额利润，他当之无愧地成为“全球首富”。而“标准石油”之后的发展在今天看来也是无可超越的。那么究竟是什么成就了“标准石油”一家独大的局面呢？洛克菲勒又是怎样在激烈的商战中所向披靡一往无前的呢？

侧面出击，抢占先机

在创业之初，约翰·D.洛克菲勒并非一帆风顺。起初，他和克拉克创立的公司，因为经营方向不对加之市场竞争激烈，亏损了近10万美元。面对这样的困境，约翰又与克拉克意见不合，最终决裂。可以说，对于那时的约翰而

言，他的处境是十分困顿艰难的。然而，独到的眼光让他在困境中又发现了机遇。

19世纪中后期，石油开采和加工行业在世界风行，约翰看中了这一点，决定将公司的未来发展方向规划到石油相关的领域。

他开始与合作伙伴商讨策略——那时，很多商家都看中了这片领域，在众多商家中，约翰的公司无论财力或者是知名度，都不能算作鹤立鸡群。那么该如何应对这些商家带来的竞争压力，甚至脱颖而出，将它们远远甩在身后呢？资金、技术是必然不可少，但在别的商家也掌握这些的同时，这几个因素无疑就不能成为解决问题的关键。于是，约翰在和伙伴们商讨之下决定，吸取之前失败的教训，并继续发挥自己“扩大生产”的策略。

而这时，约翰的“扩大生产”策略与之前也有所不同：它以扩大产量为基础，同时将周边产业链考虑进去，从生产到销售，各个方面经过精确计算，再将炼制的石油投向市场。

约翰首先将这个计划实施在了运输方面——想要将自己的产品推广到全国范围之中，运输是个不可忽略的环节，只要在运输上占了先机，便能够缩减产业链中运输这方面的开支和时间，能够在成本上省出一大笔资金，同时在销售价格上占据一定的优势。

于是，约翰当时就以十分诱人的价格订下了每天60节铁路运油专用车皮，极大地减少了运油的时间和损耗，从而抢占了一定的先机，迅速占领了国内的市场。

而后，在油价暴跌之时，为了在竞争中不运用盲目降价的策略，他不惜血本，投入数万美元制造煤油灯，以进行石油的捆绑销售。凡是购买“标准油”的消费者都能够免费得到一盏煤油灯，于是它们很快便售遍全国，在其他石油工厂都纷纷转行倒闭的情况下，标准石油甚至打入了欧洲和亚洲，声名远扬。

这种“侧面出击”的策略在他之后的商业道路屡试不爽。它的关键点在于，抓住市场风向和消费者心理，在产品质量过关的前提下，让产品在市场的舞台上，以一种别人从未运用过的方式“出场”，从而鼓励消费者购买产品并推广，最终扩大产业，消灭竞争对手。

这种“侧面出击”的竞争方式简单直接，能够快速抢占市场先机，不似普通商战钩心斗角，而只从自身来改变，效果“稳、准、狠”，是一种值得借鉴和学习的生存和争先之道。

实行垄断，让竞争对手无可生存

在标准石油的名字逐渐被国人所知之后，约翰的野心更大了。

初尝成功喜悦的他，开始意识到竞争对手对他前行道路的阻碍，于是他开始思考——如何才能在石油产业上全然没有竞争压力，如何让标准石油在百姓心目中不可替代呢？

思考许久，他心里渐渐出现一个答案——垄断。只有垄断产业，才能做到让消费者非你不可。

约翰是一个头脑灵活的商人，同时也是一个极为出色的资本家。之前比尔给他灌输的“生意场上无父子”的观念仍然深深的镌刻在约翰的脑海之中。因此，即使与合作伙伴，他也保持着一定的警惕性。

他曾警告自己的亲弟弟弗兰克·洛克菲勒，不要和他作对，也别想和他竞争，赶快缴械投降，并把财产转移到美孚公司的账户上来。而对集资百万只为打垮他的竞争对手，他表现出对垄断产业更加大的决心和信心。他开始在各个方面扩张自己的势力，而他在商场上的无情和铁手腕也正式被人们所认知。

对于中小型企业，约翰·洛克菲勒选择了扼杀和吞并。他认为小企业、小商小贩的黄金时代一去不复返了，由几百家几千家互相冲突、设备陈旧的小炼油厂组成的美国石油工业，岂能满足美国这样的泱泱大国对石油的需要？只有他能够拥有最精良的工艺，最规范的管理和最雄厚的工人资源，能够源源不断地对国家的石油业提供支持，那么中小企业的存在不过是行业发展的阻力，同时那种竞争也并非能够偶促进自己前进的，不如早早毁灭。

这时候，约翰作为资本家在商场中的冷血被体现得淋漓尽致，然而这种“冷血”也加快了他垄断的步伐。

在实施垄断政策后，越来越多的对手被他踩在脚下，标准石油也很快占据了美国90%以上的石油市场，真正成为美国工业王国的“拿破仑大帝”，成就了约翰·洛克菲勒的石油王朝。

在激烈的市场竞争中，想要立于不败之地，方法有很多——但垄断这种常人不敢为之的方式，需要很大的勇气和充分的准备，才可以尝试。对手的数量多并不可怕，当自己足够强大时，无论对手以怎样的面目出现，我们都能做到临危不惧，同时在面对对手给予的压力时安然前行。

“垄断”的策略在于面对竞争对手，同时也在于自己，只有将自己的水平提高了，让消费者信任自己，才能让自己立于不败之地，从而不动声色地毁灭对手，让对手没有翻身的余地。

马克·扎克伯格：面对强敌，我与对手之敌结友

熟悉三国那段历史的人都知道，当魏国一家独大的时候，吴国为了免受魏国的进攻，而选择了和魏国的另一个敌人蜀国结盟，在“孙刘联盟”的政策下终保多年平安；当局势转变，吴国又和曾经的敌人魏国结盟，共同抵御蜀国的来犯，“孙曹联盟”又保吴国安然多年。从古至今，“敌人的敌人就是朋友”这句话一直都是人与人相处之道中一条雷打不动的铁律。其实，在利字当头的生意场上更是如此，只有永远的利益，没有永远的朋友。如果有

需要，面对强大的敌人，与其对手结为朋友也不失为一条好的出路。在 Facebook 的成长发展历程中，年轻的金融巨匠马克·扎克伯格就曾经十分成功的运用过这套“战术”。

Facebook 与谷歌的争战

前些年，由于风靡全球的社交软件 Facebook 的日渐成熟与飞速扩张，谷歌和 Facebook 之间的竞争也愈演愈烈。众所周知，谷歌旗下的业务除了搜索引擎之外，还有和 Facebook 对立的社交业务。两家大企业之间的对立关系，在现任谷歌董事长的埃里克·施密特的两次言论中可以明显感觉到。2011 年 6 月初在美国洛杉矶举行的第九 All ThingsD 技术大会上，已经卸任公司 CEO、现任谷歌董事长的埃里克·施密特表示，对于迎战 Facebook 的失败，自己难辞其咎。“我的确看到了潜在的威胁，但是没有对其进行有力的反击”。然而，在 2011 年年初，埃里克·施密特在达沃斯世界经济论坛上给出了与这次言论大相径庭的说法，当时他说“谷歌最大的竞争对手是微软，而不是 Facebook”。

关于埃里克·施密特两次说法迥然不同的原因，外界给出了两种比较合理的猜测：第一，他们把 Facebook 视为强敌的想法并没有改变，只不过此一时彼一时，Facebook 的发展速度之快是他们在年初时候没有预料到的，于是短短半年时间，Facebook 便从不是最大的竞争对手转换成了对谷歌迎头痛击的潜在威胁。第二，埃里克·施密特 2011 年年初在达沃斯世界经济论坛上所讲的那些话都只是用来麻痹竞争对手的公关说辞，事实上，在此后的半年时间里，谷歌为抢占社交领域做了紧锣密鼓的战略部署。比如重新召回创始人拉里·佩奇，推出“+1”社交搜索按钮，将员工年终奖金中的 25%和公司社交战略成绩挂钩。此外，在社交领域，谷歌也一直在尝试通过自主研发或收购来摆脱困境。比如：从社交网站 Orkut 到图片分享网站 Picasa，从提供移动社交服务的 Dodgeball 到微博客站点 Jaiku，从社交通信工具 Buzz、Wave 到基于社交问答网站 Aardvark 等。谷歌为推行自己社交产品而作出的一系列努力，很清楚地表明谷歌早已认识到自己与Facebook竞争的严峻态势。

若只是从社交产品这一个方面考虑，Facebook在媒体的渲染下似乎更胜一筹。出身于哈佛兼修计算机和心理学的扎克伯格，将公司定位在“联系世界上”；而出身于斯坦福的计算机博士谷歌的创始人拉里·佩奇与谢尔盖·布林则志在用技术、算法改造世界。他们将“整合全球信息，使人各种分享、聚会、礼物等各种应用方面更迎合现代年轻人的需求，加上Facebook很注重保护用户的隐私，因此其在与谷歌的论战中占据了绝对的优势。

微软是谷歌的宿敌

微软是世界PC机开发的先导，总部设在华盛顿州雷德蒙德，是比尔·盖茨和保罗·艾伦在1975年创立的，以研发、制造、授权和提供广泛的电脑软件服务业务为主。作为全球最大的软件供应商，微软在IT软件行业的地位是不容撼动的。有一句话可以证明微软的潜力已经发挥到极大，可谓是攻无不克战无不胜，那便是IT界同行发出的叹息“永远不要去做微软想做的事情”。

谷歌创建于1998年，是一家美国的跨国科技企业，是由当时还在斯坦福大学攻读理工博士的拉里·佩奇和谢尔盖·布林共同创建的。谷歌的主营业务是：互联网搜索、云计算、广告技术、开发并提供大量基于互联网的产品与服务。

这两家世界知名大公司由于在业务上的重合而产生了诸多的竞争，一度被外界看成势不两立的宿敌。在操作系统上，微软有Window7，谷歌有Chromeos；在浏览器上，微软有IE，谷歌有Chromeos；在视频分享上，微软有Sopebox,谷歌有Youtube；在电子邮件上，微软有Hotmail,谷歌有GMAIL；在搜索引擎上，微软有必应bing，谷歌有google；在即时通讯上，微软有MSN，谷歌有Gooletalk；在移动平台上，微软有Windows iphone；谷歌有安卓；在云服务上，微软有Azure ，谷歌有Cloud。这两家公司所属的性质决定他们之间的水火不容几乎无可避免，在求生存的道路上只能八仙过海各显神通。

2007年，谷歌的创始人拉里·佩奇在走访欧洲时得到一件令他十分沮丧的消息，谷歌对于Facebook进行重大投资的交易被取消，取而代之的是另一个更让他黯然伤神的消息，取代他对Facebook进行投资的不是别人，正是自己的宿敌——微软。

接连传来的两大对谷歌不利的消息，使谷歌参与Facebook投资事件的成员认识到，对于扎克伯格来说，Google的参与主要是被用作Facebook抬价的筹码。Facebook管理层不会因为有机会与Google合作而感到兴奋，他们更希望超越Google。

在寻找真正适合Facebook合作伙伴的道路上，扎克伯格拒绝了此前雅虎、维亚康姆等的收购，在势头强劲的谷歌与风生水起的微软之间玩起了“坐山观虎斗”的游戏。扎克伯格很清楚，Facebook的发展和扩大离不开微软的广告支持，而谷歌在业务上与Facebook的矛盾却是很难化解的。于是，他在心里早已经排除了和谷歌合作的可能，但是却借助谷歌的竞争，将广告价和股权投资价格一再推高，最后以2.4亿美元的价格选择了与微软合作，将Facebook公司1.6%股份移交微软管理。

扎克伯格的这种手段，不但为Facebook的广告及股权投资要到一个好价钱，同时还对越来越认识到社交网络重要性的谷歌予以沉重一击，称得上坐收渔翁之利的典范。

杰夫·贝佐斯：向传统巨人巴诺书店发起挑战

美国图书销售渠道林林总总，大致可以归纳为两大类。一类是传统实体店图书销售模式，规模最大的首推巴诺书店。该书店在1873年由查乐斯·巴恩斯创办于伊利诺伊的家中，至今已有140余年的历史。此前，美国巴诺书店一直都是图书零售业的龙头老大，它目标定位清晰，经营理念独特，毫无疑问地发展成拥有包罗美国49个州和哥伦比亚地区在内的591家超级书店。而亚马逊网上书店的高速成长使“线上图书销售”这种物理形态的销售模式逐渐被人们重视起来。在人们对于线上销售和线下销售这两种销售形态哪个更能代表图书未来销售主流模式的论战中，作为图书零售业的后起之秀的亚马逊，磨刀霍霍的向传统巨人巴诺书店发起了挑战。

亚马逊的扩张策略?

亚马逊从成立之初到现在经历了四次定位转变，第一次让亚马逊在图书零售领域站稳脚跟的是成为“地球上最大的书店”的定位。1994年夏季，曾经供职于金融服务公司D.E.Shaw的杰夫·贝佐斯看到了美国图书市场的巨大潜力，决定开一家网上书店，仅仅一年的时间，亚马逊网站就正式上线了。当时只在实体销售的巴诺书店已经是美国图书行业的巨头，为了在巴诺图书一家独大的美国图书市场分得一杯羹，亚马逊采取了大规模不计成本的扩张策略，为了换取营业规模，抢占市场份额，不惜付出巨额亏损的代价。两年之后，已经洞悉亚马逊意图的巴诺书店奋起直追，也在网上开展了线上购书。但是为时已晚，亚马逊已经在线上图书销售渠道站稳了脚跟，同时也在图书销售领域占有了一席之地。

亚马逊的联盟战略

巴诺网上书店开通之后，亚马逊在虚拟购物环境中的优势就不再是独有优势，两家之间的竞争重点，也已经发生了微妙的转变，除了争夺图书零售市场的份额之外，还要争夺网站点击量。为了一直保持遥遥领先的网络销售优势，亚马逊又开始实行联盟战略。通俗的讲，就是不同的两个网站之间在定下某种利益关系之后相互链接，提高网站之间的粘性。具体的做法是，亚马逊网上书店选定合适的伙伴成为联盟公司，二者之间相互提供对方网站的链接站点，这样进入一个网站的消费者就可以链接到另一个网站主页进行消费。例如，1999 年 3 月亚马逊和 PC 制造商戴尔之间联盟，两家公司各自在网站设立对方网站的链接，向顾客提供特色化服务，效果十分明显。2010 年，戴尔每天在网上销售的产品达 1400 多万台，访问人数也有了大幅提升。反观亚马逊，通过在戴尔、微软、CBS 等在这几家高流量网站上的“挂名”，销售量和知名度都达到前所未有的高度。

亚马逊的收购战略

亚马逊进行扩张的过程中，还有一种比较常见的形式，那就是收购。企业间进行收购，能够更广泛地利用别人已经成熟的平台进行推广销售，实现网络的优势互补。亚马逊的大幅收购，尤其是关于图书等文化公司的收购，对战胜传统巨人巴诺书店具有很大的促进作用，是亚马逊平台增加点力量和浏览量的最重要策略之一。在这些大规模的收购中，有关图书方面的收购有：2004 年 8 月亚马逊以 7500 万美元对中国卓越网的收购，使卓越网成为亚马逊的第七个全球站点，为亚马逊进军中国图书零售业直接开启了关键之门（卓越当时是一家网上书店）；2008 年 3 月亚马逊以 3 亿美元对 Audible（有声读物网站）的收购，为亚马逊图书增添了新的阅读形式；2011 年 7 月，亚马逊对网上书店 The Book Depository 的收购，再次为亚马逊网上书店业务扩宽了疆土。

企业收购是亚马逊实现快速发展的一个重要诀窍，通过这一系列的收购，亚马逊成功扩大了网购平台的经营范围，提升了品牌知名度，增加了网站的点击量，在马太效应聚集的电子商务领域，为自身网购平台的发展更打下了坚实基础。

亚马逊的价格策略

打折销售、低价策略已经不是亚马逊的专属竞争手段，但是直接把价格策略定位为折扣价格策略，亚马逊还是比较胆大的。经常消费图书的人或许有一种感觉，亚马逊的书真的很便宜。为了刺激消费者的购买欲望，亚马逊网上书店在商品原来价位的基础上给予了很大的回扣。它的主要目的是希望通过扩大销量来弥补折扣费用和增加利润，也就是我们常说的薄利多销。亚马逊书店为了消除读者无法像在巴诺书店购物一样自由穿梭在书架和咖啡店之间的遗憾，在折扣上进行了大力的补偿。当知道最强大的对手巴诺书店对所有的精装书给予20%的折扣时，在巴诺网上书店上市的前几天，竟推出了降低50%的优惠幅度。就是在平常情况下，亚马逊的销售折扣也经常降低30%到40%，为了使读者能够读到便宜的图书，亚马逊书店真的做到了微利销售。然而，需要注意的是，降价销售是一把双刃剑，很多时候，为了保住现有的市场，防止消费者在低价诱惑中去对手销售平台进行消费，巴诺书店也会在亚马逊宣布降价之后迅速跟进。这样一来，双方之间就会形成恶性竞争，最终并不利于图书行业的持久健康发展。

在未来的图书零售业发展中，我们很难断定杰夫·贝佐斯向传统巨人巴诺书店发起的挑战，能否取得杰夫·贝佐斯所期待的答案。但是，就从亚马逊从无到有再到发展成为美国乃至世界数一数二的图书零售平台这一点上，杰夫·贝佐斯向传统巨人巴诺书店发起的挑战无疑是成功的。

李嘉诚：我的时间永远比你们快 15 分钟

一个商人如果要成功，很大一部分原因取决于他是否具有预见性。有预见性的人，可以先人一步作出适应市场的调整。在商海，时间是远比钱财更宝贵的财富。而李嘉诚，就是把握时机的佼佼者，他总能比别人有着更长远的目光，作出最快的决策，把握最多的商机，从而获得最多的财富。

先人一步并非偶然

李嘉诚比别人更快地把握市场，从而占据先机的例子绝不在少数，而每一个例子都是可以为人所津津乐道的。

众所周知，他是从做塑料开始发家的。即使当初他不是第一个发现意大利塑料花那则消息的香港人，他也一定是最果断动身前往意大利，又在最短时间内学到工艺，最后将塑料花带回香港的人。李嘉诚的敏锐，成就了他在香港塑胶市场迅速立足、并快速做大，成为当时的龙头企业，也成就了他日后的蒸蒸日上。

把时间拨到 1969 年，“五月风暴”将整个香港差点带向崩溃的边缘，在“五月风暴”结束后，香港很多人急于将手头的房产脱手。当时谁也不敢接这个烫手的山芋，李嘉诚反而出乎所有其他地产商的意料，先一步将这些房地产买下，用来重新兴建物业。这在当时是极为冒险的行为，大部分人都不看好李嘉诚的这个举动，包括他的朋友和对手。但李嘉诚凭借其对机会精准的把握，在来年香港百废俱兴时期，一举成为最大的赢家。经济复苏时所需大量的物业使早有准备的李嘉诚一下子将产业翻了几番。李嘉诚用事实说话，完美地证明了自己的远见，也让那些打算看自己笑话的同业再也笑不出来。

再到1973年，已经改名为长江实业有限公司（长实）的长江地产，面临着资金不足的问题，无法与当时的地产大鳄置地所抗衡。在当时的香港，股票尚处于发展期之际，由于当时置地已经上市，随即李嘉诚果断接受证券所的条件，承受来自股东的重重压力将长实在香港挂牌上市。进而在1974年，长实在加拿大上市，首创了香港股票在海外上市的先河。日后长实所筹集到的雄厚的资金表明，李嘉诚的这一做法实在是太具有先见与预知。

金融风暴只是拂面微风

李嘉诚有一个习惯。不管是和人会面，还是解决问题。他总是要求自己比别人快15分钟，但就简简单单的15分钟，有些人用一辈子也追不上。时间对每个人都是公平的，因为每个人都是那么多时间，但时间是有弹性的，它会不知不觉中流向把握时间的人，具有先见的人总能拥有更多的时间，这种先见会体现在一个人一生的方方面面。

2006的股权分置改革一下子让整个股市都仿佛磕了药一样疯狂了，到了2007年，所有能够炒股的人都秉着进去就能捞钱的心态，疯狂地将钱砸进股市。而股市也正如人们所期望那样，一个劲地涨着。然而这份狂欢背后，一场超乎所有人想象的大危机正在酝酿之中。2007年8月，次贷危机爆发，从美国开始，最终席卷全球。这场危机就如同一盆冷水，残忍地浇在了当时中国火热的股市上，把所有股民浇了个透心凉。

而当时虽然李嘉诚也没能避免这场危机，但他快人一步的应急措施将他的损失降到了最低。在金融危机爆发的一开始，李嘉诚便完全停止了对和记黄埔的投资。在李嘉诚心目中，只要有现金，公司就还能继续运营下去。他将当时套现的资金大部分以现金保存，小部分以国债方式保存。事后证明，李嘉诚这一次又以非常明智的方式把损失尽量降低。而这并不是李嘉诚临时想出来的动作，作为一名纵横香港乃至世界商海几十年的老将，这不是李嘉诚面对的第一次金融危机，丰富的经验使他可以在第一时间作出最正确的决定。李嘉诚比别人快的15分钟，就是生死攸关的15分钟。

再到2008年3月，在股市开始反弹后，不少人认为金融危机已经过去，又开始幻想着2007年的股票盛世。此时又是李嘉诚站出来，提醒股民，不要盲目买入股票。当时依旧不少人质疑李嘉诚，但到了8月，雷曼的倒闭再次证明，李嘉诚确实拥有常人所不具备的先见之明。

李嘉诚说了一句浅显易懂但又富含哲理的话：“烧水加温，其沸腾程度是相应的，过热的时候，自然出现大问题。”

其实李嘉诚和我们一样，同样只拥有一天24小时，但为何他却能在处处都表现出先知一般的预知能力？我想这不但与其几十年的经验有关，更是因为，他总是能比平常人更加深入更加提前地去了解某一事物。即使该事物短时间内用不着，但一旦到了用得着的时候，李嘉诚便可以凭借之前的了解最快地得到相应的应对方法。换句话说，之所以李嘉诚能比我们快15分钟，是因为当我们在虚度某一个15分钟时，李嘉诚把握住了这个15分钟。长此以往，他的人生长河拥有了比普通人更宽广的流域，更强劲的水流，更多的承载。

世界上有无数个普通人，但只有一个李嘉诚，李嘉诚曾说：“我的时间永远比你多15分钟。”他是一个完美诠释时间就是金钱的人。正是那一个个15分钟，李嘉诚一步一步走到了所有平凡人的前面，走向了商人的巅峰。他用比别人多出的15分钟换得的财富，成就了当时这个首富传奇的一生。无数人在模仿，但没有人可以重复这份奇迹，不止是因为机遇，更是因为，这15分钟，在李嘉诚手中，被牢牢地握住，而在普通人手中，仿佛水流一般，无法尽数掌握。如果你每一天都比别人多掌握住一秒钟，你的人生便能比别人更高一层。

郭台铭：在竞争激烈的电子领域，必须在产业链上做文章

鸿海以模具起家，研发自己的连接器，转向激烈的计算机领域。郭台铭曾经在公开场合称他做的是“机械”，而非“电子”。确实，在电子科技迅速占领人们生活的同时，高科技的电子生产开始大批量的生产，正如郭台铭所说的，量产的高科技骨子里就是机械业。因此在快、变、准的行业，郭台铭富有远见地提出电子配件制造要做到三点：“Time to Market (即时上市)”、“Time to Volume (即时量产)”、“Time to Money (即时变现)”。为了达到这三点目标，他开始在产业链上大做文章。

逆向整合，摇身一变世界级企业

20 世纪 80 年代，鸿海迎来了发展的春天。1987 年，郭台铭为鸿海拿到了康柏公司的首单，公司开始飞速发展。随后，郭台铭在深圳成立富士康集团，建立龙华科技工业园，并在内地设立 36 家全资子公司，在全球范围内设立了海外制造中心及 60 个国际分支机构。郭台铭的世界宏图梦开始一步步实现，他成为全球最大的连接器、准系统的制造商。

1999 年，郭台铭一口气吞下华升、广宇等企业，进行逆向整合，使鸿海精密发展成为鸿海集团，由地区性大厂摇身一变成为世界级的企业，成为台湾电子业龙头企业。2004 年，在鸿海与墨西哥赤瓦瓦州摩托罗拉工厂建立起代工合作关系的同时，郭台铭迅速完成了美洲产业的转移，完成了欧、美、亚三大洲的并购，并创造了“美国设计、亚洲制造、全球出货”的营运模式。

2011 年 7 月，郭台铭宣誓：“我绝不做品牌，要用通路打造一条龙服

务。”虽然承诺不做品牌，但郭台铭却瞄准产业链上的所有环节，比如上游的研发和创新环节、中游的制造环节以及下游的营销和服务环节。郭台铭试图通过鸿海设计、制造和连锁卖场销售，从而拥有从研发到生产到营销的整个产业链，掌握供应链和消费者行为，这样更能够有针对性地展开产品研发和设计，更能满足客户需求，赢得客户和消费者的信赖。

制造的鸿海走向“通路的鸿海”

随着电子信息时代的到来，电子产品层出不穷，更新换代淘汰下来的电子产品以及不断追陈出新的电子新品，加速了电子产品过剩时代的到来。电子产品过剩带来的电子生产的廉价，是所有电子厂商必然要面对的难题。

郭台铭看着处于产业链末端的鸿海生产，清楚地知道单纯靠“大规模、低成本、低利润”模式并不能在这个时代站住脚跟。尤其是如今海外市场逐渐饱和，有限的电子产品市场竞争越发激烈，并且随着国内人工成本的不断上升，代工企业的利润空间越来越缩水，鸿海的转型势在必行。

精明的郭台铭显然不会吊死在一棵“苹果”树上，因此他酝酿着打通供应产业链，开始布局零售连锁卖场，寻找突围之路。科技是第一生产力，郭台铭明确指出鸿海制造要去掉初级化、低端化，要由“硬”件制造转向“软”件开发。比如在过去20年，富士康可以说是“中国制造”在全球的最佳代言者，在将来的日子里，它应该力争成为未来的“中国创造”在全球的最佳代言者。因此，从20世纪90年代中期开始，富士康的电子信息产业逐渐进行产业升级，引入更为高端、能耗更低的研发、设计环节。

鸿海打破了代工巨头从OEM到ODM再到OBM演进的传统路径，转而走了一条从产品竞争到价值竞争的新路，开创了由“制造的鸿海”到“通路的鸿海”的道路。鸿海挟持着整个产业链为用户创造最大化的价值，获取最大的利润。鸿海不仅可以直接接触了解消费者的需求和行为，还可以通过在产业链上游的自我设计和研发，在产业链中游进行制造，最后在产业链的下游通过3C连锁卖场进行市场营销，实现品种多样化。

同时，“通路的鸿海”在于产业链的整合和利用，鸿海可以根据客户的需求，不断地重新整合整个产业链，根据客户的要求重构上面的各个环节，不仅使产品的制造更趋完善，也使生产的时间最短。如富士康已经形成制造业的“6+1”链条，包括产品设计、原料采购、仓储运输、定单处理、批发经营、终端零售、生产制造，能够用最短的时间整合，形成最快的“速度”。

追求速度的激情

郭台铭认为，要在竞争激烈的电子产品行业一直保持领先，就必须要形成“速度”的概念。“速度”是鸿海的核心竞争力之一。

“速度”是“6+1”链条的最短的时间整合，还是一旦看准了，就快速突进的执行速度。在电子商务快速发展的今天，郭台铭斥资切入3C渠道店的建设，要把现代物流、电子商务、科技服务结合起来，从代工制造为主业向产业链上下两端渗透。不仅迅速把握上游的研发、技术和机会，还要在产业链下游做3C店，开拓企业直通渠道建设，增进线下的用户体验，从单纯的倚赖欧美品牌客户市场配置资源，到开发和更为倚重大陆内需市场。

“我们集团卖的是速度，可是不能因为速度而把品质忽略。”郭台铭清楚地认识到速度取胜的关键，但也十分保持专注的清醒。虽然鸿海从上游到下游坐拥整个供应链，但是从前端的设计研发、到中端的制造，再到销售服务平台，整个供应链及其所有的系统要能够高效运转，各个部分和环节必须保持足够的效率，从而共同快速运作。

郭台铭一直保持着创新性的思维，满怀激情，求新求变，一直在不断超越自己。最近他还创造性地提出了工业4.0的企业概念。他认为通过工业4.0可以把所有东西放在虚拟的云端，进行实时监控，打造一个云（云端计算）、移（移动终端物，物联网）、大（大数据）、智（智能生活）、网（智能工作网络）的工业网络。

成吉思汗是郭台铭心目中的英雄，这个马背上的枭雄用坚硬的铁蹄飞掠过片片疆土，63岁的郭台铭仍然在追求者商场上的速度和激情，继续着他的制造业“帝国梦”。

史玉柱：摒弃多元化经营，专注度决定竞争力

若讨论“专注和提升企业竞争力之间的关系”这一话题，脑白金创始人史玉柱最有发言权。曾经因为极度不专注，在做高科技的同时搞房地产、在搞地产的同时卖保健品，最后一事无成还欠下2.5亿巨款成为全国最穷人的史玉柱，吃了很大的亏。然而，人在低谷才能看清一些问题，失败并不是没有一点好处，至少他总结出了一条实用的竞争经验，那就是：专注度决定竞争力，摒弃多元化经营才能够在一方面取得成就。

力求稳健，专注保健品市场

在史玉柱的经商生涯中，前半部分可以用横冲直撞来概括。1989年，他凭借机智聪慧用4000元赚了100万，创办了巨人公司，又用仅仅4年的时间使巨人公司从一个一文不名的小公司，发展成为全国第二大民办高科技企业，拥有众多当时的明星产品，如中文笔记本电脑、手写电脑等。在商场上可以说是一帆风顺的他，有点按捺不住内心涌动的自满情绪，竟然在同一年启动了两大“巨型”项目：一个是珠海巨人大厦项目，另一个是保健品市场的脑黄金项目。若同时启动两大“巨型”项目已经在冒险的话，那么毫无预算的把珠海巨人大厦由最初计划的18层扩升到72层，就是压死骆驼的最后一根稻草。由于建设珠海巨人大厦楼层数的增加，投资也由原来的2亿追加到12亿元，巨人大厦资金告急，史玉柱不得不从保健品项目中抽血挽救巨人大厦，

结果保健品业务也一并被拉下了水，史玉柱的商业帝国由盛转衰。史玉柱一下从全国富豪榜排行前八名惨变为全国最穷的人。

这段如此跌宕起伏的经历，给了史玉柱一个重新思考经营理念的机会，让他认识到投资需要谨慎小心。史玉柱在接受财经记者采访时曾说："可以说是那段经历造就了我现在的投资风格——稳健，或者说是保守。我现在给自己定了这样一个纪律，一个人一生只能做一个行业，不能做第二个行业；而且不能这个行业所有环节都做，要做就只做自己熟悉的那部分领域，同时做的时候不要平均用力，只用自己最特长的那一部分。"至此，经历了人生最低谷的史玉柱，在后半部分的投资生涯中就可以用"谨慎后进"来形容。他甚至为自己制定了三项"铁律"：第一，必须时时刻刻保持危机意识，每时每刻提防公司明天会突然垮掉，随时防备最坏的结果；第二，不得盲目冒进，草率进行多元化经营；第三，让企业永远保持充沛的现金流。

前事不忘后事之师，再一次投入到市场洪流中的史玉柱开始摒弃过去的多元化经营模式，变得专注起来。他将目光认准了保健品市场，带领团队的20多个人，一心一意地做起了脑白金生意。他亲力亲为，周密策划，奋斗在销售第一线收集消费者信息。他说："自从'三大战役'失败后，我就养成一个习惯，谁消费我的产品，我就把要他研究透。一天不研究透，我就痛苦一天。"在把脑白金的消费群体研究透彻之后，史玉柱坚定地投入到了生产中，到2000年，公司创造了13亿元的销售奇迹，成为保健品状元。专注，让他仅用了3年时间就还清了之前欠下的巨额债务，至此他再也不是那个怕被别人认出来的"负人"了。

专注到极致，恶俗广告也能带来大销量

因为不专注受到过重创的史玉柱把专注理解到了极致，在此后的经营生涯中，除了只专注于单个品牌之外，在推广这个品牌过程中所涉及的广告业务，也进入他必须专注的列表之中。

首先看产品的命名，脑白金可以称得上俗不可耐，和上一次夭折的“脑黄金”有的一拼。史玉柱没有避讳脑黄金的失败给消费者带来的影响，简单明了地把产品命名为脑白金，实在让人看不透，甚至有人调侃他对这些保健品的命名来源于他对“金”的情有独钟。

此外，脑白金的广告也是千篇一律，毫无新意。无论是群舞篇、超市篇、孝敬篇、牛仔篇、草裙篇还是踢踏舞篇，篇篇雷同，如出一辙。广告词也是如此，“孝敬爸妈，脑白金”、“今年过节不收礼，收礼只收脑白金”“脑白金，年轻态，健康品”等一成不变的广告词在各大卫视长时间重复轰炸了近十年之久，基本成了妇孺儿童耳熟能详的最恶俗广告语，没有之一。

一切经营理念的成败只能按成效说话，这次史玉柱的专注为他带来了丰厚的回报。多年来，脑白金在市场上销量稳健，甚至2007年上半年，脑白金的销售额比2006年同期又增长了160%。

在人们问起为什么这么恶俗的广告能够取得好成绩时，史玉柱给出的答案足以看出他对人性的洞悉。他说：“不管消费者喜不喜欢这个广告，你首先要做到的是要给人留下深刻的印象。能记住好的广告最好，但是当我们没有这个能力，我们就让观众记住坏的广告。观众看电视时很讨厌这个广告，但买的时候却不见得，消费者站在柜台前，面对那么多保健品，他们的选择基本上是下意识的，就是那些他们印象深刻的。”

所谓多元化，说白了就是三心二意，除非有惊人的天赋和精力，否则很难在各个领域都取得成功。史玉柱深知这个道理，因此在打广告的时候选择了“专注”，脑白金广告一打就是10年，在消费者心中留下了深刻的印象，这也是这一恶俗广告能够取得好成绩的最主要原因。史玉柱曾对《赢在中国》的选手说：“品牌是需要时间积累的，不能靠一个月、两个月的狂轰滥炸就想取得多大的成效。中国企业创建品牌常有一个毛病：今年一个策略，明年一个策略，后年又换一个策略，费钱费力，还没落个好。”

关于专注，史玉柱认为，在商场上和政治上是一样的。他十分推崇毛泽东打仗时集中人力、物力、财力专供一个城市的战略思想，认为只有把所有方面的资源都集中起来，才能够创造优势兵力最终取得胜利。如今，史玉柱在商战上的胜利，就是对他“摒弃多元化经营，专注做一件事”这一经营理念的肯定。

王传福：极高性价比使我成为“电池大王”

无论在哪个领域，消费者进行消费所考虑的第一个因素无非就是性价比。所谓性价比，就是产品性能和价格之间的比较，性能越好、价格越低，则性价比就越高，从这层意义上来说，高性价比也就是我们常说的物美价廉。从小出身贫寒的比亚迪公司创始人王传福或许更加了解这种消费心理。他长期专注于高性价比电池的研究，终于成为中国第一世界第二的充电电池制造商，在财富积累上，也一路凯歌地走完了从贫寒少年到2009中国内地首富的必经之路，完成了人生的华丽逆转。然而，在胜利面前一直保持冷静理智头脑的王传福不满足电池领域取得的成就，在2003开始进军汽车领域，至此除了“电池大王”头衔之外，王传福又多了一个身份——比亚迪股份有限公司董事局主席兼总裁、比亚迪电子国际有限公司主席。

持之以恒，以高性能站稳脚跟

爱因斯坦说，兴趣是最好的老师，一个人一旦对某个事某种领域产生兴趣，那么他就会积极主动地去探索、去学习、去求证、去突破。这句话一点不假，用在王传福身上最合适不过。初中没毕业就父母双亡，与长兄相依为命的王传福有着不服输的性格。为了不辜负哥哥的希望，进入大学以后，王传福以惊人的毅力开始了他的钻研生涯。从本科开始，王传福就开始接触电池，并且兴趣所致，他的成绩一直名列前茅，对电池逐渐深入的了解为他将来的事业打下了良好的基础。他的耐性是令人敬佩的，中国香港风险投资公司汇亚集团董事兼常务副总裁王干芝曾经评价王传福说："他是我见到少有的非常专注的人，他大学学的是电池，研究生学电池，工作做得还是电池。"

中国有句很朴素很土的老话，坚持就是胜利。王传福长期对于电池领域的坚持，是他高性价比的主要技术来源。所幸的是，王传福并不是书呆子，而是一个懂得灵活变动的人。这种性格，使他成为电池领域实力派的领军人物。他有自己独到的生意门路和经营理念，你想唬他，估计很难成功。关于中国企业普遍担忧的技术问题，王传福看得很透彻，他说："这种恐惧正是对手给后来者营造的一种产业恐吓，他们不断地告诉你做不成，投入很大，研发很难，直到你放弃为止。"

1995 年年初，意志坚定的王传福带着向表哥借来的 250 万，注册成立了公司，取名比亚迪科技有限公司。一行 20 多人的团队在深圳莲塘的小生产车间里开始了筑梦之旅。和电池领域别的企业盲目追求现代化不同，王传福很不屑于花大价钱从国外引进先进水平的生产设备。当然，还有一部分原因是资金不允许。从头至尾，王传福都坚持自主开发研制产品，凭借过硬的技术和儒商标配的良心，他严格把控产品质量和成本，坚决不因为降低成本而放松对质量的要求。功夫不负有心人，仅仅半年时间，台湾无绳电话制造商就被王传福送来的比亚迪试用产品的高性价比所折服，当年就将原本下给三洋的订单改到了王传福名下。

品质是最好的敲门砖，短短两年时间，比亚迪就从一个没有名气的小公司发展成为一个年销售额近亿的中型公司。王传福并不满足于当时所取得的成就，在镍镉电池领域站稳脚跟之后，他将目光转向了镍氢电池和锂电池这两种蓄电池市场的核心技术产品上。当时，锂离子电池是日本人的专利，世界很多同行笑王传福不自量力，打赌他搞不成。王传福并不理会外界的声音，他建立中央研究部，投入大量时间精力搜索前沿人才，引进相关设备，就这样从容不迫地做起了他认为对的事情。最终，王传福专门成立了比亚迪锂离子电池公司，在锂离子电池和镍氢电池领域占有了一席之地，成为和三洋、索尼、松下这些日本厂商齐名的国际电池巨头。

“我们从不对核心技术感到害怕。别人有，我敢做，别人没有，我敢想。比亚迪每个单位遇到问题，我们都会说，你解决不了，不是因为没有能力，而是因为你缺少勇气。”比亚迪一位副总裁这样解释他们的企业哲学。

而王传福自己就如同一个无所不能的金刚一样，有人说他蔑视现有的商业秩序和游戏规则，相比欧美的资深技术专家，他更信赖年轻的工程师，他认为什么都可以自己造，而且造的比高价买的更管用，他觉得技术专利都是“纸老虎”。

降低成本，我用小米加步枪

在电池性能上保持高水准之后，王传福把主要的注意力都用来了节约产品成本上。降低生产成本不但能够为产品更迅速更大范围的抢占市场打下基础，同时还能够增加公司利润，是王传福摘下“电池大王”桂冠不得不走的征途。

当时，投资一条电池生产线少说也需要几千万元，而他手里可没有这么多钱，怎么办？这个问题没有难倒头脑灵活的王传福，没钱没关系，咱有人啊。他把一条生产线分解成很多可以用人工完成的供需，自己亲自带领工人生产制造，也就是“半自动化加人工”，可就算是设备落后，“小米加步枪”依旧打败了敌人。

王传福的人海战术可谓是把人的潜能用到了极致，他用工人代替机械，发挥了中国劳动力资源丰富的独特优势。这个办法虽然老土落后，但是却大幅降低了生产成本，并且能够将实用的技术和工艺精准地融入到产品的整个生产过程中。相比较全自动化的生产模式而言，王传福独创的这种半自动化生产模式准确率并不低，它安全可靠又灵活，能够在很大程度上避免全自动机械加工出错后大规模召回产生的巨额损失问题。

王传福说：“想和别人竞争，还要走别人走过的路，那就是自寻死路。你和别人一模一样的打法，你凭什么打赢？所以，必须‘你打你的，我打我的’。”

王传福在经营中所坚持的“不走别人走过的路”这条理念，让比亚迪在技术生产上更加注重个性，只要客户提出要求，他们就能够按照顾客的要求来设计私人定制方案，完成一站式服务。对此，王传福常说，我们卖的是自身的技术和零部件，代工只是我们的一种服务。

关于对中国技术工人的看法，王传福有着独到的见解，他说：“你把人仅仅看作劳动力，他就只能打工。而你把人看作创造者，他就是设计师。比亚迪的企业战略，其实从根本上就是要破除中国人力资源只能走廉价、低端路线这一迷信。”或许，在王传福眼中，中国的工程师创造力才是最棒的。

2009年胡润中国百富榜上，王传福以财富350亿元成为当年的中国首富。我们心里明白，他所有成就的取得，与其“勤劳智慧、诚实可信的追求高性价比”这一经营理念脱不了关系。

周鸿祎：在竞争中东奔西突的奇虎360

现如今，360软件在网民之中几乎无人不知无人不晓。在激烈的IT竞争圈子里，虽然它存在的时间不能与百度、腾讯、金山这些公司相比，但是它得天独厚的优势却让它在IT圈占据不可撼动的一席之地，这与其总裁周鸿祎为它制定的竞争策略有着不可分割的关系。

看清市场需求是制胜关键

在创立360公司之前，周鸿祎已经是雅虎中国区的执行总裁。然而这个位置并没有满足周鸿祎的需要，他辞去了雅虎总裁的职务，开始另立门户，谋求生路。

老战友齐向东的邀约让他加入了奇虎公司，开始了他在互联网领域的征战之路。

2006年，互联网热潮在中国众多网民之中达到一个高峰，但这样的发展却也带着不小的弊端——流氓软件也随着网络的发达而数量日益增多。

齐向东对流氓软件所造成的伤害有这样一番总结："上一天网之后，你的电脑速度就慢一点，再上一天网后，电脑的速度就再慢一点，然后你电脑里面又莫名其妙多了一些东西。这些东西怎么来的你不知道，怎么把它卸掉你也不知道，你去找电脑专家，甚至电脑维修店里面的工程师，他都把这些东西给你清理不干净。那么，唯一解决的办法就是把电脑重装系统，要消耗你4个小时以上的时间，同时还要把你电脑里边的很多资料去保存复制，最后有可能还会造成你数字资产的丢失、损失。就是不上网不行，上网就受害。"

的确，当时有很多网民都在受着这样的困扰，而当时软件杀毒也并未兴起，金山毒霸之类的杀毒软件也无法拔出这些"毒瘤"的功能，几乎所有人都对这种现象束手无策。

这时，周鸿祎灵机一动——既然市场缺乏这种杀毒软件，那么为什么自己不往这方面发展呢？如果自己的软件能够解决网民的这一需求，那么自己的公司定能很快在市场占据一席之地。虽然互联网产业当时的竞争压力很巨大，但似乎这么做，想要一枝独秀就不是难题。

确定了这个方向，奇虎公司开始了它对网络安全领域的进军。

2008年7月，360正式推出360杀毒并宣布永久免费。

这是周鸿祎在互联网领域迈出的第一步，而这一步落下，便使360迅速占据了互联网产业的一席之地，在网民中获得了良好的口碑，给周鸿祎创造了一笔不小的收益。

正是周鸿祎这种敏锐的洞察力让他的公司在激烈的IT竞争中不受倾轧，并且使产品迅速地占领市场，从而提升了公司的竞争力，让360成为名副其实的后起之秀。

独一无二的“奇虎模式”

360在互联网安全领域占据一席之地之后，周鸿祎发现，自己面临的压力变得更为巨大，百度、腾讯、金山等大型公司都或多或少对这家互联网产业的后起之秀表现出了敌意。的确，360因为免费，其迅猛发展让这几家公司原本的用户源减少了许多，360杀毒拥有的巨额用户数量让它们感到了强烈的威胁。然而在面对这些大公司的倾轧，360却因为自己独一无二的“奇虎模式”一直保持着在网络领域屹立不倒的姿态。

2006年，在周鸿祎决定编写360杀毒软件之前，他就开始思索，应该怎样让自己的产品在民众之间的接受度更高、使用率更广。在360面世之前，金山就推出过金山毒霸，该款产品在性能上可以说已经在当时行业的顶端，自己想要和金山公司争抢用户源，并不是一件容易的事情。在苦苦思索对策之时，他突然发现，当时金山的杀毒软件是需要收费才能运行的——那么，如果终生免费，自己的产品在民众之中很快便能够打开销路。

只是，这一想法想要变成事实并不容易，如果免费发行这款软件，那么产品的利润从哪里来？周鸿祎反复追问自己，最终想出了一个软件发行模式——不同于腾讯、金山等发行软件的模式，这种模式对于用户而言终身免费，而作为平台开放，360更倾向于商家的入驻和融资。这样，对于用户而言，不用收费就能得到杀毒服务；而对入驻商家而言，用较少的资金就能将自己的产品找到一个平台推广，增加产品在市场的知名度，何乐而不为呢？

周鸿祎在360推出后，也坚持了这种想法，而这种模式后来被称为“奇虎模式”。这种模式面向消费者，不直接从消费者身上盈利，在全球算得上是“独一无二”。而在这种模式下，360在市场上的反响越来越大，吸引了更多商家融资，从而得到了更大的利益。

开拓创新，链条推送

360在杀毒市场很快站稳了脚跟，但公司想要在竞争中不被淘汰，光凭借一个产品还远远不够。那如果主打杀毒，顺势开发另外的软件去形成一个独立的电脑安全系统，是否能够拓展更大的市场呢？答案是肯定的，于是周鸿祎又开始将眼光放在了杀毒软件的配套软件上。

2013年10月，微软发布了win8这一款新的操作系统，然而作为新系统，它的兼容性问题和新型操作界面却并不受用户的喜爱。一向喜欢钻空子的周鸿祎立马觉得微软的这个“漏洞”能让他来“补救一番”，从而让用户更加深刻的了解到360软件的便利性。于是，在杀毒软件上，他苦下了一番功夫，在杀毒软件上安排了一系列的推送，比如360安全桌面、360软件管家等。

针对win8主界面操作麻烦的问题，他又在自己的软件中附加了一个能够方便用户提取的主界面菜单，这样win8的用户用360也可以和win7用户一样简单方便地使用自己的私人计算机。这种“链式”的推送，更是极大程度地开拓了360在计算机领域的市场，从而让360在激烈的竞争中脱颖而出，成为人们在杀毒软件上不可以不考虑的选择。

关于360的种种创新，周鸿祎把它称之为“颠覆性创新”。正是这种创新，360颠覆了传统的收费的杀毒软件厂商。在2012年，360推出反对欺诈、拒绝医疗广告的搜索引擎，从搜索巨头那里抢到了超过近两成的市场份额。这导致了360一直处于舆论的风口浪尖，面对各种谣言和中伤。但是，这种创新的举措不仅让好几亿用户装备了强大的正版安全软件，每年还为这些用户节省了数百亿的开支。同时，这种创新逼迫其他安全厂商不得不向互联网转型，激发出他们的市场竞争和创新的动力。

从这个角度来看，这种创新不仅有利于用户，更有利于整个行业。

马化腾：QQ号贯穿，让腾讯所向披靡

在人们日常生活中，腾讯QQ可谓无处不在，在现代的社交网络中成为不可缺少的部分。无论是学习办公，还是休息娱乐，腾讯都是网民的第一选择。这样的趋势，正是得益于QQ的方便快捷和其全面贯穿IT领域的特性。而这一特性，也让QQ在激烈的市场竞争中脱颖而出，领先于各类软件，一枝独秀。

QQ是怎样炼成的

对马化腾来说，QQ的产生或许可以说是一个机缘巧合——刚刚建立腾讯之时，QQ只是作为IM软件ICQ的副产品进行推行，而且并没有对QQ抱有太大的期望。

然而马化腾却并不想就此放弃自己开发出的任何产品，于是决定将这种完全免费的社交软件投入市场，探一探市场的风向。

1999年11月，OICQ推出的第10个月，注册人数已经超过100万，那时候马化腾和他的团队一直贴钱在做QQ，同时做一些看不上眼的小活，赚来的钱立马花到QQ上。因为QQ是免费软件，在服务器的托管上，马化腾以及他的团队花费不菲。

QQ这样的运行模式可以说是只赔不赚，在互联网领域甚至可以说是直接对抗传统，开辟新形式，但因为软件免费方便，用户量却与日俱增。

自己开发出的软件不能盈利，这样下去也并非长久之计。马化腾想过把QQ卖掉，然而当时并没有人接受马化腾给出的价位，因此马化腾只好四处筹

措资金，硬着头皮把QQ继续做下去。

当时的困境在现在看来，可以说是一个不小的机遇，马化腾没有卖出QQ，却无意之间在网络界开辟了一个新的模式，而这个新的模式也为他之后在IT界创造了一个商业帝国。

到了1999年，马化腾几乎熬不下去。因为他也不知道这样一直亏损的价值和意义是什么，但很快当时网络的各大巨头用行动告诉他，这免费提供服务平台的形式将会在未来引领中国网络界的潮流。

在那时候，中国的市场“投资热”风行，风险投资商对中国市场也表现出了极大的兴趣和热情。在2000年，马化腾迎来了窘境以来的第一笔投资。这让马化腾终于对自己的软件有了信心。他坚信，自己的QQ一定能够在市场上一炮打响。有了资金的支持，他选择继续免费提供QQ软件，这一选择看似放弃了一大笔可以获取的利润，而实际上则为QQ招揽了更多的用户。

QQ就在这样的形势下，在中国市场上打响了自己的名号。

而当拥有一定的名气之后，马化腾开始不甘于只做网络通讯行业，想要把自己的QQ贯穿到人们生活的方方面面。

一体化原则，贯穿全网

如果光靠风投的资金，马化腾只能等着坐吃山空，想要让QQ生存下去，就必须找到让用户心甘情愿掏腰包的方式，而且不是收费运行。

马化腾对这种情况感到有些头疼，而就在此时，中国移动推行了“移动梦网”，也把橄榄枝抛向了马化腾。移动梦网通过手机代收费的“二八分账”协议（运营商分二成、SP分八成），提供了一种新的可能性。

终于在2001年7月，腾讯实现了正现金流，到2001年年底，腾讯实现了1022万人民币的纯利润。

这无疑让马化腾对与网络界的进军更加具有信心，经过一番思虑之后，他踏出了他梦想的第一步。

他开始以“资深网民”的角度进行思考——在网络上交友，谁不希望自己的形象更加光鲜亮丽一些呢？如果在互联网上，人们能够对自己的虚拟形象进行设计，那么更多的人将会对网络社交产生好感不是吗？针对这种想法，他开拓出了“QQ 秀”，而这一功能很大程度上满足了人们对美的追求，也让人们在互联网社交上有了更多的选择。

在享受“QQ 秀”带来的成功的同时，马化腾和他的团队并没有闲着，而是眼观六路，耳听八方，开始学习新浪、搜狐在移动端上推出的服务，借鉴盛大开始在网络游戏领域开拓自己的市场……

2002 年，腾讯净利润是 1.44 亿，比上一年增长了 10 倍之多；2003 年，腾讯净利润为 3.38 亿，比 2002 年又翻了近一倍。2004 年，腾讯在香港上市，至此，马化腾打开了属于自己的那扇成功之门。

然而马化腾却并不满足于此时的成功，作为用户，他始终觉得，QQ 发展到这一步，还不足以满足自己的需求——免费方便的确是够了，但是在选择上，站在用户的角度思考，或许腾讯并不能成为自己的首选。

无论是那个网络门户，帐号都非常烦琐难记，如果能够让用户只用一个账户就能享受全部的网络服务，那么自己的设想才能算是初步达成。

在这样的想法的催动下，马化腾对互联网领域的各个方面都发起了猛烈的攻势。

2003 年，腾讯开始做门户，与新浪搜狐为敌；后来做休闲游戏和大型网游，跟陈天桥和丁磊狭路相逢；2005 年年中，腾讯又在网络拍卖和在线支付上出手，追赶马云；此后，腾讯更冲入搜索市场，为自己宣布了一个新的敌人——李彦宏。

马化腾成为行业“战争”的发起者。结果是：马化腾创立了中国三家最大的综合门户网站之一、第二大 C2C 网站、最大的网上休闲游戏网站，其社区服务 QQ 空间的活跃用户数甚至超过了 Facebook.

至此，腾讯成为中国网络界第一家多领域发展的企业，在每个领域，腾讯都有着很好的发展，而各个领域的联合便成就了“QQ 帝国”。

“QQ 帝国”各个方面联合发展，给用户带来了极大的便利，用户只用一个账户，就能够享受到一体化的服务。这种“全面贯穿”的方式，也给腾讯带来了极高的口碑和极大的呼声。

“全面贯穿”的策略，需要强大竞争力的支持。在向各个领域扩张之时，对手必定会设置一定的阻碍，要想在竞争中脱颖而出，需要有策略、有目标，也需要有力度、措施——竞争胜在创新，只有新的符合市场的产品，才能在市场中展现出自己的竞争力。

QQ 号的贯穿，创造出了一种新的模式，而这种模式让腾讯在市场竞争中立于不败之地。

Part 6

这是一个价值观决定成败的时代——首富的“文化课”

若把每个人都比作提线木偶，那么支配着我们一言一行的那根线就是深埋于心的价值观。尽管我们看不到它，但是它却时时刻刻发挥着作用，并掌控我们的思维，左右我们的判断。因此，在这个价值观决定成败的年代，扎扎实实地上好“文化课”才是首富们走向“成熟”的关键所在。

马克·扎克伯格：我和我们的“黑客之道”

在 IT 领域，黑客一词泛指那些对计算机科学、编程和设计方面具有高度理解能力的人，他们通常精通各种程序语言和各类的操作系统，伴随着计算机和网络的发展而成长。从这层意义上来讲，“黑客”无疑是一个褒义词。作为 IT 界难得一见的翘楚，扎克伯格绝对算是当之无愧的黑客。除了在计算机技术上有着过人之处之外，在生意场上，扎克伯格依然擅长运用他的黑客之道。事实上，在扎克伯格心里，“黑客”是一个动词，是一种价值观，他们毫不掩饰地将其企业文化称为“黑客之道”，甚至还在占地 57 英亩的新办公区域赫然挂着“黑客公司”的招牌，也是想以一种俏皮的方式向世人表明，这是一家不走寻常路的公司。

黑客之道一：不为钱，只为实现连接世界的梦想

在IT领域人人都知道，扎克伯格有一个梦想，或者说终极目标，即让世界联系得更紧密。知道了他的这一真实想法后，他的种种“黑客行为”行为似乎就很好理解了。殊不知，在利字当头的商业领域，扎克伯格的这一目标定位本身就是异乎寻常的，也算得上他所坚持的黑客之道吧！

在Facebook创业初期，扎克伯格就果断拒绝了想要收购Facebook的人。对于这种行为，他在2007年接受采访时解释道：“不是因为钱的因素。对我与我的同伴而言，最重要的是要创造人与人之间公开的信息管道。如果媒体公司拥有了这个所有权，对我一点都不好。”从采访内容可以明确看出，Facebook之于扎克伯格及其小伙伴是一个信息管道，而并非一个赚钱工具。3年之后，他在《连接》杂志访谈时再次强调，他的目标一直未变，他一直为此努力：“我最关心的就是，如何让世界更开放。”正如他常说的那样：“我们的使命是让世界更加开放、联通。通过让人们分享想要分享的内容，与想联系的人进行沟通，无论他们身在何方，我们力图实现这一点。”

不知道有多少人因为扎克伯格这个质朴却又不简单的坚持而感动，当扎克伯格在位于美国加利福尼亚州的Facebook总部敲响开市钟，并签下To a more open and connected world（一个更加开放和联结的世界）这句话时，现场掌声雷动，而这句话随后便被投射到纽约时报广场的纳斯达克大屏幕上。

黑客之道二：我们想做一件事，最后就能成功

2012年12月24日，新浪科技发消息称，Facebook CEO马克·扎克伯格为最新推出的移动IM应用Poke编写了代码，用户收到推送通知时的提示音也出自他本人之口。此外，知情者透漏，扎克伯格或许只是为了好玩，才在手机上录下了自己的声音，后来听取朋友的建议和劝说，对录下的声音进行过滤后使其成为Poke的提示音。

毫无疑问，他的这种看似不可为而为之的做事风格也是他黑客之道精神

的典型表现。更让人意想不到的是，整个 Poke 应用的都是在“黑客模式”下产生的。据说，当时 Facebook 曾多次表明想要收购由两位斯坦福大学学生开发的 Snapchat（阅后即焚）应用，但是屡次遭受拒绝。扎克伯格十分不甘心，于是下定决心，要在距离苹果圣诞节前停止接收新应用申请仅剩下几周时间里，开发出类似 Snapchat 的应用。

一不做二不休，扎克伯格本人、Facebook 产品主管布莱克·罗斯、设计师麦克·马塔斯和莎伦·黄，还有公司的其他研发人员共同参与了这一“黑客行动”。经过他们争分夺秒的努力，终于在扎克伯格设定的截止日期前完成了任务。扎克伯格和他的团队在短短的 12 天就开发出了这款应用，此举无疑是在向外界证明，只要 Facebook 想做一件事情，最后就能做到。同时他们似乎还在借此向竞争对手发出隐形的警告，若非加入 Facebook 成为合作伙伴，那么 Facebook 很可能会迅速“复制”他们的应用，成为他们的竞争对手，并且 Facebook 完全有这个“复制”的能力。

黑客之道三：拒绝权欲重的投资客 牢牢抓住控制权

对于一个有着自己成熟价值观和经营理念且成长中的公司来说，最怕见到的就是那种投资客——他们在为创业者注入资金的时候往往附加一些令人难以接受的条件，如要在董事会占有一席之地、以外行人的身份在公司决策中指手画脚等。事实上，在美国硅谷著名的风投大街沙丘路，这种投资客比比皆是。对于这种投资人，扎克伯格是坚决拒绝的。很多人对此表示不理解，而负责全球销售业务的 Facebook 前副总裁迈克·墨菲说：“控制权对于马克至关重要，不是因为他要独裁式地治理公司，这更多的关乎信念，关乎他对公司的远景诉求。很少有人能真正明白这一点。”

出于对控制权的考虑，扎克伯格在金融危机发生之后，Facebook 估值严重下滑的情况下，拒绝了泛大西洋资本集团和 TCV 两家私募基金公司颇有吸引力的 50 亿美金收购资金，这也是一直被金融界津津乐道的扎克伯格“黑客行为”之一。后来，扎克伯格及其团队在众多抛来橄榄枝的投资客中，选择了一个名不见经传的俄国公司DST，并以两亿美元的价格出让了公司2%的股份。当时，有传闻说，DST的幕后老板阿利舍尔·乌斯曼诺夫有过入狱经历，这样的背景让扎克伯格团队的顾问和高管们心生疑虑。然而，扎克伯格却不以为意，他相信阿利舍尔·乌斯曼诺夫的诚意。因此，对这个新的投资客礼遇有加的同时，他还在当年7月召开的互联网大会上隆重地向大家介绍了DST。

若问近年来世界IT领域最风光的人物是谁，毫无疑问是扎克伯格，扎克伯格和他的黑客之道已经成了IT领域的一种特色，他将在其黑客之道上越来越靠近他让世界更加开放、联通的梦想!

史蒂夫·乔布斯：要无情专制，更要热情自由

每一个商业大成功者都有属于自己独特的管理方式和运营手段。这些与常人不同的方式手段，往往是其在商业竞争中取得先机的重要元素。经营公司从来不是一个人的事，经营公司也没有绝对正确的方式。乔布斯从离开到回归的12年磨砺里，将他的管理理念变得更加完善成熟。回归苹果的乔布斯，就像是王者归来，带着他的专制，也带着他的热情。

如果无情专制是指向灯

乔布斯自身是一个极具魅力和影响力的人。他的存在能让身边的同事和员工产生一种类似于信仰的东西。他是苹果的王，他有着极其严格的管理条例，甚至可以说，苹果是世界上对员工要求最严格的公司之一。

一位苹果的前高管曾说过如此严格的原因——“虽然要求严格，但苹果的

态度是，你在一家生产全世界最酷的产品的公司工作，你够荣耀的了。那么，请闭上你的嘴，好好工作吧。”苹果就是这样的公司，每一个员工都以进入苹果工作为荣，每一个员工都把乔布斯当作自己的信仰。尽管回归的乔布斯依旧是一个咆哮的君王，依旧是那个做事果断、说话直白到伤人的独裁者，但他就是能让员工感受到在他管理下一步步获取自身成功的快感，就是有这份能力让员工相信他们真的就是改变世界的一份子。

乔布斯对人才的专制也达到了令人咋舌的地步，他在回答记者“你的特长是否在于招聘最好的人才”这个问题时回答道：“不完全是招聘。招聘到人才后，还必须为人才创建最好的环境，让这些人切实感觉到，他们身边到处都是与他们一样出色的人，他们的工作有巨大的影响力，且是一个强有力的、清晰的愿景目标的一部分。”这就是乔布斯对员工的重视，这也是乔布斯对员工有如此大的感染力的原因之一。

在苹果公司，有着非常严格的管理模式，例如对穿着的严格要求，园区内不准吸烟，禁止带狗进入园区等等，而其中最严格的，无非是对保密的接近苛刻的要求——例如，员工不得在博客或任何其他公开渠道谈论任何与工作有关的内容，也绝对禁止和配偶讨论有关公司的事情，在公司工作时，很多涉及保密或法律相关的事情都不能在电子邮件中讨论。对于外界关于苹果的负面报道，苹果的公关部门大多数情况下都会保持沉默，普通员工更是禁止对外发表任何看法等等。更别说泄露，一旦哪个员工作出有可能泄露的举措，都会受到严厉的惩罚。但即便如此，极低的离职率依旧是乔布斯管理模式正确的最好证明。

乔布斯将专制在苹果进行到底，也将他所天生带有的、对自己所热衷事业的热情进行到底。每个苹果的员工都不是公司的傀儡，他们都具有自己的灵魂，他们拥有像乔布斯一样对苹果狂热的爱，苹果的员工绝对是幸福地活在一场“暴政”下，他们清晰地看到自己想要什么，要做什么，以及为谁努力。

那么就拿出全部的热情吧

乔布斯曾经的“海盗”式管理理念在Macintosh团队时期曾取得过初步的成绩，在历经12载离开苹果、奋斗于皮克斯和NeXT的时间里，乔布斯就如同得到了一种历练或者说磨砺。他看到了“海盗”理念的优缺点，但绝不会抛弃这份理念，并一步步地完善着这份理念。乔布斯本就是执迷于控制欲的人，他不能接受公司的管理超出他的掌控范围。不断完善的“海盗”理念在乔布斯回归苹果后得到了最好的应用，强大的公司凝聚力和饱满的工作热情是证明乔布斯“新海盗”管理模式最好的方式。

苹果的员工对工作的热情最明显体现是在新产品发布的日子。每当到了新产品发布的日子，都会像是一个重大的节日。员工们可以为准备发布会需要的稿子彻夜不眠，或许也是因为兴奋吧。然后等到乔布斯或其他发布人上台演讲，员工们便会狂热地聚集在办公室、食堂或咖啡馆里观看直播，他们的热情不逊色于任何一个“果粉”，或者说，苹果的员工们本身正是苹果最大的粉丝。就像一位苹果员工说：“参加或观看发布会是在苹果工作时最美妙的体验。”

而另一方面，与公司及其严格的管理条例相对的，苹果对于员工们甚至领导者在方案上赋予的自由也是首屈一指的。自由创新同样是一种充斥着整个苹果公司的气氛。尤其是苹果的工程师们，他们在创意设想上简直是天马行空。曾在苹果工作6年之久的李开复回忆说：“苹果的文化是工程师文化。当年，有一位工程师自称可以作出比英特尔更好的芯片，斯卡利就给他买了一台价值1500万美元的克雷（Cray）超级计算机。后来，在发现公司根本不可能跟英特尔竞争，几千万美元都是白白浪费之后，这个项目才被取消——对苹果来说，这是一次错误，但也是苹果工程师文化的一种体现。”而在乔布斯回归苹果后，工程师的创意得到了最好的把关，他们更是可以不循规蹈矩地提出自己的设想，还不必担心会重蹈上面的覆辙。

乔布斯作为公司的灵魂支柱，他将自身的“任性”和不拘一格，一层层地感染着整个公司所有的人。有一个很好玩的故事，1994 年在研发 Power Macintosh 7100 电脑时，工程师将内部代码命名成当时美国一个著名天文学家兼科幻小说作家的名字，而这位小说家在得知后竟直接起诉了苹果要求改名。但不轻易妥协的工程师们却将名字改成了“BHA”，也就是“大头鬼天文学家”的缩写，这使得那位气疯了的天文学家将苹果告上了更高的法院。然而结果并不如那位所愿。最终工程师们将项目名字改为“LAW”，也就是“律师都是胆小鬼”的缩写。苹果在对于外界保持着一种自由与任性的心态。有乔布斯撑腰，苹果更是以一种愉悦的气氛在电子业乘风破浪。

无情专制，热情自由，正是这两个看似矛盾的理念完美的融合，苹果得以在乔布斯的带领下，创造着一个又一个奇迹。

孙正义：有激情，是一个企业成功的关键

冒险似乎是成功者必备的因素，辍学创业的比尔盖茨、创立阿里巴巴的马云都是如此，面对未知的世界，他们疯狂而睿智，开辟出属于自己的一片新疆域。孙正义也是如此，“冒险”“疯狂”“激情”是他的代名词。在 5 分钟之内决定投资杨致远，6 分钟之内决定投资马云，孙正义真的是太疯狂了吗？

五六分钟的投资决定，玩得就是激情

孙正义很能挣钱，也会花钱。孙正义是作为风险投资大家为世人所知，他总是为那些在产业最低谷的时候仍然坚定不移坚持理想的人，提供投资和

帮助。孙正义在全球投资了超过450个互联网公司。

他干脆利落的投资方式，让他广为人谈。在他的投资生涯中有两个重要的投资，是五六分钟就做下的决定。1995年，对雅虎3.55亿美元的投资，使他成为雅虎上市后的最大赢家；6分钟敲定投资阿里巴巴，成为投资界的佳话。

1995年，孙正义看准了互联网产业，决定在这方面一掷千金，找合适的企业做几笔巨大的投资。他首先选中的是雅虎公司，给雅虎公司第一笔试探性投资就是200万美元。不久，孙正义和雅虎公司的创办人杨致远一起吃饭，通过6分钟的交谈，他突然表示要给雅虎再投资1亿多美元，换取雅虎公司33%的股份。当时杨致远听到孙正义这种提议，简直难以置信。因为作为一个刚刚起步的新公司，他自己都不知道雅虎公司的未来如何。然而，孙正义在接下来的一年时间里，真的给雅虎公司投资了1亿多美元，后续又投入许多资金，一共是3.55亿美元。孙正义说，他在杨致远眼中看到了满满的激情，他相信雅虎公司有了资金，肯定会如虎添翼，他的投资一定会得到回报的。

果然如他所预料的，雅虎公司得到孙正义的资金帮助后，一下成为世界头号网络公司。到了1999年，软银集团在所拥有的雅虎公司股份市值达到了84亿美元。大胆的投资，给孙正义带来了累累硕果。

"孙正义是个大智若愚的人，几乎没一句多余的话，仿佛武侠中的人物：一、决断迅速，二、想做大事，三、能按自己想法做事。"马云对孙正义如此评价。在马云为阿里巴巴选择投资者时，与孙正义见了个时间很短的面，却迎来了孙正义的3500万美元的投资。

"我说了6分钟"，"我没想到钱来得那么轻松"，连马云都觉得这个见面是他一生中最戏剧化的一个场景。孙正义的软件银行每年接受700家公司的投资申请，只对其中70家公司投资，马云完全没有想到孙正义会在这么短的时间内作出投资的决定。

"保持你独特的领导气质，这是我为你投资最重要的原因。"孙正义正是看到了马云身上有着与自己同样的创业激情。孙正义认为，激情是一个企业成功的关键，一个企业家只要有激情，有想法，他愿意相信他们，为此甚至大方地向企业家们呼吁："只要你们有热情有激情有梦想，我就愿意来支持你们，希望能够和你们一道成功。"

疯狂的追梦人背后的睿智

有些人认为孙正义投资雅虎和阿里巴巴的获利，只是因为他运气好。事实上，孙正义之所以能够成功，除了无法抵挡的创业激情和对市场娴熟的运作能力之外，他还有很多别人所没有的先见之明。

孙正义是睿智的，他最过人之处，是他的思维理念。他能从眼前的生意中，看到事情发展的本质和规律，因此他往往能看到未来生意方向和发展前景。而且，他所看到的未来不只是十年、二十年，而是上百年，因此他通常十分有远见，无人能比。比如，现在他就制定一个 300 年企业计划，要使软银集团公司的网络产业帝国更加强大，更具有实力。

是的，孙正义很喜欢为自己和公司的发展制订计划。但更加重要的是，做事喜欢制订计划的人很多，却很少有人能像孙正义那样，总能看准正确的方向，不断地调整修改规划和计划，找准发展和前进关键，最终成就梦想。"孙正义做具体的事情不行，但辨认方向的本领一流。"有人这样评价道

1981 年，孙正义以 1000 万日元注册了如今大名鼎鼎的 Softbank 软银公司。公司成立的早晨，他搬来一个装苹果的箱子，站上去对公司的雇工发表演讲和宣誓："5 年内销售规模达到 100 亿日元。10 年内达到 500 亿日元。要使公司发展成为几兆亿日元，几万人规模的公司。"

1981 年 10 月，孙正义拿出 800 万日元，租下大阪一个电子产品展销会中最大、人流量最大的一个展厅，吸引了十几家软件公司，打响了软银的知名度。

1996 年 3 月他先后把 3.55 亿美元投给了一家还没有一分钱利润的互联网

公司——后来的雅虎公司，过了不久孙正义就赚回了4.5亿美元，令那些喊他为“疯子”的人刮目相看。

2000年，他大胆地为马云的阿里巴巴投下3500万美元；2014年阿里巴巴在纽约交易所上市，孙正义当初的投资变成了500多亿美元。

一步步走来，孙正义稳稳当当，但这不仅仅是由于他的冒险投资精神，更是源于这背后隐藏的睿智。对信息时代特征远见卓识的洞察力，让孙正义永远比别人抢先一步。最重要的是，他相信自己的判断，并且能始终坚持践行自己的规划，这一点这世上大概没有几个人能够做得到。对产业的敏锐观察，对互联网的准确判断，这是他能获得极其丰厚的利润回报的基础，也是软银创造信息产业传奇企业的关键，更是孙正义引领互联网潮流的先锋者的意义所在。

机会是留给有准备的人的，世界上本没有先知先觉者，孙正义的独到眼光只不过是他一直以来的观察和分析。有激情、有奋斗、有分析、有智慧，这就是那个神话般的孙正义。

柳井正：与其追求利润，不如追求真诚

日本新晋“经营之神”柳井正，因蝉联日本首富及“最佳社长”的宝座而连带着他的“优衣库帝国”被世人一遍遍解读，人们都想从柳井正身上学点生意经来增加自己在经商实践中的备战知识。对此，柳井正先生一点都不吝啬，当第一财经记者问及他的经商诀窍时，他坦诚地说：“做生意有钱当然是好事，但是盲目追求利益，只想赚钱，将来是不会真正成功的。而我本

人是很讲原则的，与其说我像商人一样追求利润，不如说我是在追求真诚，而且我从一开始就立志要做全球都认可的经营者。”

立志做全球认可的经营者

对于柳井正来说，“日本首富”这个头衔并不是一种负担，而是一种荣耀。他认为，他首富地位的取得是消费者对他本人的经营理念及产品的认可，消费者认可他的产品才会愿意在他的店里消费，才能让他赚到钱成为首富。正是这种逻辑思想的存在，柳井正立志于做全球消费者认可的经营者。

在当今时代，传统行业里出现了很多超级富豪。之所以出现这种情况，柳井正认为这是因为他们所经营的行业和世界大多数人的生活联系紧密有关。因此，即便是优衣库这种成立于偏远地区的小品牌，也可以通过自己的诚信经营，实现被全球消费者认可的梦想。同时，优衣库的成功也在于搭上了全球化的顺风车，世界全球化的发展，使服装零售业有机会接触到世界各地的优秀合作伙伴。另一方面，世界全球化也给了优衣库一个机会，在这些领域进行终端销售。

柳井正的成功经营并没有过多的神秘之处。真正懂得经商之道的人应该会明白，正确的价值观要远高于那些经营技巧。消费者不是傻瓜，是不是诚信经营、物美价廉，消费一次就会知道。柳井正说，我们选择了休闲服这种与人们生活息息相关的行业，服装造就了时尚业广阔的发展空间，同时服装也是生活的必需品。在这个基本领域，我们一步一个脚印，靠着卖出去一件一件衣服，一步步走到今天，通过每一个销售的过程让消费者得到满足。要想在全球成功，就要让世界人民通过我们的努力，能给他们的生活增色，这一点能做到的话，才是真正的世界第一。

如果做不到质和量同时增长，我们就不会让它继续长

日本迅销公司成立于 1963 年，前身是一家名不见经传的小西装店。在这个小西装店转变成为优衣库世界知名品牌连锁店的过程中，一直秉着“追求

真诚”的经营理念，旨在为消费者提供物美价廉的休闲服装，UNIQLO正是英文独一无二Unique和服装Clothing两个单词的缩写。多年来，在董事长柳井正制定的“立志做全球认可的经营者”这一宏伟目标的指引下，在日本乃至世界各地的销售业绩在服装零售行业一直遥遥领先。

虽然柳井正将优衣库定位在平民能消费得起的时尚休闲装上，但是优衣库的成长过程并非人们看到的那样一帆风顺。柳井正在《优衣库风靡全球的秘密》中向读者列举过优衣库经历的失败，比如无法在银行成功融资、因价格太低而被消费者买回去之后立即剪掉商标、为了上市而拼命扩张店铺等。

柳井正并不担心别人和他竞争，大方地将自己的经营策略和管理手段和盘托出。然而，优衣库的成长速度太快，人们一直担心优衣库在疯狂扩张的过程中，会出现丰田那样失控的局面。虽然一件衣服和一辆汽车的价值不能相提并论，但迅速扩张容易让企业因看不清前方的路而面临盲目生产、管理效率下降等风险，当公司的人力和设备跟不上公司的扩张速度时，企业很容易靠牺牲产品的品质来换取数量。

对于这一点，柳井正给出了让消费者放心的答案。他说：“丰田汽车遇到的问题，与其说是品质问题，不如说‘危机公关’不到位。企业最高经营者应该第一时间出来应对，强调让消费者安心，这样可能会有较好的结果。成长以后如果不好控制，这不是好事，这叫‘膨胀’。而我们要的是内在的能够结出良好果实的成长，所以我们的方针是，如果做不到质和量同时增长，我们就不会让它继续长。我们非常注重在成长期保障产品质量的提高，只有质量的提高才能保障我们真正的成长。对我们来说，扩张过程中面临的潜在风险是人才。人才培养和企业急速成长，是一辆车的两个轮子。如何在高速成长中培养出经营人才，是我们要面对的。人才决定一切，特别是基层店铺的店长、普通店员，他们的素质决定与竞争对手的实力差距。”

“我们的竞争对手很多，比如GAP，还有很多中国本土的品牌、香港、韩国的品牌等。我们要培养出比竞争对手更强、更善于经营的人才。我们也在计划新的激励人才的全球统一的薪酬体系，尤其中国的员工有望享受国外的薪酬待遇。而现在很多中国的年轻员工都是独生子，我希望他们能像以前的老一辈一样，勇于到世界各地去挑战。”

优衣库的辉煌，归根结底是得益于柳井正的经营理念、管理手法还有商业思想，这些都是值得我们去学习和探索的精神食粮。柳井正的成功不是偶然的，他在企业经营过程中那种诚实守信、不唯利是图的价值观势必会为他带来不凡的回报。

李嘉诚：“刻薄成家，理无久享”

一个人行走在这世上，需要来自各方面的帮助，但如果一个人总是冷酷刻薄，想必没有多少人愿意去帮助他，友好善良关心他人往往能使自己的生活与工作更加顺利。假如生活是一块大蛋糕，自私的人总是想着独吞或者比别人拥有更多，但最终他往往得不到多少；而想着先让别人得到的人，则总能得到别人的回报，最终获得更多的利益。

有时候得失并不是绝对的

1972 年的股市就像 2007 年的股市一般，弥漫着疯狂的气息。李嘉诚正是抓住了这个机会，将长实上市。但大涨之后必大跌，1973 年的股市被突如其来的危机浇了个透心凉，恒生指数严重缩水，直到 1975 年 3 月才渐渐恢复。这场灾难使股民“一朝被蛇咬十年怕井绳”，都失去了再进入股市的勇气。这对于刚上市的长实来说绝对不是一个好消息。对此，李嘉诚以股民的利益为先，在发行新股之后李嘉诚宣布放弃两年股息。这在当时是极具勇气的行为，毕竟谁也不知道将来的股票走势，一旦放弃股息，就等于断了自己一半的后路。但李嘉诚依旧决定这么做。

好心总是会有好报。伴随着整个股市的复苏，深得人心的长实股票被热烈追捧，一路狂涨。而在此之后李嘉诚得到的利益，远远超过了当时放弃的那部分，不可谓没有远见。

但李嘉诚此番成功的因素，除却他的远见之外，不可忽略的就是他不“刻薄成家”。在股市灾难面前，他没有想着如何保全自己的利益，没有鼠目寸光，而是首先想到了他利益的来源——股民。只要股民还对长实有信心，长实就能一直走下去。因此李嘉诚果断地把利益先给股民，最后再是自己，最终反而得到了更多的利益。

相似的例子还有 1987 年的股灾。当时李嘉诚凭着“绝非为个人利益，完全是为本港大局着想”的立场，向香港证监会提出了一个稳定股市的方案，即希望当局放宽对有关人士收购股权在已拥有 35%股权以上的情况下必须全盘收购的规定。李嘉诚希望收购长实和和黄的股权，希望能给股民带去利益稳定股市，最终在他几次努力争取下，当局最终同意暂时取消条例，但却附加了“所购入最高限额之股份，必须在一年内以配售方式出售；同时购入股份时必须每日公布详情”的条件。鉴于股市在股灾后的复苏期往往不会太短，在当时很多人看来，李嘉诚似乎在“自掘坟墓”。

但出乎所有人预料的是，这次的股市复苏仅仅花了 6 个月时间，到 1988 年 4 月，股票几乎回到了 1987 年初的水平。等到一年时限到期，李嘉诚将超额股票卖出，竟又获益几千万港元。

此次事件看似是李嘉诚的幸运所致，但实则上，更是因为李嘉诚对股市对股民的关心。一个一心想规避风险的投资者，是不会去考虑用自己的利益去换得不稳定的股市复苏。但李嘉诚做了，做好了蚀本的心理准备，毅然决然地做了。幸运女神不会辜负愿意牺牲自己的人，李嘉诚得到了眷顾，他拯救了股民，股民拯救了股市，最终得到了双赢。

有时候，得失并不是绝对的。

善意对待市场与对手

李嘉诚在经营过程中，尽量保持一种和平的经营方式。比如当他要去收购某一个企业时，他一定是先与对方和和气气的谈判，而且决不强求。他并不会采用不惜一切代价用金钱强行收购，抑或采用“背后捅刀子”的方式不成功便成仁，收购不成也要从对方那里撕一块肉下来。

李嘉诚的收购如同艺术般的令人折服。善意对待市场与对手使他在一直保持极为良好的声誉，这是一份其他方式换不来的财富，这份财富使李嘉诚在驰骋商海的时候如鱼得水、一帆风顺。

懂得感恩与回报

1978 年，李嘉诚第一次回到祖国大陆，当时的他在大陆还鲜为人知。在参观完首都之后，李嘉诚触景生情，到处看到的是破旧和落后，心里充满着悲哀和难过。李嘉诚虽然不是一个奢侈的人，也绝不是一个吝啬的人，身为一个中国人，李嘉诚无法对眼前的景象无动于衷。金钱对于李嘉诚并无太大意义，但祖国人民的生活却一直纠缠在李嘉诚心里 。他知道仅凭他一个人无法改变什么，但让眼前的人们生活稍微改善一下还是可以的，随即李嘉诚斥资 590 万港元建造公寓，群众一片欢腾气氛。

在接下来的时间里，李嘉诚不断向家乡人民提供力所能及的帮助。对于自己的所作所为，李嘉诚说：“月是故乡明。我爱祖国，思念故乡。能为国家为乡里尽点心力，我是引以为荣的”，“本人捐赠绝不涉及名利，纯为稍尽个人绵力”。李嘉诚并没有时间一直待在内地，但他一直与家乡保持联系。他如是承诺：“乡中或有若何有助于桑梓福利等，我甚愿尽其绵薄。原则上以领导同志意见为依归。倘有此需要，敬希详列计划示告。”这是来自久离故土的游子的心声，也是一个功成名就者的慷慨。

“刻薄成家，理无久享”，这是李嘉诚所一直秉持的信念。他将他的善充满了他整个人生，并处处点起光辉。在商家，他是胜利者，但他能得到失败者的尊敬；在公司，他是董事，但他更关心员工超过自身利益；在大陆，他是归鸿，但他尽着自己最大的努力去回报祖国与家乡。李嘉诚仅仅是一个商人，但他绝不平凡，因为他人生的光辉一直在努力照亮别人。李嘉诚懂得分享，懂得双赢，所以他成功，而因为他成功，他才更不留余力地帮助他们，这才是一个大成功者的潇洒与智慧。

郭台铭：鸿海成功靠的是苦干、实干，还有拼命地干

改革开放30多年以来，中国经济得到快速发展，社会发生了翻天覆地的变化。许多大型企业相继在中国大陆建立，并随着中国大陆的发展一起成长起来，比如华为、联想等企业。有一家企业也是如此，但是它获得的成功远远超过华为和联想，单单就2006年来看，它销售收入4125亿元人民币，是华为的6.26倍、联想的3倍。它就是鼎鼎有名的富士康科技集团，它的总裁是台湾首富郭台铭，郭台铭在台湾的公司叫鸿海。“打不死的蟑螂，刻苦朴实的水牛，贫瘠土壤中扎根的葡萄藤，振翅奋飞的孤雁，寂寞长大的地瓜”，这既是郭台铭对自己的描述，也是对鸿海的生动形容。

“工作狂”领导的严格要求

身为台湾首富、有着许多创业经验的体会、而且十分善于演讲然而对待媒体和曝光，郭台铭一直保持着相当的低调。为此，郭台铭甚至有个“三不

原则”——不接受采访、不参加公开活动、不任意拍照。每年 6 月，郭台铭都会出现在一年一度的股东大会上，为企业和媒体上课，讲述最新的思想碰撞和企业未来发展的方向。

郭台铭常说，搞宣传没意思，鸿海靠的是苦干、实干、拼命地干。郭台铭自己就是一个工作狂型的领导，基本上他每天都要工作 15 个小时以上。自从 40 年前，郭台铭开始创业以来，他就没有休过 3 天以上的假。有时即使晚上刚下飞机，他也会马上赶到公司开会，而且一开就是 12 个小时，好像永远都不知道疲倦。因为他认为领导就是要比员工更辛苦，领导睡觉的时间不应该多于属下。因此，他是最早上班的那个人，也是最晚下班的那个人。

如此严格要求自己的老板，对待鸿海的员工自然也是十分严格。郭台铭在鸿海实行的是类似军事化的管理，比如每一个进入公司的基层新员工，在正式上岗前必须接受为期 5 天的基本训练，包括稍息立正和整队行进等。对于高层主管，郭台铭的要求更为严格。郭台铭会随时向他们提问进行抽查，如果这些高层主管回答不上来，他会在全体员工面前劈头盖脸地骂起来，并要求他们在会议桌前罚站。对于郭台铭下达的命令，即使远在地球另一端，相关负责人最迟也要在 8 小时内作出回应；没有时差的，则必须在 15 分钟内答复。

在工作上，郭台铭霸气、独裁，对待儿子也是一样严格要求。据说他的长子郭守正面见他的时候，一定得立正稍息。而且，在郭守正求学的期间，每当放暑假几乎都要去工厂见习，从基层做起，从生产线作业员做起。

为客户提供最具吸引力的方案

“同样的客户，只有鸿海能提供完整解决方案 (total solution)，当然更有吸引力。”一位同业主管指出。

“客户至上”是鸿海经营的一条关键准则，客户的要求就是一切。郭台铭主张不自创品牌，无怨无悔地投入到为客户提供电子制造当中，为客户提供最具吸引力的方案。

郭台铭曾经夸耀式地谈起，鸿海模具专业人员就有6000多人，模具设备有十几套，有时候两三周甚至七八天就可以完成一个客户上百万的订单，全球有几家企业能够做到如此？而且，面对客户的意见，鸿海也能够虚心接受。

1987年，康柏在台湾还没有国际采购处，郭台铭为了争取与康柏的合作，毅然抛下董事长身份，把台湾公司交给弟弟郭台强打理，他提着公文包和连接器只身赴美。起初康柏并不待见这个毫无知名度的公司，导致郭台铭频频吃闭门羹。但是，“打不死的小强”郭台铭使用出了必杀技，他在康柏的休斯敦总部旁设立了一个成型机厂，引起了康柏的注意。康柏只要有新设计，最快当天就能看到模型。郭台铭用满心的诚意和为用户细心周到的考虑，赢得了与康柏的合作，扩大了自己的生产。

郭台铭的性格十分急躁，尤其在面对急货的时候。有时候为了给客户节约生产时间，他可以3天不睡觉把货赶出来，甚至卷起袖子直接冲到生产第一线亲自操作机器。然而当遇到客户对货物不满意，要求退货时，他除了气恼骂员工之外，更会放下董事长的身份，亲自带着员工上门，向客户赔礼道歉。

阿里山的神木不是一夜长大的

对于鸿海艰难的成长过程，郭台铭曾借用台湾的一个传说来说明：“阿里山的神木之所以大，4000年前种子掉到土里时就已决定了，绝不是4000年后才知道的。”阿里山的神木是台湾最著名的风景，树高52米左右，树围约23米，需要十几个人才能合抱起来。

罗马不是一天建成的，阿里山的神木也不是一夜长大的，鸿海的成功也是郭台铭经过近30年的打拼才日积月累造就的。

回顾鸿海几十年的成长过程，郭台铭应该满心酸甜苦辣。从30亿元新台币到3000亿元新台币的成功，鸿海能够走到今天，个中滋味，恐怕也只有郭台铭自己能够深刻体会的到。

几十年的时间，郭台铭始终保持一颗苦干、实干，还有拼命地干的本心。今日事今日毕是郭台铭的做事原则，他从不允许自己拖拉，再苦再累也会坚持完成。在富士康出现跳楼事件后，郭台铭懊悔不已，认为是自己没有关注到 85 后、90 后追求自由、不受约束的心理特征，导致悲剧的发生。于是，他将自己的办公室搬到深圳富士康的厂房，厂房的条件很艰苦，但是对于这些，他却从不计较，甚至甘之如饴。郭台铭就是靠着这样终年如一日的节俭，慢慢积累起资金，把每一分钱都花到实处，并用得恰到好处。

甚至还有人总结说，鸿海赚钱的秘诀就在一个“省”字。上班时间，公司走廊的灯间隔着亮；午餐时分，用餐者办公室的灯一律熄灭。会议室的墙基本没什么装饰，地上用的也是最便宜的地毯。鸿海始终是节俭的鸿海，是一棵始终根植于苦干、实干、拼命干的参天大树。

李彦宏：只有先做强，才能真正做大

关于企业到底应该先做大再做强，还是先做强再做大的争议由来已久，双方都能为自己的观点找到论据和支持论据的案例。因此，直到今日双方仍然无法讨论出一个确切的结果。然而，在百度创始人李彦宏眼里，这并不是一个很难抉择的选择题，从步步为营的角度考虑，只要把企业做强，在市场中赢得竞争优势，给用户提供良好的搜索体验，企业自然能够水到渠成地做大。反过来，若只是一味开疆扩土，没有强大的技术实力做后盾，就妄想一步登天地把企业做大起来，这是不现实的。

技术强才能抵御突如其来的危机

在竞争激励的IT行业，单凭一方面的优势很难实现做大做强的目标，李彦宏十分清楚，高科技企业之间的竞争是综合实力的竞争，因此一个称得上强大的企业一定是在技术、团队、管理等各方面都很优秀的企业。而这些关系到企业能够做强的因素中，技术上的强大是企业做强做大的根本。很多时候，就算不为了在竞争上超赶对手，只为了能够抵御突如其来的风险，在技术上让自己强大起来也是十分必要的。

2002年，百度安然度过互联网寒冬之后，又交上了一系列漂亮的成绩单，闪电计划超赶谷歌、搜索大富翁打开知名度、IE搜索伴侣和MP3应用的成功推出，使百度一跃成为IT领域的后来居上者。然而，树大招风、名高引谤，百度的成功很快引起了竞争对手的注意，一场处心积虑的恶性竞争拉开帷幕。

在当时，百度刚开始做地址栏市场不久，地址栏搜索的规则是用户最后安装的软件生效。也就是说，如果一台电脑先安装了一个搜索软件，再安装一个百度搜索软件，则在搜索框输入关键字的时候，起作用的插件就是百度搜索软件。这一规则引起了竞争对手3721网络实名的不满，它认为，鉴于当时百度在中国搜索行业的发展速度，这个规则很不公平，存在帮助百度抢占市场的不正当竞争行为。为了改变这种现状，3721在网络实名软件中暗中加载了专门破坏、删除百度搜索软件运行的功能，使很多安装了3721网络实名软件的用户不能正常使用百度搜索软件。

对于3721的恶意破坏行为，百度首先在技术上给予了有力的回击，然后向人民法院提起诉讼，接着发表文章公布3721网络实名软件的恶行。在很长的一段时间内，百度承受了很大的舆论压力。然而，福无双至，祸不单行，百度和3721的“争战”还没有告一段落，同年9月又被谷歌的屏蔽事件推到了舆论的风口浪尖上。当时，谷歌的网址突然不能正常运行，搜索Google.COM的用户会被自动带到天网、百度或者别的公司网站，而百度是谷歌在中国的头号强敌，因此很多人认为这件事是百度做的。加上当时百度在业务上的对手趁机恶意散布谣言诋毁百度，一时间百度百口莫辩，遭受严重的信任危机。

事情还没算完，2003年5月15—18日，百度又遇到了一场前所未有的大规模黑客攻击战。5月15日晚上十点左右，百度的检索量突然不正常，毫无征兆地增大。次日，黑客加强攻势，每秒攻击次数高达1000次。百度以其强大的自动防御系统抵制住了黑客的正面进攻，黑客又绕过百度客户和一些合作门户网站，盗用其名义接着进行攻击。在这场战争中，百度数十名工程师和黑客展开了激烈的较量，战斗时间长达66个小时，直到5月18日黑客才败下阵来，停止攻击。

在这几场生存保卫战中，百度显示出了强硬的技术实力和沉稳内敛的正规企业风范。若没有在技术上的“强”，百度早已经成为3721、谷歌还有黑客的手下败将，能不能成为全球“最大”的中文搜索网站还是后话，能不能在这一次次的突发危机中幸存下来还是个问题。

人才是技术的载体，团队强是企业壮大的先决条件

百度创始人兼首席执行官李彦宏在接受外界采访时最常提到的两个问题，一个是关于技术提升的问题，另一个就是关于人才培养的问题。李彦宏认为，一个企业的强大归根结底是技术和人才的强大，而这两者又都是百度安身立命的根本。

出于对人才的重视，百度的人才理念一直十分人性化，“招最好的人，给最大的空间，允许出错，想要证明自己，就看最后的结果”。此外，关于人才，李彦宏还说过两句话，分别是“互联网公司，最有价值的就是人。我们的办公室、服务器会折旧，但一个公司，始终在增值的就是公司的每一位员工”。“对于一个人才，我们更多注重的是，你能不能够创造，为自身创造价值，给用户带来更好的体验，这是百度所关心的，所看重的。”

正是在这种“以人为本”企业理念的引导下，百度在李彦宏的带领下组建了一个“狼性十足”的团队。2013和2014连续两年被福布斯评选为“全球最具影响力女性”的百度首席财务官李昕晢女士；微软亚洲研究院（MSRA）创始人之一，荣获“2005年度美国华裔工程师奖”及“2006年度美国亚裔工程师奖”的总裁张亚勤先生；曾任阿里巴巴资深技术总监、谷歌中国工程研究院副院的高级副总裁王劲；百度首席科学家、人工智能的领军人物吴恩达；曾任联想集团大中华区公关及整合推广高级总监的副总裁朱光等等，这些在IT界德高望重的精英人才的加盟，给百度的发展壮大注入了强大的力量，为百度在做强做大的发展道路上保驾护航。

我们不必再去本末倒置地评论百度先做强再做大这一经营轨迹是否合理，但从当前百度在世界搜索引擎领域数一数二的地位就能看出，百度先从各个方面让自己“强”起来这种发展策略是十分成功的。

曹德旺：要做“野心家”，更要做“开悟者”

1946年出生于福建省福清市的曹德旺是世界知名企业福耀玻璃集团的创始人兼董事长。他是一位从清贫子弟成功荣登中国首富排行榜的企业家，也是一位好善乐施的佛商代表人物，被尊称为“中国首善”。这位中国企业家中的异数，将企业家和富豪的界限划分的十分清楚，他时常强调：“企业家如果没有责任心，充其量只是富豪，我是企业家，不是富豪。”可以看出，曹德旺是一个带着两种对立气质的人，在金融界，立志要做野心家，在人生征途中，他又决心要成开悟者。

我认为曹操的人生观是正确的

2015 年 4 月，曹德旺在接受媒体采访时被问及，“如果现在给您一个机会，让您可以穿越时空，跟一个逝去的人对话，您第一个想到的是谁”？当时曹德旺给出的答案足以证明他在事业上的野心，他说，曹操，“我想告诉他，他的人生观我认为是正确的”。对于这个答案，曹德旺给出的解释是：“我们在评价政治人物的时候，应该用政治家的标准来评价，不应该用民间的伦理道德来评价他。对人的评价，不同的阶层的人，不同位置上面的人，应该有不同的标准。政治家的抱负是国家的富强、稳定，跟平民百姓的温饱完全是两回事。我们看到他杀了臣相，很残酷的，如果是我，我也会杀。为什么，因为我比你重要，我肩负着这个国家的存亡，万一你出卖我，今天死在这里，不值得。”从曹德旺的这番话，可以看出他不但认可曹操的手腕，更敬佩曹操的为人。曹操那种胸怀政治抱负、慷慨气魄的豪情，正是曹德旺所敬仰的处世之道；曹操的冷静睿智、处处以大局为重的个性，正是曹德旺急于效仿的处事理念。可以说，曹德旺在其从商生涯中能够很客观地看清楚当前所处的形式，并提供出最合理最实际的解决方案，和他以曹操为榜样不无关系。

只上过 5 年学的曹德旺早年的创业经历十分艰辛。那时候，为了维持生计他卖过水果、拉过板车、修过自行车，尝尽了世人难以想象的辛酸，但是他从未向命运屈服，而是以自己的努力来扭转前程。1976 年，曹德旺来到福清市高山镇异性玻璃厂当采购员，开始了推销水表玻璃的工作历程。6 年后，这家乡镇小企业连年亏损无力经营，被曹德旺承包。1985 年，曹德旺将主业转变成为汽车玻璃，成立福耀玻璃有限公司，从此一发不可收拾，改写了中国汽车玻璃全部依赖进口的历史。到了 1993 年，福耀玻璃在曹德旺的苦心经营下登陆中国 A 股，成为中国第一家引入独立董事并且现金分红是募集资金 10 倍的上市公司。至此，财富如同洪水一般向他涌来。

曹德旺的雄心除了表现在提高技术水平和占领玻璃市场份额上，还表现在坚韧毅力、不卑不亢的对抗“歧视”上。在 2001 年到 2005 年的 4 年时间里，曹德旺带领团队耗费 1 亿元巨资、历尽艰辛和美国及加拿大在反倾销案中博弈，并最终获得胜利。这是中国第一家状告美国商务部并且取得胜利的中国企业，有了曹德旺的坚持和带头反抗，国外市场对中国企业和中国企业的歧视现象终于有所收敛。

最崇拜的人是一休哥

还有一次，曹德旺在被记者问及最崇拜的人物是谁是，他给出的答案更是让人大跌眼镜。居然是日本卡通人物“一休”。曹德旺说，“一休非常聪明，他是最会用脑和用心做事情的人”。现在反观曹德旺从商过程中处理企业事情时的镇定自若及他对待金钱淡然超脱的态度，或许都是通过一休“开悟”出来的特质吧。

1995 年，曹德旺率领团队成员去美国开办工厂，经过众人坚持不懈的努力，到 1998 年福耀玻璃扭转了前 3 年的亏损局面，开始改分销为直销，到了 2002 年，终于在美国的玻璃市场占据了一席之地。曹德旺的成功引起了美国商务部 PPG 等同行业几家公司的注意，他们开始申请相关组织对福耀玻璃进行倾销调查。他们给出的理由是，“福耀拿了中国政府的补贴，再低价把产品拿到美国来倾销”。这种说法和实际情况严重不符合，曹德旺自然不能容忍。在接受调查的过程中，曹德旺发现，反倾销官司并不是想象中的那么简单，进入诉讼阶段之后，美国方面就会对福耀开征高额税金，在漫长的诉讼阶段，税金就能把福耀拖垮。认识到这一现实之后，曹德旺迅速打出了生死博弈牌，不惜支付数百万美金的高额律师费来聘请美国最好的律师，将美国商务部和以 PPG 为首的几家企业一起诉到美国国际贸易法院。同时，曹德旺还以个人名义在北京赞助对外经贸大学成立的“福耀反倾销研究中心”。

随着反倾销案的展开，曹德旺对整件事情的看法逐渐由开始时的愤怒委屈变成了理性。他开始认识到被起诉并不意味着被歧视，事实上，只要你有充分的理由，就不怕被起诉，完全可以通过应诉突围。即使有歧视行为存在，也只有通过积极应对来解决，“怕”和“恨”什么都解决不了。因此，起诉和被起诉双方都应该充分展示对自己有利的证据，据理力争，来维护市场权益。最终，2004年10月，仲裁结果出炉：美国商务部以后对福耀玻璃仅征收0.13%的关税，预计可返还约400万美元税款。福耀团队的这场反倾销官司胜利了。

在总结这次反倾销案胜利的经验时，曹德旺说：“我的成功告诉我：一件事情开始发生的时候，我会去跟它争，争赢了以后，我会反省自我，我有没有错，我错在哪里，我应该去改。如果争不赢，我认为更是要去看。我建议中国的企业家向国际上走出去的时候，当面临反倾销官司时，应该要反省自我和据理力争相结合的策略。”

曾经有人把世界上的商人分为三类，一类是奸商，一类是儒商，还有一类是佛商。一心向善的曹德旺一直谨记“达则兼济天下”的古训，从1983年第一次捐款至今，曹德旺累计个人捐款已达60亿元，是不折不扣的佛商。曹德旺对待金钱和名利的态度相当淡然，他认为施财只是“小善”，并不值得媒体大肆宣传。

对生意场上的斤斤计较，对慈善事业的一掷千金，一个曹操、一个一休，曹德旺的野心和开悟都包含其中了。

马化腾：所有的对手都是值得尊重的

海纳百川，有容乃大。即使在竞争激烈的商圈中，谦和宽容的态度都是十分必要的——正如马化腾所认为的，所有的对手都值得尊重。给予对手尊重，是一种淡然为人、平和处事的态度，也是一种文化素养的体现。

“全民公敌”，竞争无处不在

《中国企业家》杂志曾这样评价马化腾：“在中国互联网，有一个人跟陈天桥、马云、丁磊、张朝阳、李彦宏5个人同时过招。他长相斯文，行止儒雅，却被叫作‘全民公敌’，他掌管着中国市值最高的互联网公司。”

的确，成功之后的马化腾可谓是锋芒毕露，而这样的姿态尽显给他招揽了不少的敌人，他的全面贯穿互联网领域的经营策略，也让几大互联网巨头对他产生了明显的敌对之意。

在马化腾记忆中，最为惨烈的一次“战役”，便是QQ和360之战。而那一战中，360总裁周鸿祎的态度和举措，也给马化腾及腾讯带来了一定的冲击。

2010年中秋节期间，QQ软件管理和QQ医生自动升级为QQ电脑管家，涵盖了云查杀木马、系统漏洞修补、安全防护、系统维护和软件管理等功能，马化腾希望借此来实现自己对网络安全领域的进军。

然而360的总裁周鸿祎却对此感到十分的不安，马化腾这是要在网络安全领域和他宣战吗？周鸿祎和张朝阳等人不同，对于QQ的这种“扩张”行为，他采取了最为直接的方法，以展现自己在中国网络安全领域不可撼动的霸主地位。

同年 9 月 27 日，360 发布直接针对 QQ 的隐私保护器工具，宣称其能实时监测曝光 QQ 的行为，并提示用户“某聊天软件”在未经用户许可的情况下偷窥用户个人隐私文件和数据。这一举措引起了用户对 QQ 客户端的担忧和恐慌。

马化腾在针对周鸿祎举措的解决方法上，也延续了自己一贯的雷厉风行。10 月 14 日，马化腾针对 360 隐私保护器偷窥用户隐私事件，向法院正式提起诉讼。

“3Q 大战”可谓是近年来网络上最热门也最激烈的一场商业战役，双方在舆论和技术上都各出奇招，却依旧势均力敌。最后马化腾实在是迫于无奈，只好兵行险招。

11 月 31 日，马化腾将自己最后的保命绝招布于人前，将“3Q 大战”推向了最高潮：腾讯发布公告——刚刚作出了一个非常艰难的决定：在所有装有 360 软件的电脑上停止运行 QQ 软件。

这一举动在网络上掀起了轩然大波，舆论之争也变得更加激烈。而在这之后，政府也终于不能坐视不理，介入这场战争。这场轰动网络的“3Q 大战”最终以腾讯、360 停战兼容，双方向网络用户及社会发布“道歉声明”草草收尾。

“3Q 大战”可以说给了马化腾从商以来最大的一次打击。要说愤怒，马化腾不可能没有，可是愤怒之后，他开始反思从 1999 年到 2010 年这 11 年里的点点滴滴——或许周鸿祎对自己宣战，正是因为自己在扩张战略上的某些不足呢？也许正是因为自己的沉不住气，才让对手采取如此激烈的手段来倾轧自己呢？

平和处事，对手都是值得尊重的

“3Q 大战”之后，马化腾和他的团队，在本质上都有了脱胎换骨的变化。

他向自己的员工写道：“这段时间，我们一起度过了许多个不眠不休的日日夜夜。当我们回头看这些日日夜夜，也许记住的是劳累、是委屈、是无奈、是深入骨髓的乏力感。但是我想说，再过 12 年，我们将会对这段日子脱帽致礼。”

对于周鸿祎给予的打击，马化腾并没有因此气馁灰心而放弃自己的初衷，而是在反思之后，对竞争对手和商业之路抱有更加敬畏的态度。

从 1999 年创办腾讯开始，马化腾就开始以一种极为高调的姿态向市场发起自己的进攻，毫不顾忌地对对手进行倾轧和驱逐——虽然每一次创新，他都思虑再三、小心翼翼，但难免招来对手的针对和敌意，这些都让马化腾觉得前行有些“如履薄冰”。

直到 2010 年“3Q 大战”的发生，马化腾才意识到，看待对手或许不能仅仅以敌对的眼光，那种眼光过于偏执，全面敌对于自己百害而无一利。

“如果没有 360 的发难，我们不会有这么多的痛苦，也不会有这么多的反思，因此也就没有今天这么多的感悟。或许未来有一天，当我们走上一个新的高度时，要感谢今天的对手给予我们的磨砺。”大战之后，他这样对他的员工说道。

的确，对手能给予我们的，并不是只有竞争和倾轧——马化腾回想起创业路上的种种，他甚至觉得，从某种程度上来说，自己的对手，可以算得上是自己创业之路上的“老师”。

如果在创立腾讯之时，没有对手给予自己启发和借鉴，他如何能在 IT 界迅速立足，发家致富？如果没有对手一次次在自己手中落败，他如何从他们身上吸取教训，更加兢兢业业地致力于创新？如果不是这次 360 给他当头棒喝，他如何知道该收敛锋芒、平和处事？

绝对的坦途反而不利于公司的发展，如果一直一帆风顺，马化腾可能会安于享乐，那么现在的腾讯也许就不会出现在人们的生活之中。

“腾讯从来没有哪一天可以高枕无忧，每一个时刻都可能是最危险的时刻。12 年来，我们每天都如履薄冰，始终担心某个疏漏随时会给我们致命一击，始终担心用户会抛弃我们。”

马化腾在前行之路上，始终对危机抱有着极大的警惕，因为对手的虎视眈眈，让他更加想要发展自身，完善产品——也正是这种精益求精的精神，让马化腾能够在腾讯的经营和产品的推行上，一直站在市场的前列。

“腾讯的梦想不是让自己变成最强、最大的公司，而是最受人尊重的公司。”也正如马化腾所说，为了实现这个梦想，他会从尊重对手做起。

尊重对手，我们才能够认识到自己自身的不足，尽力弥补；尊重对手，我们才能看到他们身上的闪光点，吸取借鉴；尊重对手，我们才能在竞争中光明磊落、赢得痛快。

Part 7

做企业命运的英明主宰者——首富的“领导课”

中国伟大的领袖毛泽东曾说过：“领导者的责任，归纳起来就是两点，一是要在关键时刻出主意，二是要会用人才。”商场也是如此，企业命运的英明主宰者都是那些善于发现人才、团结人才、使用人才，并且在关键时刻能够杀伐决断的人，而这两种特质，在首富们身上，都更能轻易地发现。

史蒂夫·乔布斯：他们说我是一个咆哮的国王

如果自己不能当老板，那么作为一个员工，最大的愿望可能就是有丰厚的待遇，以及能遇到一个善解人意的老板。前者也许能通过不懈的努力去实现，但后者却不是那么容易做到的。尤其是越成功的老板，在管理员工上就越是有自己独特的个性。抑或像松下幸之助那般对员工充满感激之心，全心全意善待员工，抑或就是如同乔布斯般，对员工用高高在上的态度，稍有错误便是狂风暴雨般的斥责，全然一副暴君的模样。站在世界巅峰的人的管理方式并不能简单地判断出对错之分，但从乔布斯公司极低的离职率上看，乔布斯的“暴君”管理，还是得到了员工的接受并愿为之努力工作。

“苹果”是我的专制王国，暴政是我的热情

乔布斯对于员工的“残暴”是公众皆知的，但越是被乔布斯所施以暴政

的员工，却越是会拿出自己的能力和热情去工作。如果从这个角度看，似乎可以认为：越是乔布斯重视的员工才越会被乔布斯所“咆哮”，而可能员工也是深知这一点，才能在那样恐怖的“咆哮”继续待在“苹果”，甚至会认为，如果当乔布斯放弃对你“咆哮”时，你在“苹果”的时间也就不多了。

对于乔布斯的暴政，有一个很有意思的传闻，叫作“电梯裁员”。

1997年乔布斯回归苹果，那时候由于经济问题要裁员，乔布斯在当时将暴君形象演绎到了极致，从而也有了这个故事。有时候当员工独自乘电梯时，在某一层楼突然发现电梯门打开的那刻，最令人恐惧的那个人会走进来，等电梯门再度合上后，整个狭小空间的气氛将会变得极其沉重。就在这种沉重的气氛下，乔布斯会提出他的第一个问题：“你叫什么名字？在哪个项目工作?”员工回答完之后，乔布斯会追问：“你的工作重点是什么?对公司有什么价值？未来有什么计划?”如果员工没有回答出让乔布斯足够满意的答案，那么很不幸，他将不再是苹果的一员了。

这个“电梯裁员”的传闻究竟是否属实，已经无从考究（除非你真的要相信那些来自他们官方的回复），但也非常形象地反映出了乔布斯在苹果恐怖的统治地位。然而同样据传闻，真正通过“电梯裁员”而离开公司的人并不多。相反，在那次裁员事件中，留下来的人几乎都得到了重用，日后在电子领域发挥出不可估计的力量。

乔布斯似乎总是热衷于这种用咆哮表达热情的方式，在他看来，没有强有力的管理方式，是不可能让苹果这个巨型邮轮在商业的海洋上全速前行的。而事实证明，乔布斯确实是对的，他用他的咆哮、他的热情打造了这个苹果帝国。

得益于乔布斯的“暴政”，苹果公司在各个项目上总能在最短时间里找到自身的不足并尽快地修正。虽然免不了乔布斯的一顿狂轰滥炸，但就是这样，苹果公司上上下下每一个员工就像螺丝钉一般，被乔布斯拧得紧紧地，而公司的效率与业绩也这样被乔布斯牢牢抓在手里。

暴政的同时是信任与个性

虽然乔布斯在公司里实行“暴政”，但在严厉管理员工的同时，他对于员工又施以完全的信任。就像玫瑰的刺不能阻止人们对玫瑰的喜爱，乔布斯的暴政并不能掩盖他自身的人格魅力，他总能从自身产生强大的凝聚力，带动公司前进。

之所以乔布斯能做到这一点，正是在于那份信任。当员工做不好的时候，确实会引来乔布斯的愤怒倾泻，但乔布斯往往是对事不对人，他会用专业的眼光指出错误，也会用最严厉的话表达自己的暴怒，但只要不是员工能力真的存在问题，乔布斯会就事论事的指出失误在哪里，即便非常严厉。因此虽然员工当时可能会受到极大的阴影和委屈，但他们也会明白自己到底哪里不足，进而更加努力去改善。这正是乔布斯神奇的地方——在暴怒下依旧保持员工的信心，甚至更是激发他们前进的动力。

乔布斯在工作上是绝对的完美主义者，他对于工作的每一个细节，都有着极为严格的要求，员工所做的稍有不合他要求，就会引来乔布斯的暴怒。因此这也导致了一正一负两个影响。正面的影响是员工对每一份工作都能尽全力去完成，生怕做错一丝遭到乔布斯怒火的倾泻；而负面影响则是，若是没有百分之一百把握的工作，员工总是没有信心去接这份工作。并不是乔布斯没有给予信任，而是怕万一没有达到乔布斯的标准会遭到斥责，以及觉得自己辜负了乔布斯的信任。毕竟虽然在乔布斯指责之后，工作总能得到新的进展，但这份指责也不是一般人能承受的。

另一方面，乔布斯在管理和领导上又是极其地“任性”。皮克斯是乔布斯同时经营的动画工场，乔布斯在这座“工厂”投入了大量的耐心和资金。甚至开董事会的时候，乔布斯也会突然对面前的董事们说：“走，我带你们去皮克斯看一个10分钟的短片。”这件事在做事简洁的乔布斯看来，是有价值的事，因而乔布斯愿意花时间专门坐车去皮克斯，仅仅为了一个短片。对于自己从事的事业的热爱，也是乔布斯的魅力之一吧。

苹果在乔布斯的带领下创造了一个又一个奇迹，而在这些奇迹的背后，是乔布斯用咆哮开创出来的道路。在最艰难的时候，乔布斯用咆哮确认了最有价值的员工，放弃了多余的人员避免了浪费；在没有进展的时候，乔布斯用暴怒将迷惘的员工唤醒，从而继续推进项目研究和开发的步伐；在事情过去以后，乔布斯会专门找到那个被教训的员工，向他解释之所以向他发怒的原因，从而将员工的心更牢牢绑在这棵“苹果树”上。

暴政是乔布斯成功的秘诀之一，不是所有向员工施威的老板都能走向成功，但能在暴政下依旧让员工心紧紧留在公司的，一定能在成功路上闯出一片天地。乔布斯就是其中一人，甚至走向了世界电子产业的巅峰。不得不说，暴政，也是乔布斯的魅力。

杰夫·贝佐斯：高管会议前一定要先进行集体阅读

荀子在劝学篇中说：“假舆马者，非利足也，而致千里；假舟楫者，非能水也，而绝江河。君子生 (xìng) 非异也，善假于物也。”这意思是说：那些能够日行千里的人并非腿脚特别利索，而是借助于马的优势；那些能够横渡大江大河的人并不是他特别擅长游泳，而是因为他借助了船桨的特长。所以，一个能够取得成功的人，并不是因为他有过人之处，而在于他善于运用身边的资源。在一个成功的企业中，团队的主宰者就必须是这么一个善于整合身边资源的“君子”。21 世纪最珍贵的资源就是人力资源，各大企业管理者为了做好英明的主宰，在管理和领导员工方面可谓使出了浑身解数，比如：高管会议前要求先进行集体阅读的杰夫·贝佐斯。

杰夫·贝佐斯的管理哲学

对于一个睿智的企业家来说，其领导能力的直接载体就是在管理方面表现出来的天赋，在企业之间的竞争已经完全转变为优秀人才竞争的今天，一个没有高质量团队的公司很难在弱肉强食的商场上生存下去，出头之日更是遥遥无期。这时候，对于员工的培养和管理就成了企业发展中的头等大事。如此，公司的企业文化就被管理哲学占据了半壁江山。头顶着“电子商务教父”头衔的杰夫·贝佐斯是一个有着自己独特信条的实用主义领导人，他对员工的要求如同金规铁律，从招聘之日开始就已经明确地摆在了应聘者面前。

相较于那些为了留住高端人才而对公司发展前景吹嘘一番的招聘官，杰夫·贝佐斯会坦诚且毫不委婉地告诉他们：“在这儿工作不是那么容易，你可以长时间工作，或者非常努力地工作，或者高效率工作，但是在亚马逊，这一切都很重要，缺一不可。”毫无疑问，他这种近乎“下马威”的招聘态度是很难招到人的，但是杰夫·贝佐斯很明白自己的预期是什么，他知道自己想要的到底是什么样的人才，那些明知条件严苛却选择了亚马逊的人，实际上是对自己要求严格、敢于挑战自己的人，也正是杰夫·贝佐斯所渴望并且能够为企业注入新鲜血液的精英们。

这样筛选出适合公司发展的人才之后，杰夫·贝佐斯依旧没有放松对员工成长的助推，他有6条著名的管理法则来帮助自己成为一名“善假于物”的领导。这6条著名的管理法则分别是：

1. 写下新创意。在这条管理规则中，杰夫·贝佐斯通过让员工集体阅读来培养员工集中注意力的能力，通过让员工写备忘录来锻炼他们的逻辑思维能力，通过让员工来观察其他成员的细节错误来提升员工的细心敏感度。

2. 让团队成为企业的主人，杰夫·贝佐斯通过推行“精益经营”模式及用期权而非现金激励员工，让员工的直接利益和公司的收益绑在一起，增强员工的归属感。正如他在 1997 年致股东的信中所说的那样："我们很清楚，亚马逊能否成功很大程度上取决于我们能否吸引和留住员工，每一名员工都希望成为主人，因此就应该让他们成为主人。"

3. 遵循"两个披萨原则"，即严格控制与会人数，适度限制员工之间的交流来培养员工独立思考的能力。

4. 专门拿出时间来思考未来，培养员工的创新意识。

5. 对长远目标进行"签到"，培养员工有效的时间管理能力，提高工作效率。

6. 逆向工作法，贝佐斯在 2008 年致股东的一封信中写道："最终，现有的技能都将过时。'逆向工作法'要求我们必须探索新技能并加以磨炼，永远不会在意迈出第一步时的那种不适与尴尬。"通过这种管理来培养员工提前适应新技能的能力。

集体阅读有助于保证团队的注意力不被分散

杰夫·贝佐斯善于管理团队在金融领域非常出名，他的"两个披萨原则"以及"会前要求集体阅读"的做法都是让企业家们津津乐道的管理手段。

或许和所从事的行业有关，图书零售业的执牛耳者杰夫·贝佐斯本身就喜欢阅读，他的亚马逊图书王国的建立，和他这一爱好脱不了关系。除了爱读书之外，杰夫·贝佐斯还喜欢把他的灵感或者读书体会写出来，以锻炼自己的思路，他的这些爱好也很轻易被他带到了管理中，影响着整个团队的工作方式。于是，在亚马逊的工作会议中，正常的电话会议或者 PowerPoint 文稿演示的流程就变成了静静阅读。在会议的讨论开始前，整整 30 分钟时间内，贝佐斯要求大家包括自己在内认真地集体阅读 6 页纸的备忘录，并且在备忘录的空白处写下阅读心得，等到全体与会成员都阅读完备忘录内容，阅读时间才算结束。

对于这种独特的会议开场白，很多习惯于 PPT 演示来交流工作内容的新人来说，实在是乏味且奇怪的。对此，杰夫·贝佐斯是有感觉的，他说："对于新员工，这是一种奇怪的最初体验。他们不习惯静静坐在房间里，与许多高管一起研读。”不习惯归不习惯，杰夫·贝佐斯却一直坚持并鼓励着员工这么做，他说：“共同阅读将确保所有人都可以集中注意力，而撰写备忘录能够锻炼员工的逻辑思维能力，也是一项重要的应掌握的技能。因为长句的撰写很难，其中有动词。段落需要有中心句，在撰写一份长达6页、具有叙事结构的备忘录时，你不可能没有明确的思考。”在他看来，一个企业在成长的过程中对人力的需要就是对人才某项技能的需要，办事时“集中注意力的能力”和“清晰的逻辑思维能力”都是公司所迫切需要的优秀品质，既然这样，会议讨论前高官们的集体阅读和撰写备忘录就不可或缺了。

贝佐斯是一位“终极破坏者”，在企业管理领域，他颠覆了传统管理模式，并且形成了独特的管理风格。他建立亚马逊已经有20年的时间，在这20年中，亚马逊从一个名不见经传的网上书店成长为图书零售业的龙头老大，贝佐斯在展现了他非凡的经营能力的同时，也侧面将他在管理方面的天赋展现无遗。

任正非：领导力来自思维

华为之所以能在世界舞台上风生水起，成为世界五百强的大型企业，与任正非的领导力脱不开关系——在紧跟着日益紧趋的市场步伐的前提下，任正非引领着他的团队在市场上打着“思想战”、“原则战”，这也成为华为在市场竞争中突破重围的法宝。

思维，从领导管理切入

华为是一个充满了思想力的企业。20多年来，任正非正式或非正式地、公开或私密地、系统或零碎地表达过关于华为发展的无数观点，累积的文章、讲话稿、会谈纪要等超过数百万字。

可以说，正是这些如珍珠般串接起来的思想，促成了华为在众多追逐时代浪潮的企业中脱颖而出，并成为一家国际化的企业。

在这个思辨色彩浓重的组织里，思想总是能得到有效地执行。将思维注入管理，可以说是华为区别于其他国际公司最重要的一点。

那么，华为的管理思想究竟是怎样的呢？

或许，从华为成功的经历中，我们能够抓住一缕华为以思想管理企业的灵韵。

华为创立之初，深圳的电子通讯行业已经趋于繁华，中兴、润迅等电子通讯供应商已经在市场上大体成型，当时华为还只是一个名不见经传的小公司，在破旧的厂房中艰难地维持着生计。那时候，华为的员工都兢兢业业地忙着手头的工作。而任正非在忙碌之余，常常如友人般和他们闲话家常。在工作上，任正非也是凡事亲力亲为，将自己放在了与员工同等的高度上。

那时候任正非的领导魅力所在——亲和质朴，待员工亲如一家。这种"平等、友好"的思想，也是华为行走至今的凝聚力之所在。

而随着华为渐渐走向正轨，任正非把注入思维的方式转移到了"讲经传道"之上——在华为，任正非把这种方式以多种方法呈现：包括新员工培训、专项培训、各类务虚会、业务会议等，都不忘强调和宣讲华为的企业管理哲学：以客户为中心，以奋斗者为本，长期坚持艰苦奋斗。大大小小的管理者诵经般的灌输，不厌其烦的反复强化。其结果是，15万人的队伍，其中几乎全是中高级知识分子，他们出身、个性迥然不同，但血液中全都流淌着相同的商业价值观。

这种管理方式极大地提升了团队的团结和凝聚力，让华为区别于其他企业。思维至上，让企业的文化思想始终贯彻到员工生活的方方面面。

这种管理方式成就了“华为精神”，让一代代华为人为着振兴华为的目标而不懈努力。

思维，从领导经营贯彻

在企业和产品的经营上，任正非也有着自己的一套路子。

企业想要在市场全球化的趋势下生存，现在面向中国市场的老套路或许并不是长久之道，面向全球，企业需采取开放、进取的态度。

王安电脑公司就是一个鲜活的例子。

王安电脑公司在1971年推出了当时世界上最先进的文字处理机——1200型文字处理机。到1978年，王安电脑公司已经成了全球最大的信息产品商，王安个人财富一度超过20亿美元。在1985年《福布斯》“美国400名最富有人物”名单上，王安位居第八。然而，王安电脑公司却在1992年宣布破产保护，公司股票价格由全盛时期的每股43美元跌到每股75美分。

王安的失败在于其故步自封，这种态度让他不能够洞悉市场的变化，最终只能淹没在市场的大潮中，被市场所淘汰。

从这里，任正非得到了深刻的警醒：在技术与社会快速变化的时代，封闭是没有任何出路的，唯有走充分开放之路，才能生存和壮大，也才能谈得上追赶世界同行，否则只能是死路一条。1999年，任正非在“答新员工问”中明确讲道：“华为要活下去就要学习，开放合作，不能关起门来赶超世界。我们所有的拳头产品都是在开放合作中研制出来的。”

也正是因此，从华为开创开始，任正非就一直强调着开放性思维的重要性。

“公司长远坚持开放的政策，是从来不会动摇的，不管任何情况下，都要坚持开放不动摇。不开放就不能吸收外界的能量，不能使自己壮大。同时必须以批判的思维来正确对待自己，否则开放就不会持续。”

正如任正非所言，坚持开放的思维是华为在全球立足的根本。

思维，从领导奋斗发展

在华为的领导思维中，还有一种贯彻到底的精神——奋斗。

这种“奋斗精神”也被任正非要求从领导班子做起，从基层贯彻，最终贯穿到整个公司之中。

这种“奋斗文化”，是以客户的满意为目标的。早在华为创立之初，这种奋斗文化就已经显现在员工的身上，他们夜以继日地工作，不畏环境艰苦，只为创造出让客户满意的产品。而后来，在华为发展到一定程度之时，华为的“奋斗文化”变得更加让人心生敬佩。

2007 年 8 月，为转播奥运圣火的采集，中国移动决定在珠穆朗玛峰海拔 5200 米、6500 米处采用华为设备建设移动通信基站，并要求 11 月底必须开通。珠穆朗玛峰气候恶劣，天气变幻莫测，海拔 5200 米处氧气含量相当于平原地区的 50%，6500 米处大气含氧量相当于平原地区的 38%。4 位华为人，加上司机，带着专制的御寒衣物、登山专用鞋、拐杖和充足的干粮，开始了“世界屋脊”的艰难跋涉。

那时候严寒和高原反应几乎是折磨着他们的身体，然而他们却始终不曾放弃，一直表现着华为的“奋斗精神”。

在如此极端恶劣的环境下，经过奋战，华为 3002E 基站于 2007 年 11 月 13 日 13 时成功开通。至此，珠穆朗玛峰全部登山营地和所有登山路线实现移动网络全覆盖，而华为则创建了全球海拔最高的无线基站。

因为华为的“奋斗文化”从领导班子开始贯彻，这让华为的广大员工也受到了极大的鼓舞，在工作上自然而然表现出了极大的热情和极高的凝聚力。

领导力产生于思维，思维催生文化——“奋斗文化”是任正非的领导思维在华为经营中的一种发展，这引领着华为不断追求卓越，敢为人先，也让华为在世界市场敲开了属于自己的一扇大门。

李嘉诚：你必须信得过年轻人

世间万物总是经历着无数次的因果循环，以时间和空间作为经纬，将曾经的因果一次次地传递下去。年轻时候的李嘉诚得信于塑料厂老板，从而开启了他以塑料花作为成功起点的辉煌一生。而待他功成名就后，他同样不遗余力地信任有能力的年轻人。正是这份信任，在他的事业下，才会出现和成就一个个有能力的后生。

用人不疑，广招贤士

在李嘉诚手下，有很多富有才干的年轻人，而最有名者，无外乎霍建宁、周年茂以及洪小莲三人。虽然三人都深得李嘉诚赏识重用，但他们被器重的原因却有截然不同。

霍建宁作为会计金融方面的高材生，被李嘉诚诚招至长实，当霍建宁被提拔至长实董事副经理时，年仅35岁。李嘉诚敢对一位年轻人赋予如此大的信任与器重，他的用人不疑也是可见一斑。而霍建宁也未辜负李嘉诚的器重，扎实的专业知识，准确果断的判断，是他在为长实重大事务策划抉择中，极少出现失误。这既是霍建宁自身努力的结果，同时也是李嘉诚器重的成就。而且霍建宁另一个身份，更是体现了李嘉诚的信任——他作为李嘉诚次子李泽楷的老师，在李泽楷之后的人生路上同样体现了不可磨灭的作用。

而相比较于霍建宁的横空出世，周年茂则是从小便受李嘉诚重视，这很大一部分要得益于周年茂的父亲——长江的元老级人物周千和。但这并不意味着周年茂只是一个在其父亲光环下得益的人，他同样拥有着远超同龄人的本事才干。在李嘉诚和其父悉心培养下，周年茂年仅30岁便出任长实董事副经理，并在长实地产方面展现出了惊人的天赋与才能。作为长实记者招待会上唯一可以代替李嘉诚出席的人，周年茂所受的信任不言而喻。而且其做事极其稳妥，极少出差错，令李嘉诚十分放心。

最后一位则是一位不让须眉的巾帼英雄，洪小莲从楼盘推销到全面负责楼盘销售，再到打理长实大大小小的事务，她所表现出的强大办事能力是她得以被信任的前提，同样也是她成功的关键所在。李嘉诚用人不疑，既成就了洪小莲，也帮助了长实的壮大。

从管理公司到管理人才，李嘉诚在公司壮大的同时，不断完善着管理方式。对人才毫不犹豫的信任、任用和鼓励，是李嘉诚能够吸引一大批人才的秘诀，而对有潜力的年轻人的精准发掘培养，则是李嘉诚能够“制造”人才的秘诀。世间并不缺少人才，而是缺少发现人才的眼睛。李嘉诚乐于做一位伯乐，他信得过年轻人。

教子之道，注重培养

李嘉诚对两个儿子教育之严厉众所周知，但正是这份严厉，成就了李泽钜和李泽楷。李嘉诚重点教育孩子的诚信和责任心，善良与独立更是李氏二子通往成功的钥匙。李嘉诚拒绝孩子毕业后进入自己的公司，他认为这会导致孩子产生依赖心理，不利于真正的成才，他让两个儿子去打拼自己的江山。回过头来，这不但体现了李嘉诚长远的目光，更是表现了一种他对年轻人的信任和支持。对于儿子的创业，他并不是漠不关心，依旧会提供自己的经验和帮助。

在他的培养下，李泽钜和李泽楷都表现出了惊人的胆识和商业天赋。李泽楷毕业于斯坦福大学电脑工程系，在当时互联网还处于刚发展阶段的时代背景下，李泽楷的选择无疑是家族生意一份强大的助力，而他也不负厚望，在电视和数码行业产生了极大的影响力。而李泽钜毕业于斯坦福大学土木工程系，这是以家族生意为核心的选择，他未如李泽楷那般锋芒毕露地在商海风生水起，而是默默地为家族事业打拼，低调地成为长实的中流砥柱。

如今李泽钜和李泽楷皆以步入中年，但他们年轻时候所受到的父亲教育，是他们日后成功的关键因素。李嘉诚敢教育，也敢信任，他相信自己的儿子不会辜负自己的期望，而李氏二子，也确实做到了，他们用成功证明了自己，证明了李嘉诚。

信任，是前进最大的动力

我们在生活中经常可以听到这样的话语："这都不会，你究竟行不行？"而不是"加油，我相信你一定可以的"。当年轻人受到最多的不是信任，而是质疑。长此以往，他们对自己的目标、所作所为将不再自信，因为当时可以依靠的人的话语迫使他们怀疑自己，这是社会的常见现象，也是一个很令人无奈的现象。

但年轻一辈真正需要的，就是这份信任。失败并不可怕，可怕的是失败之后失去了再来的勇气。在培养年轻人心理的时候，在他们心里种下了怀疑的种子，这对他们今后整个人生的打击都是毁灭性的。没有尝试的勇气，因为不知道究竟行不行；没有挑战的勇气，因为不知道行不行；没有反驳的勇气，因为不知道自己行不行。从小缺少鼓励信任的社会，在成长路上饱受质疑的环境，怎么能够让年轻人在独自拼搏的年纪里敢于去放手一搏？

李嘉诚对年轻人的信任成就了长实，成就了李泽钜和李泽楷。其实我们每个人，都希望被鼓励与信任。鼓励与信任是一个人得以跨越挑战的桥梁，飞跃风雨的助力，很少有人能够在充满嘲讽的环境中顽强走向成功，但大部分被鼓励的人都能有足够的勇气去面对失败，这就是信任的力量。

郭台铭：让我来告诉你什么是不成功的领导

对于郭台铭，有人说他是一个不成功的领导，过于霸气而且十分独裁，军事化的企业管理不适合现代的社会发展。也有人说他是一个另类、独特的领导，赏罚分明，有他自己的独到之处。“我不知道什么是所谓‘成功的领导’，但我知道什么是‘不成功的领导’，就是：不身先士卒的领导，遇事推诿的领导，希望讨每个人欢心的领导，朝九晚五的领导，赏罚不分的领导。”郭台铭如此说道。那么在他的商业王国，他又是怎么做领导的呢？

以身作则，独裁为公的霸气

对管理，郭台铭的原则是“以身作则，独裁为公”。

“领导者做决策时，哪怕上刀山下油锅，也得带着头往前冲。如果你要把它说成‘独裁’，我也不愿解释。不过，独裁必须是‘为公不为私’。”

郭台铭强调“以身作则”的关键作用，但是“以身作则”不是事必躬亲，不是事事都要管，而是在遇到困难的时候，领导者要做到身先士卒、一马当先。“领导人要以身作则，任何困难的事，我半夜不睡一定在场。第二，独裁为公，我跟大家讲为什么这么做，讲完了就做决定。”他治厂严整，如同军队，以命令独裁为公。所以鸿海的决策速度很快，往往几个人就能作出决定。

“民主是最没有效率的。民主是种气氛，让大家都能沟通。但是在成长快速的企业里，领袖应该带着霸气。”所以，他每天马不停蹄地开会，做指导做决策，长时间的工作使员工也跟着不敢稍懈。对于鸿海的管理，郭台铭又是别出心裁，他认为在企业里，员工与领导不分级，员工也需要相应地负责任，这与西方管理学的“分权管理”大不相同。郭台铭说：“一个人只要给他责任，让员工背着责任做事情，他们只要肯负责就不用管。这是我们的文化。”

商场如战场，他的名言是：“走出实验室，没有高科技，只有执行的纪律。”他严格要求员工用纪律来要求自己、来完成每一项工作。不能不承认，这个“独裁”的领导者也有着他的过人之处和独特的吸引魅力。一位在鸿海已十多年的干部表示，跟着郭台铭有打天下的感觉:“你宁愿选择跟着一个积弱不振、苟延残喘的皇帝，还是一个版图不断扩张的大汗?”

严谨的企业文化，企业如同军队

在鸿海的厂区，常传来新人受训的口号声。每一个进入鸿海的基层员工，在上岗前都要接受为期5天的基本训练，内容包括稍息立正、整队行进。甚至在高级领导干部队伍里，严格的军队式管理也同样存在，有一位曾在军校待过的鸿海干部直言：“鸿海的干部会议就像军官团开会。”

“重视荣誉，不是阵亡就是升官。”这是许多鸿海人在接受采访时，透露出来的企业文化。一旦上面的命令下来，下属往往都不容置疑，更不用谈抗辩，做不好就不用讲任何理由，要不然就是狡辩和推诿。所谓“成功的人找方法，失败的人找理由”，早已深固在每一个鸿海人的心里。

这样严谨的企业文化，让鸿海一直以高效率闻名。军事化的纪律与精准的执行力，让鸿海可以在瞬息万变的信息产业中脱颖而出，迅速打败竞争对手，保持稳定。

“凶是凶，不会不讲理，尤其他会给你一个几十亿的做事机会；一个人做事没有舞台，也就没有梦想。”在鸿海16年的鸿海MPE品事业处处长甘克俭说。对甘克俭这样的资深干部来说，只要是1995年以前鸿海营收还不及百亿时加入的，每个人现在持有的股票早就上千万了。事实上，他们早已是千万富翁，不需要如此努力奋斗，但他们还是坚持每天辛苦工作，其中最大最主要的动力就是跟随他们的领导人郭台铭追逐世界霸业的理想和信念。郭台铭作为一名独裁的统治者，严格执行赏罚分明、能者适用的法则，却吸引了越来越多的人才。

赏罚分明，敢用能者

业界称郭台铭是台湾电子业“最敢给”的老板，鸿海集团的薪水加上员工配股，经理级主管的薪水加红利，一年有近300万元的水平，副总经理级以上的年收入更是逼近千万元，是电子业福利最佳的公司之一。在2002年的年终庆祝会上，他拿出2.3亿元新台币犒赏先进员工，最高奖是价值2800万元的鸿海股票。每年，郭台铭还会为上百名主管安排最精密的核磁共振身体检查，一出手就是上千万。

而且，郭台铭对待员工的方式使发自内心的关心。公务缠身的郭台铭与经理们吃饭，往往是除了叫菜上菜，也时时注意什么菜吃完了，叫厨房赶快再上菜。起初郭台铭会先起头夹菜吃，因为他知道自己一动，大家才会开始吃。而当大家开始动筷子，郭台铭就会悄悄放下筷子，和大家谈他的计划，等大家都吃饱了，他就把每盘剩下的菜，倒在碗里拌一拌，咕噜咕噜吃下去。“郭台铭帮干部张罗饭菜，但自己却吃剩的，干部看在眼里，人心就是这样被买走的。”这大概就是为什么有一群优秀的人才愿意为鸿海卖命，赚了钱之后还不停歇，让鸿海帝国可以越来越大的原因吧！

不过更重要的是，老板不仅敢给，更敢要求、惩罚员工。曾经有一名主管因为出到欧洲的货出了问题，需要亲自去解决，而郭台铭在认可他的态度认真的同时，却告诉他：“机票钱你要自己出。”“我发奖金的时候，就是我裁人的时候。”这是郭台铭常挂在嘴边的一句话，“因为有赏也有罚，总不能等公司开始赔钱的时候，才开始裁员吧”。郭台铭赏罚分明的态度更是让员工一心一意地做好事。

郭台铭说，鸿海没有品牌，人才就是他们的第一品牌。善用人才让鸿海从90分继续成长到200分、400分、800分……鸿海公司唯才是用，敢用能者。鸿海的人才不会以学历和名校来进行筛选，在鸿海征才网站上就指出，只要投递履历，就有机会加入鸿海。在鸿海企业中，没有对高学历和偏见，也没有对海外学历的追捧。“相对于其他 IT 界领导人培养的是人才，郭台铭培养的是将才。”前戴尔亚太采购总经理方国健一语道破鸿海对于人才的重视和使用。

在投资人才方面，郭台铭一向舍得花钱。只要是世界上最先进的设备、最顶尖的人才，不管开价多少，郭台铭都会想办法购买。最早推动的“凤凰计划”就曾以年薪 1000 万引进光通讯专家。而在人才的培育方面，鸿海把眼光放远，为了将员工培养成国际化的人才，让他们去海外受训，郭台铭花费上千万美元在台北、美国、中国大陆设立世界干部训练班。

李彦宏：我一直告诉员工，百度离破产只有 30 天

尽管在搜索引擎领域排行数一数二，尽管在财富排行榜上名列前茅，尽管在用户心中无所不能，这个在 IT 领域有着举足轻重地位的百度创始人兼首席执行官——李彦宏，仍旧不停地告诉下属“百度离破产只有 30 天”。北大骄子、留学海归、硅谷精英、中国首富、互联网年度人物等一系列的荣誉称号都是对李彦宏工作能力的褒奖，然而除此之外，在团队管理方面，李彦宏的“离破产只有 30 天”理论所变现出来的紧迫感和危机感，同样让他成为各企业争相膜拜和效仿的成功领导。

团队管理之居安思危

在李彦宏的团队管理理念中有“向前看两年”和“在不需要的时候借钱”这两点，可以看出他是一个重视鼓励员工居安思危思想，注意培养员工狼性

的领导。

在搜索引擎领域，百度可谓是一个标杆。李彦宏凭借着对搜索引擎的极度热爱和一腔创业热情，将百度团队由创业初期的七个人发展成为拥有两万员工的大公司。多年来，百度一直致力于为用户提供更简单快捷的搜索工具，赢得了很多用户的认可，这些认可最终都转化为实际收入用来提升百度在同行中的竞争力。据调查显示，百度在2012年第四季度的收入在61.55亿元人民币至63.45亿元人民币之间，保持多年近乎70%的季度增长速度，和同比增长59.8%的净利润增长速度；同时，百度搜索引擎作为全球最大的中文搜索引擎，其一系列语言优势和技术优势使它在中国网民使用习惯中的地位几乎无可替代。然而，若换成别人，在取得这一系列让同行心慕手追成绩的时候，估计会在IT领域唯我独尊，骄傲得忘乎所以，李彦宏却没有被胜利冲昏头脑，他居然能够冷静地看破百度在发展过程中隐藏的弊端，一遍遍告诉员工，百度病了，百度离破产只有30天。

事实上，李彦宏的担心是有根据的，百度越做越大，有点类似于“船大难调头”的境遇。或者我们可以把它称作“恐龙病”。李彦宏在一场内部沟通会上说：“整个中国互联网、世界互联网，或者整个市场经济的环境，其实都是符合物竞天择、适者生存的规律。我听说恐龙脚上踩到一个瓢，几个小时以后它的脑子才能够反应过来，这样不管你长到多大，你都会灭绝。”可以看出，他断定百度由于“体积”过于庞大，已经丧失了创业初期的灵敏，反应很慢，这一点是十分可怕的。在别人为了开疆扩土忙得不亦乐乎的时候，李彦宏很敏感地找出了发展过快的弊端，并且将它提出来分析给员工，实在难能可贵。

这种说法并不是李彦宏危言耸听，2012年11月百度的股价两年内第一次跌破了100美元，与最高时的154美元相比，每股近乎跌1/3。另外，就2012年百度的发展速度来说，相比较前几年是缓慢的，李彦宏给出的解释是“自

2010年谷歌退出中国之后，百度突然一下没有了竞争对手，所有有利的条件都在百度优异的业绩中反映出来。但这两年，整个宏观经济比从前慢了，传统产业有了困难，而IT产业，尤其是百度用户，消费习惯和使用习惯迅速发生变化。我们看到，用户的搜索行为从PC向无线迁移的速度非常快，快于百度的预期，这些因素对百度的业绩产生了不利影响”。

能够看得更远的人往往当下的烦恼更多，李彦宏的危机感和旁人比起来自然更重，在他眼中，中国宏观经济低迷，用户的搜索行为正在发生着改变，外部产业环境的变化就像天气变化，只有那些适应新环境的物种才能生存下来。此时的百度，这个IT领域的“泰山”已经患上了“恐龙病”，它的迅速反应能力正在钝化，它的创新活跃度也在降低。百度已经站在了变革的十字路口。

能看到问题所在，自然有“破敌”之策，关于百度的“恐龙病”，李彦宏给出的治病良药是“鼓励狼性，淘汰小资”。

团队管理之未雨绸缪

李彦宏眼中的危机可以细分为三种，先是奇虎360在搜索领域的诡异突袭，再是淘宝在广告领域的赶超，还有移动互联网驱逐。这些危机虽非燃眉之急，但是若不未雨绸缪，百度再有30天就破产的预言就会成真。

对此，李彦宏的绸缪之策就是“组建狼性团队”。他鼓励百度敢于放下身价自我否定，主动引导用户更早往移动业务迁移，不要用让用户不舒服的方法强迫用户留在PC上，鼓励创新，扩大新业务量，培养员工锐意进取、不折不挠主动进攻的狼性精神，发挥团队合作能力，避免单打独斗，减少管理层会议，提升工作效率。

百度是李彦宏一手创办起来的，李彦宏十分清楚创业初期的百度和现在的百度在思维方式上的差别。创业初期，条件恶劣，团队中的每个人都有敏锐的嗅觉和百折不屈的进取精神，每当遇到挑战，总是力争把工作做到全世界最好。然而，经过多年的飞速发展，百度已经在行业内首屈一指，很容易产生惰性和自满情绪，认为技术领先，无可超越，把其他一切都不放在眼里，适应了舒适的生存环境，渐渐丧失了创业初期的“狼性”。

“不再为失败找借口”是提出“狼性思维”之后李彦宏对百度员工的要求。他希望百度员工能够明白，只想安安稳稳地过日子，不求有功但求无过，百度只能被拖垮。李彦宏很清楚百度的根本问题就是员工的思维模式问题，想要解决这个问题，只有再度回到创业的心态上来，重新定位自己在公司的角色，将整个公司的狼性文化调动起来。

“整个产业正在向移动化变革，狼性不一定是针对其他对手”，互联网分析师刘兴亮认为，“李彦宏不是从对手身上找机会，而是从自己下手，找回互联网企业最原始的特质，这不仅是一种谋略，更是一种豪气”。

相信李彦宏无与伦比的领导能力能治好百度的“恐龙病”，给我们一个日益精进的“度娘”。

宗庆后：管理层次减少，效率才能提高

娃哈哈曾被商界其他同行称为是宗庆后“一个人的帝国”。和马云、柳传志等其他中国顶尖级企业家一样，在娃哈哈公司的运营管理中，宗庆后有着浓厚的个人风格。与现在很多企业家撒手放权、唯才是用的观点相反，娃哈哈帝国的缔造很大程度上凭借着宗庆后一人之力。时至今日，娃哈哈公司管理层仍高度依赖宗庆后本人。

专制独裁的“偶像精神”

雍正皇帝是宗庆后很崇拜的精神偶像，宗庆后本人管理娃哈哈的风格与雍正也很相似。雍正皇帝独裁专制、勤勉敬业的精神被宗庆后很好地嫁接到

了娃哈哈的企业管理中，促进了娃哈哈的快速成长。宗庆后的管理风格总结起来可以概括为 8 个字，即“大权集中，小权分散”。不过，最困难的是大权与小权的界限难以界定。娃哈哈如今已成为一个庞大的商业帝国，营业收入高达 678 亿元，在全国各地拥有近 60 个生产基地、150 多家分公司和工厂，总员工数量多达 3 万人。令人惊讶的是，一个如此庞大的企业却至今没有董事会，董事长和总经理的职务都由宗庆后一人兼任。娃哈哈集团至今没有副总，高层仅宗庆后一人，他负责企业所有大政方针的掌舵，至于中层干部则负责具体事务的执行。而且宗庆后手下以女将居多，他给出的理由是“女将更听话，而且执行力更强”。

对于具体人员的管理，宗庆后体现了集权的思想.在他眼里，娃哈哈中的任何人都可上可下，以实用主义为原则：他可以一个念头就撤换掉公司的人事部长、生产部长，中间不需要任何组织的考核程序；同样，他也可能一个招呼都不打就免掉娃哈哈子公司销售经理的职务。

在娃哈哈二十多年的成长史中，宗庆后是这家庞大企业的“大家长”，大包大揽了所有事物。宗庆后是娃哈哈运作中的大脑和舵手，而其他人则只是齿轮和螺丝钉。宗庆后的个人意志和观点贯彻到了娃哈哈的每一个角落里，深入了娃哈哈从生产到营销的一个环节。只要关于娃哈哈的事情，宗庆后就像一位操持了一辈子仍放不下心来的老父亲，事无巨细、事必躬亲。

在接受采访时，宗庆后对专制独裁的企业管理精神从不避讳，他坦白说道，“随便看看当今中国社会能够成功起来的大企业，都少不了一个强势的领导，在中国现阶段，要把一个企业搞活、搞好，少不了专制”。宗庆后还坦言，在他眼中，一个卓越的领导者首先必须是一个“开明的独裁者”。

关于宗庆后独特的集权化管理风格，坊间流传着一个故事，说娃哈哈公司即便是买一把扫帚，都得事先得到宗庆后的批准。这个故事不论真假，但可以看出宗庆后在管理中将财务大权牢牢抓在手中。

如今，宗庆后开始慢慢退居幕后，欲将女儿宗馥莉推向娃哈哈管理的前台，然而实际上娃哈哈集团仍然操控在他手中。一次，宗馥莉在接受电视采访时被提问道："如果将宗庆后从娃哈哈减去，结果等于什么?"宗馥莉想也没想，脱口而出："等于零!"

可见，在娃哈哈的管理中，独裁专制的"偶像精神"早已经深入企业的每一个细胞里。

集权才能创造高效率

宗庆后专制独裁的管理思想不仅体现在对企业用人的管理上，也体现在对事的集权管理中。从娃哈哈创业之初，宗庆后就不轻易放手企业从生产到营销到销售的任何一个环节，有关营销的任何决策，产品的价格、包装、广告等，都是由宗庆后一个人拍板。即使是新设备的引进、厂房的设计装修以及生产线的安装等技术方面的问题，宗庆后也事必躬亲，他会事先与相关的技术人员进行详细的讨论，再最后作出决定。

有一次，宗庆后在北京出差、洽谈业务，当时正值娃哈哈有一个新产品要上生产线。宗庆后一边与北京的客户进行着紧张激烈的谈判，一边对杭州总公司的管理也丝毫没有放松。每天晚上，宗庆后谈判完毕回到酒店，杭州这边的办公室都要给他发送关于新产品生产、营销广告、原料采购等相关方面的传真，每天都有好几十页，多的时候甚至上百页。宗庆后会认真地阅读每一份文件，然后通过遥控电话作出指示，或签字回传。

宗庆后对高效率的追求不仅表现为掌控企业上上下下 每个细节，他还别具匠心地把经销商和娃哈哈集团利益捆绑在一起，创造了在娃哈哈创业初期纵横于短缺时代的联销售体"非常营销"。可以说，在娃哈哈的整个经营体系中，宗庆后对效率永无止境的追求和对细节偏执狂般的把控，已经成为企业灵魂的一部分，让娃哈哈集团像一艘军舰，在商海中乘风破浪、快速前行。

后集权时代的反思

在娃哈哈的经营管理中，宗庆后的独裁专制带动了企业的快速成长，在创业初期为娃哈哈打开了市场格局。但是时至今日，娃哈哈已经成长为一艘企业航母，虽然身为舵手的宗庆后仍功不可没，但要想让这艘巨轮继续在波涛汹涌的商海里全速前进，绝对少不了其他的团队成员来配合协作。作为局外人我们很难想象，娃哈哈这样一座商业帝国，基本上由宗庆后全凭一己之力、一己之智，取得了今日的辉煌成果。虽然宗庆后的女儿宗馥莉被视为接班人，但她在企业中也没有多少话语权。前几年，宗庆后打算进军白酒和商业地产，包括宗馥莉在内的众多公司销售经理都强烈反对，但宗庆后仍一意孤行，最后以失败收场。

时至今日，宗庆后的“大家长”作风在一定程度上有碍于娃哈哈集团的继续健康成长，不仅打击了企业其他人的积极性，不利于大家集思广益、发挥主观能动性，也导致了在企业的经营管理中，中层管理干部习惯了唯唯诺诺、唯命是从的日子。高压之下，娃哈哈难以迸发出一家新时代企业应该具有的活力和创造力。一家企业无论何时何地，只有作出顺应时代的选择，才能走得很久、更远。

张勇：绝对放权和信任，就是我的最佳领导力

2011 年，曾被评为香港打工皇帝的著名管理学家黄铁鹰以一本管理学著作《海底捞你学不会》，将海底捞文化及海底捞创始人张勇一起推到了聚光灯前。黄铁鹰称，对于海底捞的成功他研究了整整 3 年，这 3 年的研究让他坚定了一个信念：世界上每个企业都是独一无二的，就像世界上没有两片相同

的树叶一样，每个企业都有自己特殊的DNA。而海底捞的管理方法和他的企业文化一样是别的企业学都学不来的。在书中，他提到，张勇曾被问过一个问题，成功的最大原因是什么？张勇说：善。因为善，所以信任，因为信任所以放权。这就是张勇，靠善念在这个没有技术含量的火锅行业，把每个门面店都管理得门庭若市。

良知可以转化为竞争力

日本的著名实业家兼哲学家稻盛和夫曾说过“人生不是一场盛宴，而是一场修炼”，人们从出生到死亡进行修炼的目的就是让人格在落幕时比开幕时更高尚一点，若是把“利他”当作人格判断标准的话，那么一个“利他”心所占比例更高的人的人格无疑是更加高尚的。其实，我们每个人都很渴望成为一个对别人有帮助的人，这就是我们心中的良知。

这种“利他心”的经营理念在唯利是图的生意场上可以说是可笑的，哪有人会为了别人的利益而牺牲自己的利益，简直是天方夜谭。然而，若我们愿意静下心来看一看的话，就会发现，一个想要基业长存的企业，如果不关注“利他”方面的管理，那么将是很难成功的。所幸的是，2011年最佳领导力奖的获得者、海底捞董事长张勇清楚地认识到了这一点。14岁就辍学到图书馆打工的他，利用职务之便在两年的时间里读完了图书馆里东西方的所有文化与哲学书籍。他从书中学到的那些思想悄无声息地感化着他，让他坚信，中国是一个知道感恩的国家，中华民族是一个知道感恩的民族，中国文化是教人懂得感恩的文化。无论做什么事，只要你对别人好，别人也会对你好，所以，我们没有理由不信任别人。

他的这种发自内心的普世价值，从埋下之初便生根发芽，结出良知的果子。于是，在企业管理中，张勇开始运用良知来唤醒员工内心的真善美，唤醒员工的工作热情，给员工一个可以用双手改变命运的平台，给员工足够的公平待遇和信任。这样做的效果很明显，企业善待员工、员工把这种正能量传递到顾客身上，顾客在店里得到了满足又会反过来回报企业，企业的经营就会进入一个良性循环状态。在海底捞，人与人之间的信任已经到了感人的地步。每天，发生在海底捞的小温暖和小感动更是多不胜数。

张勇的管理思想源于中国的阳明哲学，阳明哲学的核心思想就是提倡良知和知行合一，运用到企业管理中，就属于“良知竞争力”，是一种看似可有可无、实则必不可少的企业制胜经营文化。

信任到放权 放权到成功

张勇在海底捞建立起来的信任文化在管理界众所周知，但是这个信任到底到了什么程度呢？对于这一点，知名战略管理专家白立新曾经讲过一个故事，他说他曾经参加过一次海底捞的店长会，当时海底捞共有50家店，想要在全国分区，先是把全国分几个大区，再在大区下面设小区。对此，张勇却坚决反对，他说：“我们公司才1万多人，没必要搞大区制。变成一层，总部设一个5人的教练组，直接管理全国50家店。”当有人以“5个人管理50家店不合理”为由表示不赞同时，张勇说“在50个店里，15个A级店用你们操心吗？个个都是独当一面的店长。B级店用你们操心吗？有些问题随时沟通都可以。”随即，他又点了3个C级店店长，但是那些没有被点到的C级店店长也自觉主动地应声而起，张勇对这些人提了4个问题：“1、你们到海底捞成心把海底捞搞垮的可能性多大？2、你们上升为A、B级店的可能性多大？3、你们被降职，离开海底捞的可能性多大？4、你们万一离开海底捞，想方设法搞垮海底捞的可能性多大？”答案可想而知，没有人说来到海底捞的目的是为了搞垮海底捞，更没有人打算在走后搞垮海底捞，相反，他们每个人都斗志昂扬，从不担心自己被降职。这时候，张勇对所有开会的管理人员说“这就是你们最担心的15个人吗？你们担心什么？他们来了不是为了搞垮海底捞，是为了海底捞的成长和你们自己的成功。他们有十足的信心上升，他们不会离职，也不会捣乱。如果他们犯错误，就让他们犯，最多就是关几家店，关几个店有什么大不了”。

张勇对员工发自肺腑的信任，使那些C级店长受到了极大的鼓舞和感动，当着那么多人的面被赋予如此大的信任，日后自然会转化为工作中的动力。

若非要深究张勇的管理之道，那么我们只能得出这样的答案，他的管理就是不管理，他的原则就是没有原则。他所建立起的信任文化是最大的财富，信任就是他的信仰。

和别的企业家不同，张勇从来不会拿分店的利润作为员工的考核标准，他知道影响分店利润的因素很多，不能将全部责任推到员工身上。自然，他也不会把分店的营业额作为考核的标准。唯一被张勇当作标准来考核管理层和员工绩效的就是消费者的满意度，消费者满意了，分店的利润和人气想下降都难。

我们一直在追寻帮助企业盈利的管理法宝，寻寻觅觅而不得，蓦然回首才发现，这一切的诀窍都源于人和人之间简单的信任，若人们向善的心不改变，海底捞的管理理念就不会失效。

Part 8

你永远要比别人快一步——首富的“创新课”

古人即将“胸有凌云志，敢为天下先”的人视为当代英雄，称赞“敢为天下先”是一种难能可贵的勇气。这种勇气，并非匹夫之勇，而是经过深思熟虑之后的当机立断，是自信者作出判断之后的迫不及待，是首富们“创新”路上对自己能力的肯定和承认。

比尔·盖茨：微软从未停止创新的脚步

人类不断发展的根本在于创新，墨守成规只能招致淘汰与消亡。商场也不例外，在激烈的竞争压力之下，公司想要生存，就必须推出新的产品。对于公司而言，创新或许是能够最快在市场上站稳脚跟的方法。微软公司正是以其不断创新的理念，在IT界深深扎根，并备受网民的喜爱与推崇。

创新需要抓准时机

创业之初，比尔·盖茨并非一马平川，而是在有了两次失败的公司经营经历之后，才将第三家公司“微软”渐渐推上了正轨。

前两次创业之时，计算机在人们生活中出现的频率并不高。那时的计算机十分笨重，在所有商人看来，它的前景是个未知之数，并没有什么投资人愿意去冒那样的风险去投资一个看似推广面并不大的商品。因此，在比尔打算在计算机领域创新时，却没有人愿意买他的账。

这让比尔开始反思自己创业的经历——是自己的东西不够好吗？是民众的接受能力不够强吗？在一个个问题被提出后，比尔开始放眼社会，而那时候的他最终意识到，想要将自己的创新思路推广出去，他缺少一个助力，一个时机。

而不久之后，首台微型计算机“牛郎星”的出现让他兴奋不已。

敏锐的商业直觉和IT预见性让他觉得微型计算机领域绝对是一个值得开拓的市场，这个领域将来也会像家用电器领域一般普及千家万户，这么看来，这其中潜藏的商机可谓巨大。

于是，踌躇满志的比尔又开始了创新——他发现“牛郎星”系统之中，除了简单的低级计算机语言，几乎没有可以让人类简单与机器交流的语言。那么，这种计算机怎么能够普及到民众之中呢？于是，他冥思苦想，并终于写出了一套用于微型机上的语言“BASIC”，这种语言也成了之后所有编程语言的基础。

而这时，“牛郎星”的盛行让“BASIC”名声大噪，最终给比尔·盖茨带来了一笔不小的收益。

并不是任何创新都能够得到消费者的青睐，不适宜市场潮流的创新最终难逃被淘汰的命运。而在追求创新之时，只有时刻保持清醒的头脑，看清商圈的局势与消费者的需求，才能将创新所带来的利益最大化，并将自己的公司形象深深地烙印在民众的脑海之中。

创新需要开拓进取

微软公司可谓是开启了人类信息时代的一个新纪元，它在成立之后就很快在计算机领域稳稳地站住了脚。这时的比尔·盖茨并没有沾沾自喜、故步自封，而是更想要开拓新的疆土。

在开发出BASIC语言之后，比尔·盖茨了解到当时计算机行业上的巨头IBM公司正在寻求操作系统的软件支持，于是他们就从另一家公司获得了一种个人电脑操作系统的许可证，并将其改进后以“MS-DOS”命名投入市场。

这次改进创新借着IBM的“行业风”让他们在操作系统领域开拓出了新的市场，然而这之中的商机和利润却还不足以满足比尔的胃口。

想要开拓，想要进步，仅仅改进别人的东西来创新，还远远不够。

“MS-DOS”系统的指令虽然能满足大部分编程人员的需求，却始终不能勾起民众的兴趣，该如何才能将这个系统改进呢？

几年之后，在打听到自己的对手苹果公司正在开发图形界面的操作系统之时，他嗅到了其中的商机。于是，他立刻也将自己公司的重点放在了图形界面的研发之上，终于在1985年推出了“Windows”这一在计算机历史上有里程碑意义的操作系统。

而在微软的这种创新之下，苹果也开始步步紧逼。如果不开拓新的疆土，微软的地位将会受到苹果公司的威胁。这种情况是比尔·盖茨所不愿意看到的。

因此，微软继续着他的创新。1990年，微软推出了Windows 3.0。而这套系统一经推出，就得到了众多民众的青睐，也终于让微软成为了拥有250亿资产的行业巨头。

创新并非一日而就，在创新的过程中，我们需要不断开拓进取，才能发现自己的不足并且予以弥补和改进，也只有这样，创新才能够尽善尽美，更容易为民众所接受。

创新需要团队协作

在开拓新的领域之时，一个人单枪匹马的力量是不足以打下所有失败所带来的打击的，这时团队就显得尤为重要。

微软在推出Windows95之时，曾经举办过一场声势浩大的市场推广活动，这场令人叹为观止的市场推广在世界各地都产生了不小的影响。

这场推广，据后来的数据统计，微软总共雇用了120家公司为其出谋划策，又成立了一个由60人组成的营销团队为其出谋划策。

Windows95的产生本就是微软在操作系统上的又一次创新，在编写这个操作系统之时，微软已经动用了上千名的软件开发工程师，时间上也耗费巨大。而在之后的推广之上，微软可谓是又创新了一次——而这次创新，在全球商圈都十分瞩目。它所耗费的人力、物力，都让人十分惊叹。

这种规模庞大，历时极长的“创新”在商业存在的历史上并不常见，但效果却非常显著。可以说，这种“创新”收效极好。

然而想要创造这种轰动全球的局面，却十分的困难。

这种创新需要投入大量的人力、物力和财力，并且需要团队拥有极大的默契，在计划进行中分工协作，让计划环环相扣的进行。

由此可见，一个出色的团队在公司决定创新之时作用是多么的巨大。人多力量大，集思广益才能让自己创新之下的产品更加受到消费者的喜爱；分工合作才能让劳动力分配最优化，让创新效率增高；共同努力才能让创新早被推出之时收到最大的反应和回响。

对于商家而言，时机是“创新之眼”，只有掌握时机，才能预见市场，让创新更加容易被人们接受；开拓是“创新之基”，只有脚踏实地，不断进取，才能在市场站稳脚跟，让创新的热潮不断在民众心中升温；合作是“创新之门”，只有分工合作，才能拓展创新的路子，在民众之中造势，让民众为自己的创新买单，帮助自己走向成功。

马克·扎克伯格：别人追求短平快，我却想建立一个长期的东西

从 2004 年建立至今，Facebook 已经安然走过了 11 个年头。这么多年，它始终没变，依然持续着将世界联系更紧密的梦想，依然是年轻人最钟爱的社交网站，正如扎克伯格拒绝其他公司收购时向媒体说的那样，“我只是想

建立一个长期的东西。其他事情都不是我关心的”。有人说扎克伯格这种想法缺乏创新，其实不然，在这个很多企业都追求短平快的年代，扎克伯格却想稳扎稳打建立一个长期的东西这种思想，本身就是创新。

扎克伯格创新之“不把 Facebook 当生意”

在参赛选手不可计数的生意场上，众多企业同台竞技，最终能够决定谁主沉浮的主要考核标准，恐怕就是企业赚到手中的利润。这本就无可厚非，既然是做生意，当然以赚钱为目的，不赚钱怎么叫生意呢？然而，这种逻辑并不适用于一个真正懂得创新的人，一个把梦想放在金钱前面的人，在扎克伯格眼中，Facebook 是他的梦想，是联系世界人的纽带，从来都不是生意。

扎克伯格成名之后，很多人常常拿他和比尔·盖茨做比较，并且称他为“比尔·盖茨第二”，人们在这位天才少年和微软公司董事长比尔·盖茨身上轻松地找到了很多共同点，同样的年少成名，同样的哈佛中途退学，同样是 IT 界技术狂人，同样身价上亿等等。喜欢用财富评价人们成就的人，总是过分地关注着扎克伯格的财富总量，试图更清楚地了解他已经将过往的传奇前辈甩在了哪里？然而，这些人的做法在扎克伯格眼里却毫无意义，因为他们从未触碰到真实的马克·扎克伯格，就像扎克伯格一再强调“我并不是一个生意人，也从没有把 Facebook 当生意”，用世俗的眼光去评论他矫矫不群的思想，难免会背道而驰。

在电影《社交网络》中，有讲述不把 Facebook 当生意的扎克伯格和纯粹的生意人爱德华多·萨维林，在合作过程中走向决裂的桥段——当看到网站越做越大，注册会员越来越多，看到 Facebook 有利可图的萨维林积极地催促扎克伯格在网站上挂广告赚钱。爱德华是个生意人，他当初为 Facebook 注资的目的就是赚钱，网站在他眼中更多的是赚钱的平台。而天才眼中的世界是不流于俗的，虽然知道 Facebook 逃不掉生意的框架，或许最终 Facebook 也会为了生存而去赚钱，但是赚钱绝对不是扎克伯格的目的。他内心火热的追求决定着他的行动，在扎克伯格眼里，这世界上有比纯粹的生意更值得投入的事情，那就是建立一个长期的东西，它带给人们的回报永远比直接追求利润更让人有成就感。这一点，是追求投资少、周期短、见效快、效益高的生意人所理解不了的。二人之间如此天壤之别的经营理念也注定了后期定会分道扬镳。

分道扬镳后，萨维林在和扎克伯格多年的纠缠中，还是收获了他最想要的东西。若从生意的角度来考虑，萨维林真的是一个很成功的生意人，他什么都没做，短短几年时间就把当初的1.5万美金变成现在超过40亿的股票。以扎克伯格和萨维林为原型的电影《社交网络》以极度接近真实的姿态给我们描述了各奔东西之后的两个人：为了避税而放弃美国国籍的萨维林来到新加坡过起慵懒惬意的生活，而肩负着“把脸谱建立成一个长期东西”使命的扎克伯格，依然是公司里每天来得最早、走得最晚的那个技术狂人。

这个长期的东西就是改变人类的关系

很多人对扎克伯格的成就津津乐道，却很难注意到这样一个细节——这个在计算机领域有个过人天赋的少年，在刚进入哈佛求学的时候，所选择的专业并不是自己最擅长的计算机，而是选择了一个风马牛不相及的心理学专业。心理学和计算机的毫无关联性，让人们很难把Facebook的诞生跟扎克伯格所选择的专业联系起来。然而，若我们肯再回顾一下扎克伯格在Facebook的整个成长过程中所坚持的理念，那个要连接人类关系的初心，或许我们就能看到他的这段求学经历，在帮助他更加透彻地理解人类社会方面的影响，是无处不在的。

扎克伯格曾经在一次演讲中很明确地表达了自己对于人类社会关系的理解：他认为，人类社会的关系形态一直处于不断的变化之中，几乎是每隔一百年，便会有一次翻天覆地的巨变。人与人之间为了争夺生存资源和势力范围会发生冲突，进而引发残酷的斗争。而这些斗争又会反过来促进媒介工具的发明。为了在争夺中占据优势，双方又必定会争取媒介的控制权，原始社会的结绳，封建时期的狼烟烽火，后来的纸质媒介、电视媒介等等的发明都对人类产生了深远的影响。20 世纪后，互联网的出现，这更是一个具有划时代意义的媒介，它的出现把大到无以言喻的地球缩小成一个村庄。人与人之间的联系更加随意，不必再经历数天的等待，不必再考虑山河的阻隔，只需要轻轻一点，两个远在天涯海角的人就可以随心所欲地进行交流。

在心理学方面的研究使年轻的扎克伯格更加清楚洞悉了世界的本质，于是，他迫不及待地建立了他的 Facebook 王国。在这个国家里，没有一起生活的土地，没有种族和文化界限，但是他们却可以像老朋友一样进行交流和联系。这个国家的发展速度十分惊人，不到 11 年的时间国内成员就已经突破 11 亿，俨然就是一个世界超级大国。可以肯定的是，这个数字不会是这个国家的最终人口，若国王“扎克伯格”将世界联系更紧密的初心不改，这个数字仍会以飞快的速度持续扩大，直至世界上最后一个用上互联网的人加入“Facebook 王国”国籍为止。

这么多年，扎克伯格一直坚持的梦想，就是试图在互联网领域呈现人与人之间真实密切的社会关系。在扎克伯格心里，社会交往才是人与人之间最真实迫切的需要，只有让计算机配上心理学，未来的没有国界的理想社会才会和简单纯朴的人们不期而遇。而英国著名的《金融时报》在选出的新世纪 10 年最具领袖贡献人物里，将扎克伯格归入文化领域，就是对这位默默为人类社会关系作出贡献的天才少年的肯定。

杰夫·贝佐斯：成功没有神奇妙方，关键是要抢在别人前面

如果说成功之路都是一步步走出来的，那么亚马逊这些年从无到有、再到成为世界之最的这条成功之路却是一步步“跑”出来的。尽管亚马逊创始

人兼董事会主席杰夫·贝佐斯，在员工眼中是一个下班时会用玩具手枪朝员工身上喷水，并且允许员工带着宠物来公司上班的“老顽童”。但是我们不得不承认，这位“小朋友”在管理公司上具有独特且实用的理念——成功没有神器妙方，关键是要抢在别人前面。

创业之前的奔跑

中国有一句古话“三岁看大，七岁看老”，有着众多的信众基础和让人无法否认的科学依据。巧合的是，这位习惯于“奔跑的”天才经营者在三岁的时候就表现出了不甘落后的本性。事情是这样的，杰夫·贝佐斯在三岁的时候还睡在婴儿床中，这让自认为已经长大了的他觉得十分恼火。他的母亲起初并不清楚，他恼火的原因是觉得自己的年龄和婴儿床不匹配，也不知道他想要一张真正的大床。直到后来，杰夫·贝佐斯拿起来一把螺丝起子想把婴儿床拆掉，为了使它看起来更像一个大床的时候，母亲才知道他到底想要干什么。然而，当时的母亲可能不会想到，正是这种性格造就了杰夫·贝佐斯的成功。

对于普通少年来说，十几岁的年纪正是玩得昏天暗地、不问前程几何的时候。但是，对于事事要抢在前面的杰夫·贝佐斯来说却并非如此，14 岁就立志要当一名宇航员或物理学家的贝佐斯，不舍得把这段成长时光浪费在玩闹上。相反，他把家里的车库改造成了他的科学实验室，十分认真地摆弄他那些在大人看来像笑话一样的工程项目：将真空吸尘器改造成水翼船，把破旧的雨伞加工成太阳能灶具。德克萨斯祖父的农场也是贝佐斯小时候最喜欢去的地方，因为可以随心所欲地改造风车、摆弄弧焊机。

中学时代的贝佐斯就已经在管理方面初露头角，身为班长的他带领学生成立了“梦想”协会，在暑期活动中开创同学们的思维。他还成功地鼓动了年长的姐姐和年幼的弟弟也来参加他的“梦想”协会，游说本领可见一斑。高中毕业时，杰夫·贝佐斯以优异的成绩荣获了美国高中毕业生的最高荣誉“美国优秀学生奖学金”。

到了大学时期，杰夫·贝佐斯的兴趣爱好转向了当时正在发生变革的产业：计算机产业。这种爱好甚至一度到了痴迷的程度，他说“我已经陷入计算机不能自拔，正期待着某些革命性的突破”。至此，他终于踏上了和未来创业有直接联系的征程，并在这段旅程中获普林斯顿大学电气工程与计算机科学学士学位，成为美国大学优秀生联谊会会员。

抢在别人前面，等着潮流来追赶你

在杰夫·贝佐斯的经典语录中有这样一段话，足以看出贝佐斯在对于创新的独到见解，他说：“我认为关于究竟该努力干些什么非常简单，但并不容易。那就是努力发现自己真正的兴趣所在，并实现它们。你可以选择考虑什么是最挣钱的事情，或是‘我认为那些东西没什么作用’，追随潮流是件相当困难的事，更好的办法是置身于自己真正热爱的事业当中，等待潮流来追随你。”正是在“创新”和“潮流”这种核心思想的支配下，杰夫·贝佐斯在创业上向前迈出了实质性的一步。

1995 年 7 月，在诸多美国图书零售公司激烈竞争的夹缝中，杰夫·贝佐斯利用自己在计算机方面的天赋，以迅雷不及掩耳之势建立了网上书店，在别人都还没有反应过来贝佐斯到底想要干什么的时候，他的迅速扩张战略已经使他在图书零售行业站稳了脚跟。至此，以杰夫·贝佐斯为主角的抢占图书市场份额大片上演。

1998 年 3 月，亚马逊开通了儿童书店，6 月，亚马逊开通音乐商店；7 月，与 Intuit 个人理财网站及精选桌面软件合作；10 月，打进欧洲大陆市场；11 月，加售录像带与其他礼品；1999 年 2 月，买下药店网站股权，并投资药店网站； 3 月，投资宠物网站，同期成立网络拍卖站；5 月，投资家庭用品网站。2000 年 1 月，亚马逊与网络快运公司达成了一项价值 6000 万美元的合作协议，使用户订购的商品在 1 小时之内能送上门。这项协议使亚马逊的客户首次突破 1500 万，公司股票价格共上升了 50 多倍，公司市值最高时达到

200 亿美元。

从 2001 年至今，亚马逊又出乎意料地将公司定位转变为“最以客户为中心的企业”，将企业的发展方向指向了为客户服务，随后又领先在电子商务平台推出了网络服务（AWS）、Prime 服务、第三方卖家提供外包物流服务，每一项都争取赶在了同行的前面。

鉴于杰夫·贝佐斯这一路上有意无意表现出来的性格特点，若把杰夫·贝佐斯的成功归结于“跑”一点都不为过。正如杰夫·贝佐斯在企业发展中时常说的那样，“成功没有神奇妙方，关键是要抢在别人前面，如果我们现在要比对手超前两年，一年以后，我们希望跟它的距离是 2.1 年；再过一年，能扩大到 2.2 年。在电子商务的领域里，对于 10 年后的情形我们现在只能了解 2%。一切还刚刚起步。”

在瞬息万变的生意场上，如何建立一个长盛不衰的公司，是不少企业家日夜都在费心琢磨的事。“抢在别人前面”这条铁律是杰夫·贝佐斯所给出的成功经验。就这样，在杰夫·贝佐斯的带领下亚马逊一路凯歌高奏“跑”向了世界五百强，杰夫·贝佐斯本人也不出所料地登上了“首富”排行榜。

李彦宏：技术研发是企业存活的根本

关于创新，每个成功的企业家都有自己独特的认知，对于百度的创始人兼首席执行官李彦宏来说，在 IT 领域真正能够使企业处于领先地位的，是在科技研发方面的创新。这一点，李彦宏曾经在一次极客公园创新大会给出了具体的答案，他说：“所谓创新，就是你认为是对的、有前途的事情，但是大多数都不认为做这个事情能成功，这时候你去做，取得了成功在别人看来就是创新。比如，谷歌做的时候，雅虎也觉得搜索有什么好做的，谁做得好我用谁的就是了；互联网刚起的那会心微软也觉得互联网就只是另外一种形式的软件，没多大意思。后来谷歌和互联网都成功了。”

而现在，我们再回过头来看李彦宏的职业生涯，从美国电子工程学会会刊上发表硕士论文的声名鹊起，到“超链分析”技术专利所支撑起的巨大产业价值，再到在百度平台上聚合以吴恩达为代表的技术精英，这么多年，一直被李彦宏奉为真理的经营理念就是“对技术的信仰”。

“闪电计划”超越对手

技术出身的李彦宏十分清楚，良好的用户体验与搜索引擎成功与否之间的必然联系，因此他始终把工作的重点放在搜索引擎的访问速度、准确率、刷新率、排序、对中文的支持程度等众多与改善用户体验有关的参数上。作为中国企业家中为数不多的“技术实力派”领导，正是因为对用户体验的极度重视，李彦宏在百度成立之初，面对强大的对手 Google 才有了超越的自信。

事实上，谷歌的中文搜索引擎推出时间比百度还早一年，而且当时的谷歌作为世界上最大的搜索引擎，已经在 IT 领域有着至高无上的地位。但是由于谷歌是以英文搜索起家的搜索引擎，在中文搜索方面有很多不足之处，才给了本土企业百度可乘之机。然而，语言上的优势并不是百度万无一失的保护屏障，世界上最大的搜索引擎谷歌不甘心在中国这块庞大的市场居于百度之后，为了改善用户的搜索体验，谷歌在技术方面也作出了一系列的提升，于是渐渐的双方在中国 IT 领域大有势均力敌之势，甚至在个别方面，谷歌俨然已经超越了百度。这时候，国内搜索引擎市场的竞争形势已经十分明朗，百度和谷歌同时成为搜索引擎领域的主宰，并且这两大搜索引擎公司之间的竞争可以说十分尖锐。

李彦宏的危机感和紧迫感被这个时刻准备超越自己的敌人给完全调动起来了，加上创业初期的激情还未褪去，李彦宏意识到，百度必须在技术上更上一层楼才能够不被强敌谷歌甩在身后。就在这关键时刻，李彦宏提出了在技术上赶超谷歌的“闪电计划”。

“闪电计划”的实质就是一种特殊的方式调动员工的工作热情，使百度全体员工上下齐心，以最快的速度、最大的力度将百度的技术再提升一个层次的计划，目的是把百度做成用户体验最好的中文搜索引擎。

闪电计划是从2002年春天开始的，为了完成这个计划而增加的加班曾经引起百度员工的强烈不满，但在李彦宏、刘建国等高层的精神带领及物资鼓励下，百度开始扬长避短，专攻对于中文的文字、语法、语义等的理解，并且成立了千龙-百度中文信息检索技术实验室，李彦宏和刘建国等都亲自出马，从技术领域参与到“闪电计划”中来。至此，百度全体员工又陷入了初创业阶段的疯狂工作状态。

世上无难事，只怕有心人，经过近一年的全身心投入，百度在解决众多搜索技术难题上取得了匪夷所思的成就，比如在索引量、搜索结果相关性、中英文处理的相关检索、拼音的检索等很多方面，超过了全球搜索引擎巨人谷歌，成了最受中国网民欢迎的中文搜索工具。

始终相信技术的力量

2015年1月24日，在“百度2104年会暨15周年庆典”上，李彦宏发表了演讲，关于近两年百度的艰难转型他感慨颇多，并称移动时代的百度战略会跟随用户的需要，从“连接人与信息”延伸到“连接人与服务上”。

从PC搜索领域到移动平台，移动互联网的用户迁移速度把很多IT企业杀了一个措手不及，就在很多人对百度能否继续统领搜索王朝发出质疑的时候，百度一路过关斩将，克服了重重困难，终于保住了在搜索领域的地位。李彦宏自豪地说，竞争对手抄袭的速度，永远赶不上百度创新的速度。在移动云、百度地图、人工智能等各个方面，百度向人们展示了在强大的技术支持下，一个“帝国”的华丽逆转。

李彦宏明确表示，百度之所以能够幸存下来，是因为我们始终把简单可依赖的文化和人才成长机制当成百度最宝贵的财富，是因为我们始终相信技术的力量。他说：“我们的团队，三分之一以上都是优秀的技术工程师。在最困难的时期，我们反而拿出更多经费，来加大研发投入。我们不断地扩充美国硅谷研发中心的规模，在人工智能、大数据、语音、图像识别等领域进行深入地布局。我们坚信，技术是我们在巨变的竞争环境中，超越一切对手的决定力量！”

然而，赶超对手并不是百度的最终目的。语音、图像、大数据、人工智能的运用，只是为了帮助人们表达自己的需要，推动信息产业的发展，为人民的日常生活提供更大的便利，在李彦宏“技术研发是企业存活根本”这一理念的带领和感召下，百度已经向全人类的生活方式发起了进攻。相信在不久的将来，在教育、医疗、交通、旅游、金融等各个领域，都能看到百度用技术带来的改变。

马化腾：“抄袭”是创新的前奏，学习它然后超越它

马化腾可谓是IT产业中“久负盛名”的“抄袭”大王，几乎腾讯旗下的所有软件，都可以找到别的软件的影子。然而在竞争激烈的IT圈子中，腾讯所产出的软件，在网民之中的呼声却无一不高，这是因为在吸取借鉴别人的同时，马化腾并未忘记创新的重要性。

旨在创新，“抄袭”只是方式

IT界中，大多数巨头都对马化腾在软件开发上的“抄袭”习惯嗤之以鼻，有些甚至对马化腾所推行的一些软件采取反对态度，例如360的周鸿祎、阿

里巴巴的马云。

“微软、Google也是抄袭大王，从Windows到Office做的都是别人做过的东西。”但对于这那些非议，马化腾却从来不以为意，“抄可以理解成学习，是一种吸收，是一种取长补短”。

的确，在IT市场之中，所有的产品公之于众之后，有优点的必定会成为市场风向，而如果能很好地利用这种产品的优势和风向，即使企业刚刚起步也能迅速在市场占取一席之地；反之，在没有任何准备的情况下创新，在商业之路上，则有可能如履薄冰。

起初创业之时，马化腾选择了邮箱方向。当时邮箱在计算机领域还算是比较方便的联络软件，而一些办公室白领对邮箱的需求也逐渐增加，于是他模仿已经存在的邮箱软件范本，自己也写了一款邮箱软件。然而邮箱这种成本高、用户少的软件却并没有得到马化腾预期的发展，无奈之下他只得放弃。

那段时间，他在想，究竟是什么使得他的产品在市场上没有竞争力？

自己用竞争的方法是吸取借鉴，然而他似乎忘掉了最重要的东西——创新。成功不能仅仅一味地模仿，吸取和借鉴也需要以创新为基础，所有迎合市场要求的商品，都不会是盲目跟风的产物。因此，马化腾想到了国外的ICQ——自己为什么不能模仿ICQ，开发出一款更加方便、更加符合中国国情的社交软件呢？

在这种想法的催动下，马化腾对ICQ这款软件进行了创新，他在一定程度上改变了ICQ的界面和功能，使用户在使用这款软件时更加简单快捷。而作为副产品，马化腾又推出了QQ这款社交软件——当时马化腾开发QQ也是一项创新的举措，他并不知道QQ的行业前景，然而在推行之后不久，QQ如同一颗惊雷，在IT行业之中一鸣惊人，发展迅速，甚至在现在人们的生活中一直无法被超越。

有了QQ的成功经验，马化腾在“抄袭”这条路上更加一往无前——马云的电子商务成功后，他紧跟其后推出了“拍拍网”；在360引领杀毒行业走向正轨之后，马化腾又推出了腾讯杀毒；在百度搜索引擎闻名中外之后，他又推行了“soso”；他甚至在网络游戏行业也不甘落后，立志要“抄上一把”——酷似泡泡堂的QQ堂，和极品飞车玩法相似的跑跑卡丁车……然而他的这些“杰作”却都受到了网民的追捧，甚至比原作在市场上的影响力都大得多，其根本就在于腾讯在产品上的创新精神。

“抄袭”可以说只是一种方式，而在“抄袭”的处理上，如果能加入创新的元素，那么结果或许会比单纯的借鉴要精彩许多。一味地借鉴并不是竞争之道，只有不断地创新，产品才能经得住市场的考验。

如何持续优势，才是创新的难题

IT行业之所以吸引了许多当代年轻人前赴后继，原因就在于它的多变性。没有人能够估算这个行业的前景，因此很多人选择冒险，而在冒险中，总有那么一批创业者能够脱颖而出。

互联网刚刚进入中国之时，就吸引了一大批创业者，其中不乏现在仍然活跃在人们视线中的大公司，例如搜狐、网易、百度等——然而那时候，互联网社交并没有为他们所看重，直到马化腾开发出QQ，他们才意识到失去了在互联网领域的创新先机。而这也造成了在社交软件领域，腾讯一家独大的局面，甚至可以说，在一定程度上实行了垄断。

这种现象可谓是一把“双刃剑”，没有竞争对手的制约，市场用户大多数都在自家的门户，这也就意味着在这片市场上他能够获得巨额的利润，然而这样的局面却也可能造成自大和惰性，慢慢地逐渐丧失创新的观念和勇气。

这对于马化腾来说才是真正的问题——没有创新的支持，那么自己的优势也就会不复存在。对手仍然对自己所占据的领域虎视眈眈，如果在创新方面，自己不能和对手抗衡，那么商场的优胜劣汰一定会让自己一败涂地。

因此，腾讯在产品上也开始向“多元化”进攻，让自己的产品贯穿了整个 IT 网络。而在推广产品过程中，马化腾知道，自己将要面对的压力远远不止这些。

MSN、INS、FACEBOOK 等社交软件在中国网络的迅猛发展的大潮下，迅速从国外涌入国内，也占据了中国市场一定的比重——这让马化腾感到危机四伏，因此更加注重创新的持续性。他开始往市场潮流进攻，开创了符合中国消费者观念的社交软件，例如微信。在开发软件的过程中，他又不断地优化软件的自身功能，以占据用户的视线。

在他的创新下，腾讯软件迅速打入人们的生活圈子，成为人们生活中不可或缺的部分，而腾讯也因此成为名副其实的商业帝国。

马化腾持续优势的方法在于延续“抄袭”，继续创新。面对对手的迅猛攻势，他悄然转变了自己的商业方向，面向整个 IT 行业开启自己的攻势——而这种基于“抄袭”的创新，也使马化腾能够明察市场动向，以最简单直接的方法抓住用户需求，来扩大自己产品的受众面，增加产品销量。

在 QQ 取得成功之后，马化腾并没有停滞自己创新的脚步，而是不断探索和思考，以一种风险最小的方式延续着自己的优势。面对对手的步步紧逼，他以最低成本创造出比对手更精良的产品；面对市场的风云变幻，他以最饱满的状态坚持着自己的初衷。

在马化腾看来，创新就是一个企业能够在市场上活跃的源泉，想让企业细水长流，就需要敏锐的商业嗅觉，再根据市场需求制定出最适合自己的创新方法——有时候出奇不一定能制胜，后发反而能制人。

马云：天下没有难做的生意

成功是每个人所渴望的，但成功却很不容易。

古今中外关于成功的名言谚语，很大一部分都将成功的要素指向了一点——坚持。无论是“不积跬步无以至千里，不积小流无疑成江海”，“行百里者半九十”，或是“一日一钱，十日十钱”等等，都向世人述说着坚持的重要性。马云的成功并不是偶然，他承受过的挫折绝不少于任何一个创业者，但他成功了，其中坚持是很大一个因素。

而成功另一个很重要因素之一则是热情。没有对所做的事业饱含热情，充满爱，只能说这只是把它当做了一个赚钱的工具。你不能要求一个工具对你回报什么，因为它同样没有回报的热情。只有真正热爱一份事业，并为之奉献自己全部的努力，成功才会在不经意间降临。

中国黄页只是一个起点

直至 1995 年，中国的互联网还处于一片空白。当时绝大部分中国人尚未接触过互联网，而马云因为专业的原因，被派往西雅图讨债，也就是在那时，他第一次接触到了互联网。正是这次，马云见识了互联网的神奇，也是这次契机，马云意识到了这座尚未开发的宝库无穷的潜力与价值。

回国之后，马云难以压抑心头的激动，虽然当时很多人在听了他的介绍和想法后，几乎都没有表示出支持，但他依旧决定坚持自己的想法。也正是马云的这次坚持，才有了如今的阿里巴巴。

1995 年 4 月，马云东拼西凑借齐了两万元，创建了当时中国最早的互联

网公司之一 ——“海博网络”，作出了挖掘创业第一桶金的“中国黄页”。

然而，向当时对互联网只了解最多一星半点的人们推广“中国黄页”的难度，却远远超出了马云的预料。虽然马云因为率先了解互联网而占得了某种意义上的先机，但空白的市场，未知的事物总是让人们充满恐惧。当时马云每天的事就是推销自己的产品，然后被拒绝，被说成骗子，但马云并没有因为这些不理解和嘲讽而放弃，他依旧坚持着。那时候他有一句警语：“互联网是影响人类未来生活 30 年的 3000 米长跑，你必须跑得像兔子一样快，又要像乌龟一样耐跑。”正是凭借这样坚持不懈的精神，“中国黄页”开始慢慢有了生机。当年“海博网络”营业额达到 700 万，创造了一个不大不小的奇迹。

利用财富不难，难的是在寻找未知财富的路上，坚持探索的过程。因为没有人知道前方未知的事物，没有人知道等待自己的是什么，而摸索的路又往往崎岖不堪，令人望而却步。在种种困难之下，很多人都难以坚持下去，丢失了当初的热情，放弃了最初的理想，留下了一具残损的梦想的躯壳在那条路上任风吹散。没有坚持到底的决心，就没有成功的可能性。在这场具有开创性的互联网事业的起点上，马云坚持下来了，初步的成功为他今后的辉煌奠定了基础。

阿里巴巴并不会是终点

对许多人来说，阿里巴巴就是一个奇迹，互联网时代的奇迹，但其中的辛酸只有最初的 18 人的创业团队知道。

1999 年必定是一个不平凡的年度。2 月，在阿里巴巴正式推出前一个月，马云说过一句疯狂的豪言：“黑暗中一起摸索，一起喊，我喊叫着往前冲的时候，你们都不会慌了。你们拿着大刀，一直往前冲，十几个人往前冲，有什么好慌的?”这是探索时期那段困苦的时光中照亮前行道路的昂扬热情，是在之后的时间里一直推动整个团队的助力。

当时他们什么都没有，整个团队挤在马云小小的公寓里。他们拿出最大的激情，他们拼命压缩尽量挤出更多的时间，他们尽可能地将创意才华展现在那个小小的电脑屏幕上。这是他们用全部的热情与时间赛跑，若没有这份热情，阿里巴巴可能依旧会诞生，但绝不会有今天的成就。没有倾尽全力的决心，就不会有从天而降的机会和成功，付出和收获从来不是对等的，但如果连付出的热情都没有，就不要指望收获了。

马云作为一个创业者，他的条件甚至是劣于很多普通人的——有点土气的长相，没有能够展现第一眼印象的外表；三次高考最后还是凭借侥幸进入本科，没有高的学历；东拼西凑才得到启动金，没有充足的资金；出身普通，没有背景；之前仅仅是一名教师，没有从商经验，但他还是不可思议地成功了，而且成功得出乎所有人意料。我们不能否认这上面有一定幸运的成分，但更多的是马云自身的努力。

马云拥有着远超很多人的成功关键因素，敏锐的嗅觉与预见性；顽强的拼搏精神；能够为了事业而坚持不懈；足够的创业热情；勇敢开拓的决心：吃得了苦，也忍得了嘲讽与质疑；以及拥有一个支持自己一起努力的团队，等等。这些因素缺少任意一样都不会有现在阿里巴巴的商业帝国，然而这些因素同样不是任何一个人可以随随便便全部凑齐的，没有顽强的意志，没有能够给团队足够未来的项目基础，就不足以得到某些关键因素。然而当一个人凑齐这些因素时，生意真的就不难做了。

世上没有难做的生意，只有难做生意的人。

世上不缺少做梦的人，只是缺少坚持实现梦想的人。

世上不缺少成功的人，只是缺少能够复制这份成功的人。

马云是大成功者，他坚持实现着自己的梦想，他从来没放弃过成功的关键因素，对他来说，天下没有难做的生意。

张勇：海底捞就是不一样

每一个成功的企业，在领跑自己所在行业的路上都有自己独到的生意经，有人靠军事化管理赢得疆域，有人靠特色化服务占领市场，还有人靠低廉的价格获取人心。海底捞董事长张勇却凭借着独有的创新经营模式，成了中国服务业的标杆人物。那本叫《海底捞你学不会》的书一经出版，就将张勇包装成了火锅界的“一代宗师”，同时也深度揭秘了海底捞的成功创新哲学——海底捞就是不一样。

海底捞不一样之：员工比顾客重要

“顾客至上”“顾客就是上帝”“顾客就是衣食父母”，这些话是每一个商家在企业经营管理的路上时常挂在嘴边的真理，很多企业家甚至还把他们制成匾额作为一种营销理念，堂而皇之地挂在很多企业的正厅中，提醒所有进进出出的员工。其实这种做法是可以理解的，甚至从根本上说张勇的经营理念和他们也是相同的，都希望企业能够更好地留住顾客，给顾客提供最优质的产品、最好的服务来提高翻台率。只是张勇更加明白一个道理，和顾客直接接触的是员工，只有员工心情好了才会用心地把顾客服务好。于是，他从根本上入手，把公司的管理理念定义为员工比顾客重要，员工至上，员工就是上帝，员工就是老板的衣食父母。这种由“顾客至上”到“员工至上”的管理定位上的转变，就是张勇在管理上与众不同的地方。而恰恰就是这份与众不同，使他走向了今天的成功。非管理学科班出身的张勇，以他自己独有的见解做到了人力资源管理的最高境界，那就是“得人心”。张勇说，他把员工当亲人看待，就不信员工不把店当作自己家的来经营。

有一年倒春寒，张勇因为一件事发怒了——在海底捞北京市大兴物流中心，有两名被冻得瑟瑟发抖的保安在门口向他敬礼。他立即走到会议室把负责该区域的主管叫过来并质问道：“这么冷的天，干嘛让人家挨冻，敬这种没有意义的礼？让他们进屋里去待着，再装两个暖气，能花多少钱？”

“人生而平等”是张勇心中认为最正确的一句话，这是海底捞人性化管理企业文化的最初源泉。海底捞很多员工来自于贫穷的农村，为了解决他们的后顾之忧，张勇向家境贫寒的员工提供他们向往的有暖气的楼房，并且还专门请来了后勤阿姨负责管理。员工宿舍全部为离工作地点很近的正式小区，甚至配备了上网电脑、空调等，如果员工是夫妻，则考虑给单独房间，更有甚者，为了让那些已经有孩子的员工不为孩子接受教育的问题发愁，张勇建立了寄宿学校，让员工的孩子能够安心学习。就是这一件一件温暖的小事，将感恩的种子埋在了员工的心中，使员工在工作的过程中再反馈到顾客身上，如此循环往复，将海底捞的商业王国越做越大。

众所周知，餐饮行业是一个流动率很高的行业，有专家称中国餐饮行业的平均流动率高达 28.6%，而海底捞有近万名员工，整体流动率却只有 10% 左右。与此同时，和大多数盈利之后盲目扩张的餐饮品牌不同，海底捞每个单店都有上千万的营业额，但是 4 年却只开出了 40 家店，和每晚三到五倍的翻台率是很矛盾的。对此，张勇给出的解释是，“支撑海底捞发展的根本，从来不是钱，而是员工。在没有培养足够合格员工之前拿钱拼店数，是失去顾客、进而让海底捞品牌消失的最快死法”。

海底捞不一样之：绩效考核的标准从来不是利润

也许每一位在职场上打拼的人都会被顶在头上的无形压力压迫着，尤其是销售行业，那就是企业的营业额。然而，张勇在海底捞每个分店的考核中却从不以利润为标准，甚至说他对海底捞总公司每年要赚多少钱也从来没有考核目标要求。他认为，一个店乃至一个公司的业绩和店的选址、客流量多少或者促销制度有很大的关系，这些责任不能全部由员工来承担。

张勇给海底捞制定的分店考核标准分别是：顾客满意度、员工积极性和对干部的培养。可以看出，这三点考核指标基本都是员工可以通过自己的努力来达标的，是主观决定因素，不太受制于客观条件。比如说，在考核顾客满意度的时候，派小区经理去店里不定期巡查就行了，小区经理通过与店长的沟通、顾客的反馈情况，还有熟客的再来频率来判断。考核员工积极性的时候就更简单了，如员工的仪容仪表有没有不合规矩的地方，哪个女服务员的妆画得不够精致，哪个男服务员衣服穿了两天还没换，哪个员工站在那儿走神忘记观察顾客的需要了等等。

有人质疑张勇这种近乎放任的管理方法是否真的可行时，张勇说："绩效评估工具就是锄头，懂行的管理者拿到手里能铲草，不懂行的拿到手铲的就是苗，而我第一要做的就是培养出能够分清草和苗的人。"

海底捞不一样之：等待区的文化

等待是一件让人十分郁闷的事，漫长的时间都浪费在无聊的等待中着实会让人觉得心烦，尤其是在服务行业上，让顾客久等是一种很不礼貌的行为，也是流失客源的主要因素。但是，到了海底捞，一切就不一样了，海底捞顾客的等待是一种享受，顾客们不介意等待，甚至愿意等、喜欢等。

当顾客手持等待号码牌在等待区休息的时候，服务员会端来免费的水果、饮料和零食供等待中的顾客享用。如果是很多朋友一起来的顾客，服务员还会端来扑克牌、跳棋类的简单小游戏来给大家打发时间。当然，最吸引女孩子的就是免费的美甲了，这就是海底捞的等待文化，尽管免费，也不会在服务质量上打折扣。一名食客曾讲述了她的经历：在大家等待美甲的时候，一个女孩不停地更换指甲颜色，反复折腾了大概 5 次。一旁的其他顾客都看不下去了，为其服务的阿姨却依旧耐心十足。

若标准化管理的最终目的只为挣钱的话，那海底捞所展示的另一种非标准化的企业管理模式，竟然“无心插柳柳成荫”赚到了名誉又赚到了钱，可谓是两全其美，的确耐人寻味。

任正非：是创新把山寨公司变成科技王国

华为作为中国第一民营企业，在外人眼中是充满神秘色彩的。在中国，华为也可以称之为第二个“苹果”公司，但任正非却并没有效仿“苹果”的路子，而是积极地进行有目的的创新，将华为从最初的小公司发展成为后来的科技王国。

创新打破“山寨”屏障

作为世界五百强企业之一，华为的生存之道，是创新求胜，拒绝山寨——华为拥有7万多人的研发队伍，全球有16研发中心，在过去10年间在研发上的投入超过200亿美金，由此也可以看出华为对研发的重视。

在华为创立之初，任正非对于产品的态度，就是杜绝抄袭——没有设备的支持，他们就自己动手组装、调试；没有科技的储备，他们便开动脑筋开发、创造。正是那一段时期的艰苦奋斗，让最初一代的华为人拥有了一种自主创新的精神，也让华为在技术创新上迈出了第一步。

华为在创新的道路上，并不是只抓技术，而是面面兼顾。

在制度上，华为作出的创新，可谓是绝无仅有——“工者有其股”。

华为作为人类有商业史以来，未上市公司中员工持股人数最多的企业，运用其在体制上的创新，激发着员工的工作兴趣和集团的凝聚力。

这无疑是一种创举，它既体现着创始领袖的奉献精神，也考验着管理者的把控能力：如何在如此分散的股权结构下，实现企业的长期使命和中长期战略，满足不同股东阶层、劳动者阶层、管理阶层的不同利益，从而达成多种不同诉求的内外部平衡，其实是极富挑战的——前无经验可循，后面的挑战依然很多。从这一意义上来看，这种颠覆性创新具有独特的标本性质。

而现今，研发力量的强大，使得华为研发创新出两大架构式的颠覆性产品，一个叫分布式基站，一个叫 Single RAN。这两大产品在中国以及世界上，都有着极大的价值，也让中国在电子同心领域上跳出了“山寨”一词的制约，最终拥有了自己的创新产品。

有压力，有创新

华为改变了当年中国市场的营销模式，开创了一个“创新先行，拓展销路”的模式时代。

这个模式首先是被逼出来的——产品差，不断出问题，然后就得贴近客户去服务。华为的老员工经常说一个词，叫作“守局”，这里的局指的是邮电局，就是今天的运营商。设备随时会出问题，华为那些年轻的研究人员、专家，十几个人经常在一台设备安装之后，守在偏远县、乡的邮电局（所）一两个月，白天设备在运行，晚上就跑到机房去检测和维护。设备不出问题是侥幸，出故障是大概率。

这就逼出了华为的微创新文化。华为能够从一家小公司成长为让全球客户信赖的大企业和行业领导者，必须承认，20 多年不间断的、大量的贴近客户的微创新是一个重要因素。有一位华为老员工估计，华为 20 多年面向客户需求进行的产品微创新有数千个。正是由于华为跟客户不断、频繁的沟通，正是由于西方公司店大欺客，尤其在中国市场的早期把乙方做成了甲方，构成了华为和竞争对手的重大区别与 20 多年彼消此长的分野。

市场压力给予华为的，是勇于创新敢于开拓的精神，在这种精神的鼓舞之下，华为将在创新之路上越走越远。

创新于决策团队

美国的Mercy咨询公司，在2004年对华为进行决策机制的咨询。让任正非主持办公会，任正非不愿意，就提了一个模型，叫轮值COO。7位常务副总裁轮流担任COO，每半年轮值一次。轮值COO进行了8年，结果怎么样呢？

首先是任正非远离经营，甚至远离管理，变成一个头脑越来越发达，“四肢越来越萎缩”的领袖。真正的大企业领袖在企业进入相对成熟阶段时一定是畸形的人，脑袋极其发达，聚焦于思想和文化及企业观念层面的建设；“四肢要萎缩”，四肢不萎缩，就会时常指手划脚，下面的人就会无所适从。

轮值COO的成功实践，促使华为开始推行轮值CEO制度。EMT管理团队由7个常务董事组成，负责公司日常的经营管理，7个人中3位是轮值主席，每人轮值半年。3年来的运行效果是显著的，最大成效之一是决策体系的动态均衡。如果上任轮值主席偏于激进，那么整个公司战车隆隆，但半年以后会有偏稳健的人上来掌舵，把前任风格调节一下，而过于稳健又可能影响发展，再上来的人可能既非左又非右，既非激进又非保守。这套体制的原型来自咨询公司的建议，但华为做了很多改造和创新，包括从美国的政党轮替制度里借鉴了一些东西，融入华为的高层决策体系。

第二，避免了山头问题。华为的轮值COO、轮值CEO制度，从体制上制约了山头文化的坐大，为公司包容、积淀了很多五湖四海的杰出人才。同时这种创新体制也使整个公司的决策过程越来越科学化和民主化。今天的华为已经从早年的高度集权，演变到今天这么一个适度民主加适度集权的组织决策体制。

轮值CEO制度，相对于传统的管理理论与实践，可以称得上是划时代的颠覆性创新，在有史可寻的人类商业管理史上恐怕找不到第二例。有中国学者质疑这一体制的成功可能性，但至少迄今为止的8加3年的华为实验是相对成功的。未来如何，由未来的历史去下结论。创新就意味着风险，意味着对本本主义、教条主义的反叛和修正。华为的任何创新都是基于变化而作出的主动或被动的适应，在这个日益动荡和充满变化的时代，最大的危险是“缘木求鱼”。

华为的创新并非一蹴而就，而是长年累月的“积攒性”效用。这些创新，让华为这个“科技王国”在商业圈中有条不紊地运行着，也为华为在市场上铺好了前行的道路。

雷军：小米模式你也学得会

在现今，只要提到国产智能手机，大家毫无疑问都会想到小米。小米作为智能手机行业的后起之秀，存在时间并不长久，但对民众的影响却十分的深远。这与小米总裁雷军在推出小米时作出的各方面创新关系极为密切。

创新，思维、体系是基础

在苹果公司推出 iPhone 以后，国内智能机的市场几乎被国外尖端公司所占据。iPhone 发布之前，智能手机就已经被开发出来，但在市场中的反响一直不是很大，而 iPhone 一出现在人们的视野之中，便被哄抢一空；后来安卓智能机的出现，也在市场上引起了不小的轰动。相比于 iPhone 的系统收费，安卓开源的形式，在成本上，就为消费者省下了一笔资金。那时候，智能手机的市场已经开始趋向于成熟，但中国国内并没有能够与国外相抗衡的公司。深受 iPhone 和安卓震撼的雷军也看到了这一点，于是决定投身到智能手机行业当中。

中国智能手机行业需要发展，不能只靠外国的产品来引领中国的市场。

然而，想要在这片市场上和已经有固定体系、精良技术的外国商家争抢到一席之地，雷军如果单靠自己的冲劲，完全不能抵挡住外国公司的倾轧——该怎么办呢？

外国的公司和产品都有一个固定的体系，而国内虽然有大多数公司争相效仿，但成效都不高——外国人以体系取胜，为什么自己不能有创新思维呢？他们守着他们的体系，而自己如果能够创造出更加符合中国市场的思维和模式，或许就能够在市场上脱颖而出。

在互联网行业摸爬滚打许久的雷军突然想到一种别人从未用过的新形式——可以用互联网的形式来做手机。

21 世纪，互联网在人们的生活中已经算是无处不在，那么如果这种互联网的理念运用到手机之上，不难想象，这样开发出来的手机，在用户之间，将会很快被推广出去。

那么怎样才能把这种理念运用到手机行业之上呢？

雷军首先想到的是运营的思维。在互联网之中，最重要的内容就是用户的相互影响——到群众中去，相信群众，依赖群众。其实互联网就是一个汇聚力量的媒介，而雷军想要的，就是通过像互联网一样的形式，去改进自己在公司运营上的不足，提升团队的凝聚力。只要自己的运营团队质量上去了，自己的产品自然能够更加精良。

团队创新之后，雷军又把创新的眼光放到了手机的性价比上。在那时候，手机市场的两极分化非常严重，性能优异的智能手机如 iPhone、HTC 价格非常的昂贵，而那些价位比较大众的，性能条件则比尖端品牌要差太多。因此，智能手机对于大众而言，仍然是十分奢侈的东西——雷军此时心里出现了一个想法：如果用最合理的价格去作出性能最高的手机，这样自己的品牌受众率就会增加许多。那时，高性能、低价位的手机并没有出现在行业之中，雷军这个想法，可谓是一种前瞻性的创新，这种创新，也让小米在面世时，在市场上得到了极好的反响。

小米模式的基础是诚意

小米在手机销售模式上可谓是开辟了一个新的路子，而这条路的前景无疑十分光明。雷军曾说，小米模式的确创造了一个奇迹，但是这个奇迹的出现，需要诚意作为基础。

小米的第一个诚意，体现在对用户意见的倾听之上。

这种诚意，也是对用户体验的一种创新。在小米开发手机时，更倾向于去寻找客户来体验自己的产品，这样在产品生产过程中，小米能够更加清晰地了解用户的需求，去改善自己在研发中的不足，让客户在体验上感到更加舒适和方便。

小米的第二个诚意，体现在对产品的精益求精之上。

产品如果缺乏创新，那么不管用户的满意度多好，终究还是会被埋没在时代的潮流之中。雷军也深深地明白这一点。于是在产品的创新上颇为用心。雷军在小米的设计上，不是一味地去借鉴 iPhone、HTC 这样的大品牌的经验，而是开辟了自己独立的小米模式——在原来的安卓系统上加以改进和创新。这样一来，小米的系统刚刚出现在市场上时，就让人有了一种耳目一新的感觉，而这种新鲜感也让用户有了一种刺激的体验。

小米的第三个诚意，体现在它的出售价格之上。

产品的最终购买者是用户，那么在创新方面，就必须让产品抓住用户的眼球——最方便快捷的方式就是在价格上用心。产品的价格是最直接能抓住用户心理的，如果在相同的性能条件之下，自己的产品能够在价格上体现自己的诚意，那么顾客在埋单的时候，自然是满心欢喜的。而这种诚意也能使自己的创新在市场上受众率更加广泛。于是小米在价格上打出了“低价格、高性能”手机的第一炮，也让整个行业更加趋向于平民化、生活化。

创新需要对顾客敞开心扉的诚意，这些诚意的表现，是推心置腹为用户着想，让商家和用户用心建起沟通的桥梁；这些诚意的表现，是不断反思自我，鞭策自己在创新的道路上不断前行；这些诚意的表现，是始终对未来保持着敬畏的态度，让自己在前行的路上谨慎敏锐，以期更加符合市场的需求。

不断创新与进取，是市场及行业得以发展的前提，也是一个企业能够在市场上站稳脚跟的根本。小米的模式取胜点在于它的创新——这样的创新对所有人来说都只是迈上一步，在迈开这个脚步之时，我们需要将自己的诚意体现给所有人。而这一步之后，它所带给我们的好处将不可估量。

学会创新，正如雷军所说——小米模式，任何人都可以学会。

Part 9

犯错，并不意味着你会就此一败涂地
——首富的“危机课”

《左传》有云：“人非圣贤，孰能无过，过而能改，善莫大焉”，这是一句放之四海而皆准的真理，即便是精明能干的首富们也有犯错的时候，只要能够认识到自己犯错的原因并且及时改正，那么此时的“危机”或许就会在下一刻发生“转机”。

约翰·D.洛克菲勒：托拉斯解散又怎样？光明磊落地去输就好了

成功之路很难一马平川，纵使是世界闻名的石油大王约翰·D.洛克菲勒的成功之路也经历了一些艰难的关卡，其中最严重的一次，当属托拉斯的解散。约翰在遇到那些路障之时，并没有轻言放弃，而是以更加饱满的精神态度去迎接挑战，从失败中吸取经验，从哪里跌倒就从哪里爬起，并且对未来抱着更加坚定的信念。危机固然存在，如何化解危机，在于我们如何应对。

应运而生的“托拉斯”

标准石油经过约翰·D.洛克菲勒的发展，逐渐占满了美国的石油市场，然而在发展形势一片大好的情况下，标准石油公司却出现了一些危机。

随着公司规模的发展，工作人员和融资者也越来越多，在管理方面，漏洞和问题也开始出现。在这些困难的堆积之下，约翰·D.洛克菲勒开始探索新的管理模式。在探索之下，他想到了一种对于公司情况或许更实用的制度——托拉斯。

托拉斯是资本主义垄断组织的一种高级形式。是生产同类商品或在生产上有密切关系的企业，为了垄断某些商品产销售以获得高额利润而组成的大垄断组织。参加该组织的企业在商业、生产和法律上都没有独立性，而由托拉斯的董事会掌管所属全部企业的生产、销售和财务活动。原来的企业主则作为托拉斯的股东按照股权分配利润。托拉斯与卡特尔、辛迪加相比是一种更为稳定的垄断组织。

这个组织可谓应运而生，在约翰的领导下，很快就开始了它的“垄断之旅”。

1882 年，标准石油就合并了美国 14 家石油公司，并取得了 26 家石油公司的大部分行政权力，将标准石油扩展成为标准石油托拉斯，开启了美国商业的一个新的时代。而这种托拉斯在之后美国的各大行业中也渐渐发展起来。

对于资本家而言，托拉斯的形式无疑成为了他们揽财的一大助力，也加快了产业发展和扩张的步伐。这种组织也帮约翰积累了一定的资金，同时推进了其垄断石油市场的进度，洛克菲勒家族更是因此成为美国十大超级富豪之一，同时成为美国最知名的家族之一。

“托拉斯”的消亡

托拉斯在社会财富“金字塔”的顶端，自然受到了异常的欢迎，它形式简单，目的直接，分配方式也利于资本积累。这种组织虽然在资本家群体中十分受欢迎，却始终为处于社会财富“金字塔”下层的中小型企业和劳动者所诟病。

他们不满于这样的组织。

对于中小规模的生产者而言，这种垄断组织相当于直接剥夺了他们在市场上的生存机会，间接使他们受到了很大的影响；对于工人阶层而言，这种组织剥夺了他们对于工作的选择权利，一旦所就业的公司被吞并或者击垮，他们便会失去经济来源。这种组织直接导致了社会财富的分配不均，招致公众的强烈不满和谴责，也使美国政府不得不采取措施去控制托拉斯这种组织形式的活动以及发展，并导致了1890年谢尔曼反托拉斯法案的出台。

在这种压力下，政府终于在1911年抵制不住反托拉斯运动的高潮，开始逐渐解散托拉斯这种将资本家推向巅峰的商业组织。而石油托拉斯也在此时宣布正式解散。

托拉斯这种形式存在的时间之短，是约翰·D.洛克菲勒所没有想到的。他当时甚至不理解一大部分石油商对他抱有的敌意和恨意，认为与其压垮和挤垮这些可怜的油商们，还不如负责任地收购他们的财产， 这应该说是天经地义的事情。这种完全出于资本家角度的认知，让他在这种组织消亡之时感觉到了极大的挫败感。

不得不说，这一次是他从商以来输得最惨的一次——无关资金的损失，他的损失在管理形式和人心之上。

反思，我会开启另一种形式的“托拉斯”

一个成功的商人绝不会在经历一次悲壮的失败之后就自怨自艾，停滞不前，约翰·D.洛克菲勒亦然。这次石油托拉斯的解散，让他尝到了失败的滋味，也同时勾起了他对自己以前所坚信的商业形式的反思——为何在上流社会备受追捧的托拉斯却受到这么多民众的谴责？为何在给予小企业生存机会的情况下，这些企业拥有者依旧对他恨之入骨？

他一次次地问自己，也在这种反复思考下，他开始一点点地“拨开”自己思想的“迷雾”。

商场之中，竞争自古便存在，而良性的竞争能够促进市场进步，同时促进劳动者就业。而托拉斯这种组织，无非是将市场竞争力都归于大公司大工厂，使社会的贫富差距拉大，扼杀了拥有小企业的创业者生存的可能，也同时使大量的劳动力闲置，造成一定程度的社会恐慌。

毕竟处于社会财富“金字塔”最高层的人并不多，而整个市场，还是由劳动者和小型企业构建的，如果得不到他们的支持，再好的形式和体制都将被整个社会淘汰。

想通这点的约翰·洛克菲勒豁然开朗，他突然觉得这次失败或许会成为他人生之中的一个转机，一个让他从成功的“冷血资本家”转型为“温和慈善家”的转机。

虽然“石油托拉斯”解散了，但是托拉斯并不是不能以另一种方式存在，不是吗?

他眼光敏锐地察觉到了在商业争斗倾轧下的疾苦百姓，于是开始将托拉斯伸展到慈善事业之上。

在“石油托拉斯”为其敛财之后，他开始将这笔财富疏散到穷苦民众之间，在民众之间得到了很好的口碑，也间接地促进了标准石油的发展。而这种敛财和散财的完美结合，也使他的家族在民众中得到了一定的呼声，甚至一洗他之前在社会中留下的“冷血资本家”的骂名。

失败并非人生路上最可怕的关卡，面对失败，需要以平常心对待，同时反思在前行过程中自己的不足与失误，改正缺点，并采取更完美的方式前行，以最昂扬的斗志和最美好的姿态迎接下一次的挑战，面对未知的未来。

在从商生涯中，更需要有永不言败的精神，坦然面对输赢。东山再起并非梦想和奇迹，只有在失败中时刻保持清醒的头脑和谨慎的态度，成功才会在不远的前方降临。

史蒂夫·乔布斯：谁说还有90天苹果公司就要破产

1977年1月3日，苹果电脑有限公司成立，乔布斯开始了他纵横电子产业的征程。在接下来的8年里，乔布斯一直将他在营销与管理方面的天赋发挥到了极致——“海盗”式的管理使他的团队用尽量少的人，发挥了最大的作用；1984年Mac诞生所引发的革命等等。乔布斯在苹果公司绝不是一个受欢迎的人，他所坚持的总是违背大多数人的常识和意愿。但颇具戏剧性的是，恰恰乔布斯所坚持的，才是苹果公司所应该走的正确的道路。丽萨电脑的失败是如此，架空驱逐乔布斯离开苹果亦是如此，乔布斯最后总会用自己的能力证明当初反对他的人的错误，继续自己的神话。

11年的动与止

Mac在1984年的发布开创了一个新的革命。电脑在未来的市场前景不可估量。然而在1985年，也就是Mac发布的第二年，乔布斯因为暗地里支持皮克斯的运营遭到起诉，内容包括暗中计划组建一家公司与苹果公司竞争，暗中策划其竞争企业不正当地利用苹果公司的计划来设计、开发和营销新一代产品，暗中挖走苹果公司的重要员工。在此番待遇下，乔布斯悲愤离开苹果。在乔布斯刚离开苹果的时候，苹果公司的股票甚至上涨了1美元。当时的苹果董事会以及董事长斯卡利以为他们取得了一场胜利，然而他们并未想到这只是失败的开始。

乔布斯用5个月时间将自己所持有的650万苹果股票卖出至只剩下1股，只为保留一个参加股东会议的权利。之后乔布斯将所有悲愤化为管理新公司的动力，在接下来的 11 年，乔布斯与苹果几乎划清了界限。

在这 11 年期间，乔布斯依旧在新的公司取得了惊人的成绩。1988 年 10 月 12 日，NeXT 电脑的发行将当时的电脑产业推向了一个新的高度，与此同时乔布斯由于对计算机图形的浓烈兴趣，他开始涉足电脑动画制作，在与卢卡斯影业签订合约后，乔布斯来到了他创造另一个伟大奇迹的地方——皮克斯公司。NeXT 公司的科技，皮克斯公司的艺术，乔布斯在这 11 年之中将所有心思和激情都放在了这两样事务上面。这两个事业也都曲曲折折向前发展着。

苹果是乔布斯的起点，但乔布斯中途却离开了。就像一个人失去了独立的思维，即使外表看上去与常人无异，即使还是能机械地做一些动作，但终究不可能像常人那样去进取、去努力、去争取自己的目标与未来。

停滞不前的危机与“我”，才是苹果的灵魂

在乔布斯努力发展着皮克斯与 NeXT 的时候，苹果公司又在干什么？我们不得而知，但在苹果原地踏步的时候，另一家公司渐渐超越了苹果——比尔盖茨所在的微软，他所带领开发的 Windows 打败了 Mac 等系统，而同时乔布斯的 NeXT 公司的软硬件一体开发的失败，让乔布斯开始反省自身前进方向是否错误。

20 世纪 90 年代开始，微软开始统治电子系统市场，苹果公司的市场份额一落千丈，到 1996 年甚至只有乔布斯离开时候的 1/4，慌不择路的苹果不断更换着 CEO 试图躲开这场灾难，但效果却差强人意。

就在这时，乔布斯决定站出来，他联系了当时一位刚进入董事会的董事——阿梅里奥。乔布斯对他表达了自己的想法，即希望阿梅里奥能帮助自己成为苹果的 CEO。乔布斯当时说了两句极度自信的话去说服阿梅里奥：“只有一个人可以重整苹果大军，只有一个人可以带领公司走出困境。那就是我！”当时阿梅里奥并没有直接接受乔布斯的建议。

1996 年，阿梅里奥发现他们所寄希望的 Copland 并不能成为现实，更不能变成苹果扭转商场败局的法宝，而接下来苹果所寻找的系统研发公司都不能让苹果成功找到合作伙伴，到最后苹果只剩下了 3 个选择——比尔盖茨的微软、加西的 Be 以及乔布斯的 NeXT。

当时 NeXT 也在走下坡路，被苹果收购是一个很好的去路，Be 虽然开价极高，但依旧有着很强的竞争力。1996 年 12 月 10 日，加西和乔布斯轮流推销自己的公司，最终乔布斯得到了苹果的青睐，最终乔布斯得到了 1.2 亿美元和 3700 万美元的股票，以这个低于 Be 报价不少的价格，回到了苹果公司。

这一天必将是乔布斯人生的转折点，离开苹果的十多年，乔布斯取得的成就只能说马马虎虎，但谁也没想到乔布斯回到苹果后，将会对世界产生多大的影响。

当时乔布斯为避免某些不必要的纠纷，身份只是一个顾问。当时他开玩笑说："我这个顾问只能做 90 天。"对此外界媒体甚至发表了关于苹果 90 天后破产的玩笑。

1997 年 6 月的一次董事会，乔布斯被决议认为最有希望拯救苹果公司的人，并被商议成为苹果的 CEO，乔布斯再三推辞，但最终还是接受了这一任命。至此，乔布斯成为了苹果和皮克斯两家公司的 CEO。

乔布斯成为苹果 CEO 后，便开始重组董事会。在不断地清理人员和拉入新人员的过程中，苹果公司所拥有的优秀领导者也越来越多，其中甚至包括美国前副总统阿尔·戈尔，谷歌的埃里克·施密特，基因泰克的亚瑟·莱文森，GAP 和 J.Crew 公司的米奇·德雷克斯勒，以及雅芳的钟彬娴。

乔布斯真正扭转苹果危机在于他提出与微软的合作。在一次 Mac world 大会的主题演讲中，乔布斯用卫星连线的方式让比尔盖茨发布了和苹果合作的消息，正是这次消息，以及乔布斯在外界的好评，一下子拯救了苹果公司——苹果股票在一天内涨了 33%，一下子为苹果的市值增加了 8.3 亿美元。

苹果公司90天内破产的传闻不攻自破。

乔布斯正是这样一个人，他有着准确的决策头脑，也有着对事业的专心与热衷，同时他也是一个能够将天赋完美发挥在运营上的人。乔布斯用实力拯救了苹果公司，也证明了自己。直到现在，苹果依旧在我们的生活中发挥着各种重要的作用。

柳井正：小郡商事受困，转型优衣库出击

几年前，网络上流行着这样一句话："成功的道路并不拥挤，因为很少有人能够坚持到最后。"细细地品味，这句话说得很符合现实。能够真正坚持到最后的可谓凤毛麟角。柳井正就是一位成功者，他的成功之路也是艰难曲折的，尤其创业初期更是坎坷不平，步履维艰。关于这段经历，他曾在自传《一胜九败》中写道："世人把我看作成功者，我却不以为然，我的人生其实是一胜九败。如果说取得了一些成功，那也是不怕失败、不断挑战的结果。"

子承父业，接管小郡商事

柳井正在父亲柳井等的葬礼上对着遗像说过这样一句话，"父亲，是我一生最大的竞争者"。了解柳井正成长历程的人应该知道，这句话饱含着一个孩子对父亲所有的不舍和敬佩。在柳井正眼中，他和父亲之间的感情是很矛盾的。很多时候，父亲对他过于苛刻和严厉，他就把父亲想象成自己的敌人；有的时候，父亲对他关爱有加、包容他、信任他，他把父亲当作自己的老师、朋友、生意上的前辈和用尽自己一生积累的经验和财富来为他铺就成功之路的男人。

1972年，大学毕业之后在一家百货卖场工作了不到一年的柳井正，回到家乡准备结婚，顺便接管了父亲的生意—— 一个由“小郡商事”改为“郡商事股份有限公司”的家族服装生意，主要经营的是西装业务，客户来源是那些希望穿得体面的银行或证券业工作人士。自从柳井正入主了这家西装店之后，父亲几乎没有给过他任何的指示和要求，也没有给他制定任何的条条框框，当然父亲也没有告诉他应该做什么或者怎么做，一切都由他自己决定。就这样，父亲把自己打下的“半壁江山”毫无保留地交给了一个涉世未深的年轻人。

有了如此大权和自由的柳井正忽然从父亲沉甸甸的“信任”中感受到压力所在，他下定决心“不能再让公司回到过去了。既然父亲把这么重的担子交给了我，我就要从现在开始努力，绝不能够失败”。于是，他开始依据自己此前的工作经验用客观的眼光来看待这个小店。

小郡商事受困

不用深入了解，柳井正就从对小郡商事最直观的观察中迅速看出了两个问题：一个是小郡商事的商品摆设不合理，另一个是流程等效率太差。第一个问题很好解决，只要合理的规划一下西装的摆设位置，合理的利用店铺空间就好，可是第二点就没有那么容易解决了。在当时的日本，西装虽说是一个比其他服装行业利润稍高的行业，但是客户对西装的需求量并不高。这算是功能性服装，只有那些商务场合人士才需要，因此销量并不大，而且压货时间长，很多时候一件西服要等上大半年才能卖掉来回笼资金。柳井正意识到，若持续这样下去一定不行，必须“改革”。

由于日本经济不景气，加上对新来的老板，年轻气盛的柳井正大刀阔斧改革过程中的不适应，6个老员工有5个离他而去。只有一个蒲先生留了下来，见证了这家西装店向优衣库帝国转变的过程。7个人的工作量全部交到了两个人手里，柳井正和蒲先生一度进入了近乎挑战人类劳动极限的工作模式，进货、整理库存、销售、打扫等，对于身为老板的柳井正来说，做完这些之外还要管理公司账目和招聘新的店员。

柳井正忙疯了，然而他的忙碌是有意义的。在他的自我解读当中，这段最忙碌的日子，却成了他日后成功的最大关键。“创业不需要有什么特别的资质。我认为几乎所有人都能创业，重要的是自己做做看。不论失败几次都不气馁地持续挑战，在这样的过程中，就能培养出一位经营者。”这就是柳井正的创业哲学，只要肯不断尝试，错了也没关系，错九次，就多了九次经验，万一第十次成功了呢？

开始转型做优衣库

开始转型做优衣库是柳井正事业真正开始走向辉煌的关键点，1984 年 6 月 2 日，也正是柳井正入主小郡商事的第十二年，逐渐认识到西装行业不如休闲服饰行业的柳井正在广岛县广岛市开设了第一家优衣库店，取名为“U-niqueClothingWarehouse”。受美国自助行业销售模式的影响，柳井正把优衣库打造成了一个自助式的销售平台，消费者在购买的过程中不用感受到压力，卖方也可以因此节省人力资源成本。

优衣库刚开始成立的那个年代正是日本经济低迷、泡沫严重、银行呆账坏账多不胜数的年代，大多数的企业发展很不景气，想要挽救企业命运的经营者很难走通从银行融资的道路。此时，胆大机灵的柳井正绕过中间商直接向供应商购货，顶住战后日本遗留下来的“抵制中国制造”的情绪压力，(当时优衣库服装的 90%属于中国制造)，凭借“质优价廉”的经营策略迅速赢得了市场，从此在休闲服装零售行业站稳了脚跟并且一发不可收拾，成为让世界服装行业为之侧目的服装品牌。

1994 年 4 月，优衣库直营店铺数量超过 100 家；1994 年 7 月，优衣库在广岛证券交易所股票上市；1996 年 2 月，为强化商品供应，优衣库成立了山东宏利棉针织有限公司；1996 年 3 月，优衣库直营店铺数量从超过 200 家；

2003年11月，优衣库直营店铺数量超过600家；2005年9月—10月，多间海外店铺陆续开业，包括美国（3家）、南韩（3家）、北京（2家）及香港（1家）；2009年，日本百货衰退达10.1%，优衣库却逆势成长，年获利达1086亿日元，较前一年增长24%；今天，优衣库仍享誉全球。

有时候，犯错是一件很有意义的事情，因为发现错误之后改变的过程就是我们真正成长的过程，柳井正的自传《一胜九败》不正是一个错误集锦吗？他正是因为不断地犯错，不断地改错，最后才成就了自己，征服了世界。

史玉柱：人只有在低谷才能学到东西

新东方创始人俞敏洪说，从绝境中寻找希望，人生终究辉煌；美国著名的巴顿将军说，衡量一个人成功的标志，不是看他登到顶峰的高度，而是看他跌到低谷的反弹力；中国著名作家二月河说，人生好比一口大锅，当你走到了锅底时，只要你肯努力，无论朝哪个方向，都是向上的；而在风云变幻的商场上几经沉浮的中国商界奇人史玉柱说，一个人只有在低谷当中才能学到东西，那段低谷时期经历的事情就成为后面做事时一把衡量该不该做、如何做的尺子。是的，世界上没有绝望的处境，只有对处境绝望的人。

承认失败才能遇见成功

1994年，受毛泽东战略思想影响很深的史玉柱对外宣称要开动“三驾马车”，同时在高科技产品、药品、保健品3个方面驰骋商场。毕竟是商界奇才，加上当时投资环境不错，这“三驾马车”、尤其是1994年底才开始启动的保健品项目脑黄金，为史玉柱带来了很丰厚的利润回报，仅在1995年1月至 3 月间的两个月时间里，回款额居然达到了 19 亿元。这一年，史玉柱才 33 岁，在《福布斯》中国大陆富豪排行榜位列第八，他一下子从一个不起眼的创业者成为当时年轻人崇拜的“中国比尔”。从这个时候往回看，仅仅 6 年的时间，史玉柱就走完了 4000 元身家到亿万富翁的征程，这几乎是一个奇迹。

或许是成功的路太好走，史玉柱一下子忘记了投资经营中有“风险”二字，三驾马车同时开动的他，认为自己有足够的能力再驾驭一驾马车，于是他又将目光瞄准了房产，在珠海启动了巨人大厦项目。巨人大厦启动之后，在政府的鼓励和旁人的追捧中一再加高，开始是 18 层、然后是 48 层、54 层、64 层、最后追高到了 72 层，原本预计 2 亿元的投资金额也噌噌地往上涨，直逼 12 亿。史玉柱资金链断裂，只能从保健品项目抽资金往巨人大厦项目填补，然而巨人大厦项目资金短缺窟窿太大，史玉柱挽救乏力只能作罢，保健品项目也因为抽血过多，盛极而衰。史玉柱为他的横冲直撞和不可一世付出了惨重的代价，2.5 亿巨额债务和一片荒草肆虐的烂尾楼让他直接跌入人生低谷，戴上了“中国首穷”的帽子。

怕，你就会输一辈子。低谷并不可怕，因为每个人都会遭遇到，不同的是它让弱者选择了放弃，让强者创造了奇迹。史玉柱是强者，他没有因为挫折而一蹶不振，相反，他不但庄重地承诺“欠老百姓的钱一定会还”，还立即平静下来寻找失败的原因。他认为自己首先要做的事就是承认失败，不为失败找借口，在风云变幻的生意场上，可以输，但是一定要输的坦然，输的明白。

在长期的虚心求教和自我反省中，史玉柱认识到，巨人大厦的倒下是必然的事情，符合客观规律。他说：“因为我本人和我们的团队不成熟，所以巨人大厦倒下是迟早的事。即使巨人大厦没倒，如果它盖起来了，还是要倒，再倒的话，可能摔的跤还更重，所以晚倒不如早倒。甚至巨人这跤我觉得摔得有点晚，所以才会摔得惊天动地，如果再早两三年，早三五年摔，可能摔得别人都不知道，就像爬梯子一样，你爬第一层梯子的时候摔下来不疼，第二层摔下来就疼了，你爬了10层摔下来之后是要命的。我们做了很多违背经济规律，违背客观规律的事，所以这样必然要摔跤的，这一跤是免不了的。”

真正聪明的人懂得“利用”低谷

史玉柱说，人只有在低谷才能学到东西，只有在那种十分凄凉的环境下，才能去认真琢磨这些事儿。而反观那些在某方面做得好的人，就不能沉静下来思考一些东西，如果去跟他们谈，他们的口气跟我当年一样，都是好像天下老子第一，这个事我也能做，那个事我也能做。事实上每个企业、每个人真正能做的事很少，适合自己、能做成功的事更少。你看有一个企业现在做得很好，他就强调他应该多元化经营，我就反对，我说多元化经营最后肯定失败。所以那段低谷所学到的东西才能作为衡量后面所做之事的一个尺子。

孔子说“吾日三省吾身”，说的也是这个道理，懂得自省的人才能够避免发生同样的错误。正所谓，知耻近乎勇。在这一点上，史玉柱勇气可嘉。他知错、认错、就改错，他敢于承认失败，在低谷中反省自己，寻找东山再起的机会。其实，不管成功与否，他的这种不畏困难，永不言弃的精神就感动了一代中国人。

之后的史玉柱一直小心翼翼、如履薄冰，他一心一意地投资脑白金，带领团队做好每一个细节，不再得陇望蜀。一个善于总结失败经验的人是可怕的，一个善于总结经验的聪明人是更加可怕的。史玉柱头脑灵活，擅长发掘细节，仅仅3年时间，他就东山再起，成功摘掉了“中国首穷”的帽子，还清了之前欠下的巨款。

教训能够使人成熟，跌倒过之后的史玉柱再次爬起来，没有了以前那种目空一切、唯我独尊的傲气，取而代之的是保守后进、虚心求教的经营心态。而之前媒体笔下那个天不怕地不怕的“史大胆”，也变成了在投资上谨小慎微的“史胆小”。史玉柱说：“我曾经经历了那么严峻的危机和那么深刻的教训，时至今日，再有一个项目摆在我面前需要我做决策的时候，我会先做好最坏的打算，先估算一下，如果发生亏损，损失会不会超过我净资产的1/3，如果超过了1/3，再大的诱惑我也不干。”

史玉柱的转变全国人民都看在眼里，若没有曾经的低谷，就没有现在这个成熟稳重的史玉柱，我们应该从他的经历中学到：无论做任何事，除了胆识、智慧和汗水之外，还需要谨慎的态度、稳健的步伐和百折不挠的精神。

任正非：下一个倒下的会不会是华为

成功者都不乏居安思危的品质，这种品质让他们谨记“生于忧患而死于安乐”，让他们在前行路上时不时地敲响警钟，也鞭策着前进的步伐。任正非也时刻保持着这种忧患意识，他从不认为华为是成功的。正因如此，华为总是精益求精，能够在市场大潮中抵抗住倾轧，向民众展现最为光彩的一面。

令人心畏的华为崛起

外媒曾这样评价华为，“华为的崛起，是外国跨国公司的灾难。”

20世纪80年代，中国社会的各个层面都涌动着激情和躁动。邓小平的改革开放战略需要一批先行者和追随者，更需要一批实践家。于是，有了第一拨“吃螃蟹”的步鑫生、马胜利、牟其中、年广久、张瑞敏、柳传志等“改革人物”。改革开放的潮流像一个巨型的旋涡，把那些旧体制的反叛人群以及渴望冒险的活跃分子，一下子吸到了新的未知的万花筒中。

任正非也是当时追逐市场大潮的一员，但他与那些弄潮儿又有些不同——任正非是一个梦想先行的“妄想者”，他不只是跟随着时代的大潮，而是在“随大流”的前提下，有着自己的发展套路。

在建立华为之时，任正非就想过之后华为的发展前景，他的梦想是在20

年之后让华为站立在世界的顶端，成为屹立在商界巅峰的电信制造企业。

在之后的很多年里，任正非一直为这个目标在坚持不懈的努力。他在公司的经营上不断地推陈出新，在产品上精益求精，从而造就了华为的崛起。

然而最终让外企感到心惊的，并不是华为所创造的收益，而是华为作为企业，本身具备的凝聚力和特色文化。

可以说，华为作为私营企业在电信行业是一朵独立的“奇葩”。它的运营理念与大多数企业并不相同，公司氛围也比其他大企业更加和谐亲切。这也正是华为的力量所在，一个企业可以缺少资金，可以没有地位，然而奋斗的灵魂必不可少。

华为的“奋斗之魂”，是华为立足的根本，也是让华为在商圈屹立不倒的源头。

孤独成就华为

在前行的道路上，无论是任正非还是华为，都是孤独而虔诚的追梦者。

44 岁之前，任正非一直处在潮流的主航道上，尽管面对着封闭的时代，但他的个性却是相对舒展的，强烈的理想主义色彩和张扬的进取性格，使他在过去人生的每个阶段都能崭露头角：1978 年为全国科学大会代表，1982 年为中共十二大代表……

而改革开放之后，发展经济成为主旋律，任正非选择了经商。

商业路上，华为依旧是孤独的。它的成长不同于别家企业在探索中跌跌撞撞的路子，而是自成体系，在市场倾轧中不断改善自身，精进自我。

走属于自己的道路无疑是十分困难的，然而任正非作为理想主义者，却并不想因为艰难困苦就放下自己心心念念的华为。梦想的起步本就十分艰难，而这种创业路上的孤独，更加磨砺了任正非的品质。

这种孤独，让任正非在华为的行进中，能够冷静自身，观察市场动向，并且始终警醒自己。

华为脱胎于民企，一开始诞生就烙上旧体制“养子”的烙印，尽管体制在不断进步，但在夹缝中追随体制演进的每一个动作，每一个脚印都充满了艰辛、苦难以及未知的风险。任正非反复说：“失败这一天一定会到来，大家要准备迎接，这是我从不动摇的看法，这是历史规律。”

孤独造就了任正非的谨慎和忧患意识，也让他从不为他取得的成功而狂傲自大，故步自封。在取得每一个成功时，他都告诫自己，华为是孤独的前行者，不能因为成功时的众星捧月，而放下这种“孤独”。孑然前行需要虔诚谨慎的态度，成功过后的浮夸并不适合长久发展。

孤独成就了华为，更成就了任正非。享受孤独，是他在行路中对种种危机抱着谨慎态度的体现，也是他对自己忧患意识作出的一种反应。

商业路上危机无处不在，孤独让任正非时刻保持清醒，让他能够迅速敏感地感觉到市场的变化，并且采取措施。也正是因此，华为才能够承担市场风云，走过25年，成为通讯行业的导向标。

未来并不只有坦途

虽然华为公司现在前景一片大好，但谁能确定，华为不是下一个摩托罗拉呢？

摩托罗拉公司曾经效益非常好，是电信界公认的印钞机。这家创立于1928年的老牌公司，其标志性文化是“持续创新”，全球第一款原型产品的蜂窝电话系统是摩托罗拉研制的，第一款的商业版手机也出自摩托罗拉公司，摩托罗拉是当之无愧的手机鼻祖。然而摩托罗拉却没能抵挡住市场的变化，最终因为跟不上时代潮流，没有逃过被收购的命运。

现在华为的势力和当时的摩托罗拉相近，发展形势也非常不错，而任正非在摩托罗拉这个前车之鉴的警示下，依旧保持着高度的紧张和谨慎。

他深刻明白，在现在的坦途之下，华为依旧存在着很多漏洞，而这些漏洞，如果不及时补救，在未来带给华为的，很可能是像摩托罗拉那样的颠覆性结局。

现今的世界经济发展并不十分乐观，经济萧条，商业效益减少几乎成为全球化的问题。在这种形势下，想要长存，不论对哪个企业而言都是一个棘手的难题，华为亦然。如何让自己能够在经济复苏时依然保持着现今的姿态，甚至发展得更好，这个问题引起了任正非的思考。

他开始从各方面寻找自己的不足，又放眼同行，放眼世界寻找生存的机遇。他不断要求创新，选择聆听用户的想法，以用户为核心，完善自己的产品。这让华为在民众之中积累了不小的名气和良好的口碑，也在一定程度上推动了华为前行的进程。

繁荣常常是透支了未来，美丽的玫瑰总是生长在带刺的枝上。学会居安思危，是一种对未来抱有敬畏的态度，也只有拥有这种态度，我们才能够直面未来，无惧未来。

未来并不只有坦途，只有存在危机感，我们才能在困难来临时，临危不惧，作出最正确的反应，以最大程度地规避风险。

马化腾：很庆幸，当年我没有卖掉腾讯 QQ

“QQ 帝国”在商圈可谓是一个不败的神话，马化腾也因此站上了商业金字塔的巅峰，成为众人羡慕的对象。然而在光环环绕的背后，马化腾也遇到过极大的危机，在危机时的蛰伏，让他在成功之后，显得更加光芒四射。

QQ 只是副产品

1993 年，马化腾毕业时，华为、中兴这两个全国最大的通讯设备制造企业已经在深圳扎根生存，而润迅当时和这两大企业也可谓齐驱并进，在国内有着极高的呼声。

马化腾选择了当时正处于辉煌时期的润迅，从默默无闻的软件工程师做起。在润迅这个以市场为主导的公司工作的经历，使马化腾明确了开发软件的意义就在于实用，而不是写作者的自娱自乐。

对于当时程序员对自己的认知，马化腾并不十分满意："许多软件技术人员往往对自己的智力非常自信，写软件只是互相攀比的一种方式，而我希望自己写出的东西被更多的人应用，也愿意扮演一个将技术推向市场的小角色。"

但这种理念却与润迅公司的经营理念背道而驰，终于在一次他的提议未被采纳之后，他对润迅彻底失望，决定离开。

离开润迅之后，对互联网领域小有了解的马化腾，开始对 ICQ 这款软件产生了浓厚的兴趣，经过多年的筹备，他决定自立门户，自己做软件，来开拓中国的互联网市场。

1999 年，腾讯正式成立，在成立不久后，腾讯又向民众推出了 QICQ。这款软件一出现在中国市场，便受到了用户的追捧，甚至在极短的时间内抢去了 ICQ 的大部分用户源。这种现象让刚刚创业的马化腾受到了极大的鼓舞，加大了创新的脚步。而这时，QQ 也出现在了大家的视野里——作为 QICQ 的副产品。马化腾当时并不知道 QQ 的价值，甚至可以说，对于 QQ 的前景，马化腾并没有抱太大的希望。

而不久之后，网络泡沫席卷了整个 IT 界，马化腾或多或少的受到了影响，官司缠身的他，甚至想要以 60 万的价格卖掉 QICQ。但当时买家觉得 60 万元这个价位还是过高，两方互不相让，卖掉 QICQ 的计划就此告吹。

软件卖不出去，但一个机遇正在悄悄地靠近马化腾。

扶起 QQ 大旗

当马化腾拿着改了 6 个版本、20 多页的商业计划书开始寻找国外风险投资时，IDG 和盈科数码给了腾讯 220 万美元，这笔钱将马化腾和腾讯一起拉出了窘境。

这笔资金让马化腾在服务器上加强了许多，而服务器的开设让 QQ 的注册人数与日俱增。腾讯以惊人的发展速度崛起，直至 2000 年 4 月，QQ 的注册用户已经突破了 500 万大关；5 月，同时在线人数超过 10 万；6 月，注册人数已过千万。

这样的形势发展是马化腾根本没有料到的，因为几乎是同一时间，网络泡沫席卷全球，甚至大公司也不可幸免，但自己的腾讯却能够一往无前。

欣喜之余，敏感的马化腾并没有因此放松警惕，而是开始未雨绸缪，继续筹措资金，开拓服务，这让腾讯在 “互联网的冬天”气温还没有骤降时，预先获得了宝贵的市场先机和一部分的流动资金。

2002 年 3 月，腾讯 QQ 注册用户突破 1 亿大关。此时 QQ 才可谓在 IT 行业中一炮打响，有了用户的支持，马化腾也开始开拓以 QQ 为中心的各类互联网服务。

之后腾讯的道路一帆风顺，终于在 2004 年，马化腾计划让腾讯上市，扶起 QQ 的大旗。

谋定而后动的马化腾并没有选择美国的纳斯达克，而是将腾讯送进香港联合交易所主板的大门。2004 年 6 月 16 日在港上市以来，腾讯的股价一直在稳步上升，直到今日，仍然是中国市值最大的互联网上市公司。

从腾讯建立之初，到 2004 年的上市，马化腾遇见过危机，陷入过窘境，然而他却始终未曾放弃，而是从挫折中开始将眼光放得更加长远，将步伐变得更加稳健。

危机之后的生存之道

几年的浮沉，让马化腾对倾轧如潮般的市场竞争有了一定的了解，也开始变得沉稳起来。危机之后，他开始找寻能够让腾讯在这片市场细水长流的生存之道。

看准时机后，马化腾开始对市场进行了全面的猛力攻击。

上市后，马化腾一直致力于基于QQ的全面业务布局，这些业务涉及了中国互联网所有成熟模式：即时通讯、网络媒体、无线和固网增值、互动娱乐、互联网增值、电子商务，网络游戏等等。

2004年以后，马化腾开始向互联网各个方面的巨头下“战书”——开通娱乐门户直逼搜狐；开发网络游戏对抗网易；开拓电子商务与马云抢饭碗；发展搜索引擎和百度较高下……几乎只要能够想到的方面，马化腾都要去“搅和”一下，结果自然是引起了竞争对手的敌意，让他几乎成了网络界“全民公敌”。

这种锋芒毕露的生存之道与马化腾本身的低调并不相同，却也贯彻了他后发制人的经营策略。危机之后，他不愿意再收敛自己的光芒，而是将光芒现于人前，让对手头疼万分。

在一系列的举措被实施之后，腾讯的发展势如破竹，一举成为互联网行业实质性的“QQ帝国”，而作为帝国的开创者，马化腾也在2007年被美国媒体评为全球最具影响力的100个人物之一。

可以说，马化腾创造了互联网的另一种形式，这种形式让互联网和人们的生活更加紧密地贴合起来，也让腾讯在人们的生活中变得不可或缺。

面对危机，马化腾没有慌乱，而是沉着冷静，积极采取措施应对。危机给予他对市场有了更加充分的认识，也让他对未来抱有更大的憧憬和希望。在机遇降临之时，困境中的他能够以最为灵敏的市场嗅觉，一把抓住机遇，并且在市场稳稳扎根，一往无前。

危机时的蛰伏，并不代表以后的默默无闻，而是为了厚积薄发、一鸣惊人。

雷军：三色公司的惨败，铸就了我日后的成功

谁在成功之前没有几次惨痛的经历？跌倒了才能让人明白世事无常，失败了才能让人明白人情冷暖——也只有一次次的失败，才能够锤炼顽强不屈的品质，让人对胜利有更加深切的渴望，并在一次次经验的积累中向成功逐渐迈进。雷军在创业途中也经历过很多次失败，其中最为惨痛的一次当属三色公司的失败，而那次失败，却也成就了雷军，铸就了他日后的成功。

三色公司是梦想的产物

大学时期，雷军就对创业有着不小的憧憬。而那时，高科技市场方兴未艾，雷军觉得这片市场蕴含着巨大的潜力，正是他希望闯一闯的地方。

那时，他对电子科技充满了好奇与憧憬。课余时间，他总是去武汉的电子一条街上去“寻找灵感”，而他也乐于解决电子街上那些商家们遇到的一些难题。在这个过程中，雷军结识了自己的第一个创业伙伴——王全国。他们互相借鉴学习，一起解决编程难题，建立了深厚的友谊。

雷军那时候也一直没有忘记自己的创业梦想。终于在大四，机遇来临，那时候王全国的一个朋友正在电子科技领域创业，便拉着王全国一起奋斗。王全国自然而然地想到了雷军这个好友，而听到这个消息的雷军几乎没有任何犹豫，就加入了创业的行列。

在 1990 年，三色公司就这样成立了——这个名字寓意七彩的梦想，世界的未来。雷军甚至梦想，将来自己的这家公司会成为站在这个行业顶端的公司，让所有人都为之惊艳。

然而，梦想路上的危机，就在雷军的无限憧憬中，悄然出现了。

危机四伏，前景暗淡

三色公司成立以后，雷军依靠自己的交际能力，集结了一大批当时业内的精英加入到自己的团队。他们无一不对这片领域有着极大的憧憬和热情，在这样的热情的催动下，三色公司很快进入了它的运作。然而在运作途中，一个个问题却出现在雷军的视线之中——三色公司要拿什么在市场上立足？要从哪里来得到利润？又怎么持续自己在这片领域的热情？

这些问题使公司在运营初期面临了很大的困境。

虽然伙伴们都保持着极高的工作热情，但是刚成立的三色公司却始终没有接到外界的订单——直到接到一笔四五千元的单子，三色公司没有营业额的窘境才被解决了一些。但这种毫无规划的“乱闯”，让公司的启动资金也近乎枯竭——于是在困境中，雷军开始思索公司的运营方向。

在当时，大多数公司都没有什么核心技术，而只是在一些软件科技上跟风已经成形的大公司。雷军看到当时联想汉卡所创造的辉煌，也想去那个领域试一试，毕竟只要掌握了汉卡的技术，那么利润一定会是十分巨大的。

雷军的想法在团队的合作下没过多久就变成了现实。他的汉卡一经推出，在市场上销路不错，为他带来了一定的收益——但是，当技术发展到一定程度时，各种“山寨”、仿制，大批量出现，而这些抢占了雷军三色公司的市场。这一次的市场计划，雷军再次失败，虽然这次失败没有直接导致三色公司的消亡，但也为不久之后的人心涣散埋下了伏笔。

公司需要生存，却一直拿不出可以发展的产品，这使公司内部人员出现了激烈的争吵。对于公司的未来，大家都觉得需要制定一个规划，但对于未来的方向，公司的融资人员所持的意见并不相同。

公司是由 4 位融资人一起创办的，而在公司发展过程中，他们的地位，也一直没有什么排名先后。于是在这次争论中，大家各执一词，始终没有谁肯臣服退让。领导班子的“内乱”让三色公司有些举步维艰——毕竟 4 个领导者的理念不同，工作人员就没法有一个确定的工作方向。

三色公司出现了有史以来最大的危机，而这场危机，也直接导致了三色公司最后的人心涣散。工作人员对公司的未来充满了困惑，再提不起当初的热情。

走到这里，三色公司的命运也已经注定。如果继续走下去，前景黯淡不说，还会继续亏损，放弃没准还可能让自己东山再起。

失败就失败吧，雷军想，一次失败又算得了什么，失败对自己并不是没有好处，自己还年轻。他坚信，在不久的将来，他一定还会在这个领域闯出名堂。

总结教训，化“危机”为财富

三色公司的惨败，让雷军开始了回忆和反思。

首先在运营模式上，他当时只知道一味编程，在公司管理上却没有用心。一个公司没有好的管理制度和运营模式，在遇到困难或者遇到机遇时，就容易人心涣散，方寸大乱。三色公司就是如此，在危机来临之时，所有人都各执一词，自然而然就没有了凝聚力，而失去凝聚力，公司的团队效率就上不去，只能慢慢等待消亡。

其次在公司目标上，雷军太过于注重有实际产品，但却没有选好产品的专攻。公司要在市场站住脚，必须有自己的特色产品，如果公司的目标不明确，始终在走别人的路子，那么公司生存下去，就没有值得让别人一眼就可以注意到的亮点，会在市场中丧失竞争力。

再次就是在市场的预见性上，当时的雷军只注意到前人的风光无限，因此想要跟风而行，却忘了市场也在不断地变化、发展。如果只注目于别人的成果而忘了去面对市场，那么最终也难逃被淘汰的命运。只有紧跟时代步伐的东西才是最受欢迎的，应运而生的才是最受追逐的，雷军在看明白这一点后，深刻地认识到了自己之前的不足。

最后是在产品的推广上。雷军在推广三色公司的产品时并没有表现出对市场的信心，而这片市场本就已经被开拓出来，雷军的态度是让它自生自灭。但一个品牌想要树立，推广必不可少，只有将品牌推广了，自己的产品才会更加深入人心。

雷军经过这一系列的反思，对前路突然充满了信心。之后，他便开始了经验的积累。而之后，他终于创造了一个属于自己的传奇——“小米”。

有时候，“危机”会是一笔不菲的财富，只要能从“危机”中走出来并且吸取经验教训，成功自然会在不远的前方悄然降临。

周群飞：危机时，我被迫卖房给员工发工资

从一个初中就辍学的“打工妹”到成为中国新一代“女首富”，周群飞的成功之路走的似乎比常人更加坎坷。她经历了外界对其“小三、二老板娘”的诽谤，有过因为供货商食言而跳楼的冲动，还有过合伙人突然撤资而贱卖自己房子给工人发工资的经历。在生活赐予的百般考验下，她以不服输的韧劲顶住这些压力，毫无意外地成为“中国第一手机玻璃大王”。

心胸是被委屈和痛苦撑大的

提起周群飞，大家对她的第一印象可能就是特别能吃苦，一直不甘心屈于人后。为了能够出人头地，周群飞从小便喜欢学习各种谋生技能。毫无疑问，她的这种个性和她从小的经历是分不开的。

1970 年，周群飞出生在湖南省湘乡市 60 公里外一个群山包围的小镇上，五岁的时候母亲去世，父亲又因为谋生需要，在做炸药的时候发生意外被炸

掉了两根手指并且双目失明。命运似乎没有给幼年的周群飞留下一点快乐的往事，还没做好准备的她就不得不担负起了持家的重任，从此上山砍柴、砍竹子、打猪草、养猪、放羊、喂鸡等就成了她生活的重心所在。

在周群飞的印象里，父亲对他的人生影响是最大的，无论是学习做人方面还是学习谋生方面。她说："我父亲坚持一个人养大我们三个孩子，他从小就教我们很多做人的道理。我很小的时候，他就请人教我念三字经，要我抄写《增广贤文》。坦白讲，那个时候可能根本不知道意思，到后来明白了，父亲是要教我怎么做人、怎么做事。"与此同时，父亲的勤奋好学也教会了周群飞不服输。当时虽然家里贫穷，但是父亲一直很乐观，他常常拜各行业的老师学习各种谋生技艺，并带着周群飞的哥哥帮邻居修理收音机、修电器、甚至还缝缝补补、做手工活来赚钱养家。父亲还曾告诉周群飞："得意时不要太得意，失意时不要太失意。"这句话对周群飞的影响很大，以至于在后来创业过程中多次遇到危机，他都意志坚定地挺了过来。

后来初中辍学的周群飞来到广州打工，进入深圳伯恩光学，从此开启了她与"玻璃"的不解之缘。周群飞进厂两年后，就凭借自己的聪明机智成了厂里的管理人员。到了1990年，一个意外的机会让周群飞在厂里脱颖而出。那时候，玻璃厂扩建，厂房建到一半停工了，老板准备撤资，20岁的周群飞天不怕地不怕地找到老板，说："让我试试吧，成了工资随你定，失败了，我给你打一辈子工"。老板被她的胆识所折服，给了她这个机会。周群飞不负期望，认真经营。后来，这个工厂成了公司效益最好的厂。

1994年，24岁的周群飞与人生中的"伯乐"——伯恩光学的香港老板李金泉回湖南老家结婚。二人年龄相差十六七岁，李金泉又离过婚，一时间，周群飞辛苦付出所获得的成就，在媒体的宣传下成了"小三上位"过程中老板的赠予。面对这些流言蜚语，有人选择相信，有人选择为周群飞打抱不平，而周群飞自始至终都没有放在心上，只是轻描淡写的回应一句："心胸是被委屈和痛苦撑大的，假若当年真是那样，我还用得着这么打拼吗？谣言止于智者。”

作坊起家，贱卖房子发工资

周群飞最先进入的玻璃行业是手表玻璃，成就她一生辉煌的却是手机玻璃行业。虽说都是玻璃行业，但是二者在生产过程中的技术及工艺流程却有着天壤之别，在从手表玻璃向手机玻璃转行的过程中，她体会到了巨大的压力和行业竞争的激烈与残酷。

1993 年 3 月 18 日，年仅 23 岁的周群飞决定单干，于是召集姐姐、姐夫、哥哥、嫂子、3 个堂姐妹一行人在深圳宝安区租了一套三室一厅的民房，拿着仅有的两万元作为启动资金，开启了她的创业生涯。

这段时间是周群飞创业过程中最艰难的时间，没有钱请工人，只能带领全家一起干，又没有多余的钱租房住，那个三室一厅的套间就成了他们的“工厂兼宿舍”，女的睡在主卧，男的睡在小卧室，客厅就是印刷、成品检验及包装车间。

有了远大理想的支撑，再苦的日子在周群飞的眼中也是甜蜜的，以至于多年以后回忆起这段创业岁月，周群飞说：“1994 年，郑俊龙加入，他负责买材料、接单、送货；我哥哥帮忙做工装夹具；姐夫负责镀膜；姐姐负责包装和成品检验；堂妹分工丝印和质量检验。大家每天忙到凌晨两三点。虽然辛苦，但利润可观，印刷一片玻璃，可得 1.5 元代工费，一个人一天可印 7000 片。”

说来可笑，周群飞加工作坊的设备升级，居然是通过港台付不起加工费的客户用设备抵押给她来实现的，她迅速地抓住了这个机会，又出资购买了几台研磨机、仿形机，同时在宝安区找到了一间小厂房，开始了手表玻璃切割、修边、抛光、印丝、镀膜等全线流程。那时候，她一下从单纯的为手表玻璃进行丝网印刷升级成手表玻璃供应商。那个年代是国内钟表业的起飞阶段，周群飞的玻璃表壳生意也借着这股东风在行业内混出了点名堂。

2001 年，周群飞第一次接触到了真正成就她的行业——手机玻璃业。雷地科技公司老板接到了TCL公司一批翻盖手机面板的订单，老板兴奋地叫来周群飞等几个朋友聚餐，并将生意分工，周群飞负责加工手机面板。当时的手机面板容易出现划痕，不耐高温、易变形。周群飞利用自己在手表玻璃行业的加工经验，创造性地将手表玻璃工艺运用到手机玻璃的生产当中，也就是用玻璃屏取代了当时人们常用的有机玻璃屏。周群飞曾自豪地说："最先使用我们玻璃屏的手机是TCL3188，就是韩国女星金喜善当代言人的那款。"

周群飞的成功尝试引起了手机玻璃的革新换代，也为蓝思科技带来了更多的生意。2003年，周群飞以技术和设备入股与人合伙，在深圳成立蓝思科技公司，专注于手机防护视窗玻璃的研发、生产和销售。

周群飞知道转行之后的市场比较难做，但是难做到什么程度却没有预料到。当蓝思科技接到一批来自摩托罗拉的大订单后，对方提出了很高的技术要求——玻璃屏在一定高度自由跌落后不会破碎；手机在使用中，如果玻璃破碎也不会伤人。周群飞和技术人员经过三天三夜的反复试验，终于作出了符合要求的样品，就在这个关键时刻，周群飞的合伙人将200万元投资全部撤回，周群飞一下陷入了万分无奈的境地。为了不中途误工，她只好贱卖房子来发员工工资。

有首歌唱得好，"不经历风雨怎么能见彩虹"。跨过重重困难之后的蓝思科技已经成为全球触控功能面板最大的供应商，2014年占到全球50%以上的市场份额，营业收入逾140亿元，净利润11.8亿多元，员工发展到8万多人。再回首当初的艰难岁月，周群飞用脸上轻微的笑容来化解当初的辛酸。从她的身上我们应该学到，起点低不算什么，遇到危机也不算什么，只要有一颗一心向上的恒心，没有迈不过去的坎坷。

雷军：天使投资只投熟人，不熟不投

与大多数出色的商人一样，雷军并没有把所有的资产放在自己所运营的小米公司之中，而是拿出一部分资金去投资理财。在投资这片领域，雷军绝对算得上是一个专家，他独特的视角和投资原则让他在投资这条路上演绎出了自己的精彩。

投资不等于创业

雷军是投资场上的赢家，可他却始终没有将重头戏压在投资之上。在他看来，投资市场是风险与回报并存的，赢则一本万利，输则一败涂地。

现代市场发展极其迅速，其中隐藏的商机十分巨大。在这种商机之下，创业项目也就层出不穷。而这些项目，有些经过风雨锤炼能够茁壮成长，但大多数会最终埋没在历史的洪流之中。

项目发展需要资金，而这些项目也吸引了一大批投资人融资。但这种融资的方式却存在很大的风险，对于投资者，他们的命运和创业者紧紧地绑在了一起，一荣俱荣，一损俱损。这就如同股票的投资一般，如果运气好遇到一支潜力股，就能够获得一笔不菲的收益，但如果错投，就可能赔得血本无归。

现在很多人把投资看作一种发家致富的捷径，更有甚者还做着坐享其成的梦。但其实，投资这种形式看起来比创业轻松许多，但其中的险阻，只有在投资之路中混迹许久的人才能理解。

雷军也强调过，从 1992 年作为程序员加盟金山到现在，他一直都是一个产品经理。他在微博签名介绍上写着："小米董事长、金山软件董事长。业余爱好是天使投资。”他很清楚投资的风险，因而更加脚踏实地坚持自己的事业，只把投资作为辅助。

投资并不等同于创业，市场有风险，在选择投资这条路时，我们需要有十分谨慎的态度，不能把投资的作用看得太重，要时时考虑需要承受的代价，而不能因为幻想中的利润就在这条路上瞎闯瞎撞。

天使投资需要信任，不熟不投

“试问我对你知之甚少，为什么要给你投钱？”雷军作为天使投资的一位资深“天使”，在投资上通常只选择相熟的人。

作为IT界闻名的小米公司的董事长，雷军自然也积累下了不少的人脉——“我在中关村干了二十多年，金山又是中国最早的互联网公司之一，就算创业者不认识我，也有可能认识我的朋友。”而这些人脉，也成为了他投资的首选考虑。

雷军好友中有很多都受到过雷军的帮助，对于这些投资，雷军说道：“都是朋友间的帮忙，就把我当成一个热心的大婶就好啦。”

投资者与创业者相熟，在投资的各项法规并不十分健全的情况下，他们之间也会连起一条信任的纽带，而这种信任可以减少投资时投资者心里的负担：“赔了我就支持了创新，赚了我就中了六合彩。”

雷军投资熟人还有另外一个出发点——为了回报朋友们在他创业时给予的支持。在他创业之时，他的朋友柳传志曾给予他450万元的资金，解救了当时正处于水深火热之中的金山公司，才成就了他如今的辉煌。

曾经受到过帮助，他自然明白在创业遇到困难时的雪中送炭对于创业者意味着什么。如果这笔资助帮创业者度过危难，那么创业者在成功之后将会加倍的将这份帮助回馈给自己，给社会。

“做天使投资，帮助创业公司完成梦想，是我回报所有帮过我的人的最好的方式。”

投资之时，只有拥有信任，才可以让投资的风险变得更加渺小，让投资在未来，为自己甚至社会带来更大的益处。

天使投资需要眼光，不稳不投

“天使投资并不是做慈善。”雷军曾经这样评价他做过的投资。即使他经常非常慷慨地用资金支持朋友的创业，然而在选择项目之时，他还是有着一定的准则。

他在投资时不会选择一个自己不熟悉的方向——在自己不熟悉的领域投钱，雷军认为这种行为无异于往饿狼口里投食，能取到狼皮的可能性十分之小。在选择项目投资时，雷军主要考虑三个领域：电子商务、移动互联网和社交。

现今社会，电子科技发展迅速。在电子科技领域中已经打下一定基础的雷军对这片市场有着很深的了解。之前的创业经历让他感觉这片市场的价值非常可观，因此在选择投资时，他会将目光放在这片市场之上。

电子商务被阿里巴巴公司开拓之后，无数公司也开始争先恐后地想要开拓这片市场，市场前景可谓一片光明。雷军看到了这个领域的价值所在，开始选择自己希望投资的创业者。最终，在他的投资之下，凡客、乐淘等现在众所周知的电子商务品牌迅速崛起，并成就了一番事业。

移动互联网随着移动端如手机、平板在民众之中的普及，发展也极其迅猛。在这片市场上投资，能够获得的利益可想而知。UC、乐讯等在民众中使用率最广的浏览器能出现在我们的视野，雷军也功不可没。

社交作为人们生活中不可或缺的一部分，蕴含的商机也极大。而雷军在这一领域中选择了多玩。他的投资让多玩在很多方面作出了创新，而多玩公司的YY语音也以它的高音质通话在社交工具的领域占据了非常重要的角色，直逼腾讯QQ。

天使投资无疑给雷军带来了极大的回报，这受益于雷军投资时的谨慎。

在投资时，雷军通常考虑这个项目是否具备 4 个条件：大方向很好、小方向被验证、团队出色、投资回报率高。这种考虑表现了雷军在投资之时长远的目光。

投资需要目光，我们需要眺望市场前景，把握市场规律，确定创业者水平，最后再谨慎投资。只有这样，我们才能够合理规避市场的风险，力求稳定，以最小的代价获得最大的利润。

Part 10

资本运作能让你实力大增——首富的“资本课”

资本运作是一门学问，也是一门艺术，它就像一架隐形梯子架在地狱与天堂之间。若资本运作得当，则投资人经济实力大增，就会沿着梯子爬到天堂；若资本运作失败，投资人就会跌入万劫不复的地狱并赔上相当一部分身家。而且，在资本运作的过程中，没有演习，只有实战，首富们也正是在这“血流成河”、“生灵涂炭”的资本运作竞技场上完成了财富的积累。

比尔·盖茨：别把鸡蛋放在同一个篮子里

比尔·盖茨无疑是站在世界“商业金字塔”最顶端的优秀商人，而作为全球首富，其资本运作上的手段必不可少。如何让有限的资本创造出最大的收益，更是一门深奥的学问。比尔·盖茨在资本运作上的造诣颇高，他的一套方法不仅适用于资产丰厚的大型企业，对于刚刚成立的小企业而言，也有着借鉴意义。

广撒网，多捞鱼

现如今，微软可以称得上是名副其实的软件帝国，它为人所熟知的是软件 MS-DOS、Windows、Office 等，这几种恰恰是微软以及整个 IT 界生存不可缺少的基础。而这些软件的普及以及在人们生活中的不可或缺，都要归功于比尔·盖茨精明的投资策略。

在20世纪80年代，计算机热并没有风靡全球之时，微软就将眼光放在了应用软件之上——比尔·盖茨希望以计算机自身硬件条件为基础，开发出更贴合用户需求和操作的简单友好的软件。然而想要这方面获得成功却并非易事，在IT史上，比尔·盖茨所构想的软件并没有先行的模型。如此一来，该向哪方面重点进攻，就成了开发这些软件的一大难题。

在1981年的微软年度会议上，新来的程序员查尔斯·西蒙斯用生动的语言提出了软件开发的重要性之后，又提了一些自己对未来的构想——在未来，软件会充斥在人们生活的方方面面。

这番话让比尔·盖茨豁然开朗，之前百思不得其解的难题，他突然找到了答案。未来软件发展的前景将不可估量，而谁都把握不好未来市场的风向，那何不广撒网，多捞鱼呢？如果微软能让自己的软件在民众生活的方方面面得以发展，那么销路和口碑在市场之中必然不会差。

于是，萌生这个想法之后，比尔开始扩大投资，将资金极大程度地投向各个方向的软件开发中。

首先，他加大了在操作系统上的投资力度，用更多的资金去聘请更为优秀的团队，集思广益，创造出了在操作系统历史上有里程碑意义的Windows；而后，他又根据操作系统，投资开发出了一系列办公生活软件，如现在人们使用的word、excel等等；最后，他又与各大世界顶尖公司融资，将自己开发出的Windows和DOS捆绑在一起，并推送给全世界计算机领域的工作人员。

在产品面世之前，比尔·盖茨的投资无疑是极其巨大的：无论是团队还是创新费用，对微软这家刚成立的公司，负担都不可谓不大，然而这种投资的收益却也出乎人们意料的好。

在对未来市场未知的情况下，时刻保持清醒的头脑和谨慎的投资态度十分重要——而这种“广撒网、多捞鱼”的投资方法，可以合理地避免单方面投资的巨大风险，同时在项目运营时及时发现优劣，取其精华，去其糟粕。

这种方式对于准备创新的公司而言是十分可取的。风险无处不在，只是在风险来临时，这种方式能以最小的损失创造比风险更大的收益。

锁定目标，各方面击破

投资当然不能只是一味的“全面覆盖”，如果投资没有侧重点，那么最终也难免以失败而告终。比尔·盖茨在创业之时已经意识到了这一点，他清楚地知道，只有抓住消费者心中最需求的东西，才能够开拓出属于自己的软件市场。

“广撒网”不过是对市场一种探测性的先行投资，而在得到市场反馈之后，他将会把自己的投资专攻向消费者最需要的一方面。

1985年，还是一家小公司的微软获得了与IBM合作的机会，并且参与了OS/2的开发。这种操作系统的开发让比尔·盖茨看到了市场发展的前景——图形界面操作系统在IT的发展前景无疑十分的巨大。

于是在与IBM融资制造OS/2之时，比尔·盖茨将目标锁定在了开发属于自己的图形界面操作系统之上，Windows也就在那时候渐渐走入了人们的视野。

而在合作开发OS/2的过程之中，比尔·盖茨运用他出色的商业头脑和交际手段，将合作的截止日期无限虚化，并且很快吸取了OS/2之中的精华之处。于是对于Windows的开发，比尔·盖茨表现出了极大的信心和决心。

他开始将公司资金投入Windows生产的各个方面之中，聘请了一大批技术精湛的软件工程师，并将自己的想法告诉他们，给予他们最基础的系统架构——于是，一场基于操作系统的技术革新就此开始；而后，他又投资优化了自己的管理团队，营销团队，来保证自己的产品面世时能够充分得到市场的响应；他甚至考虑到了这个系统的捆绑销售，将大量资金投入基于操作系统的实用软件的开发之上。

比尔·盖茨的投资目的性十分强，他将整个开发环境直接与市场需求相连，手段雷厉风行，而在终于开发出 Windows 之后，他也有了与 IBM 并肩相谈的资格。

在 Windows 3.0 面世之后，微软便在 IT 界掀起了一场狂潮，这种“简单、友好”的操作系统很快便得到了无数民众的追捧。事实证明，比尔·盖茨这种“锁定目标，各方面击破”的投资策略无比的正确。

这种投资开发策略，在之后微软和各大竞争对手的商战之中也屡试不爽。

然而这种投资方法看似一本万利，想要真正实施起来，却也需要十分谨慎的态度。

商场风云诡变无常，面对对手时时施加的压力，我们需要保持时刻高度的警惕和敏锐的市场嗅觉，并且看清市场的本质，再有目的地融资、投资。投资时，我们需要锁定一个大目标，同时要清楚地知道这个目标下蕴藏的巨大产业链，再在各个产业链的关节上加以击破，最终让投资达到精准无误，完美贯穿于投资产品的整个产业链中。

“锁定目标，各方面击破”也是一种“面向全局”的投资方式，结合“广撒网，多捞鱼”的投资方式，比尔·盖茨的投资显得目的明确，覆盖率广，同时，也让竞争对手在这种投资下找不到自己的漏洞，从而让自己在商场上立于不败之地。

永远不要把鸡蛋放在同一个篮子之中。任何投资都蕴含着极大的风险，在资本运作之中，需要以最为谨慎的态度来面对将要进行的投资，只有眼光全面，侧重明确，才能将投资的风险性降到最低，使盈利达到最高水平。

沃伦·巴菲特：在别人恐惧时进发，在别人贪婪时收手

细读沃伦·巴菲特的经历，可以看出，他的成功绝非偶然，在暗潮汹涌、经济形势瞬息万变的金融领域，沃伦·巴菲特的成功秘诀只有四个字：特立独行。因此，当金融市场繁荣很多投资者都忙得热火朝天准备大显身手的时候，我们很难从人群中找到巴菲特的影子；反之，当金融市场萧条，很多人都心惊胆战地收回资金时，巴菲特却出乎意料地开始施展拳脚。

在别人恐惧时进发

跟风一直是投资领域最常见且又最忌讳的现象，然而，当金融危机来临，很少有人能够压抑住自己趋利避害的本能，在这个时机选择冷静对待。关于这一点，沃伦·巴菲特绝对是个特例。5 岁时就敢在家门口摆地摊兜售口香糖，11 岁就敢纵身股海买入人生第一支股票，中学时就能够带领小朋友挣取外快，种种事迹预示着他对于经济和数字的钟情和敏感异于常人。

在利益的驱使下，媒体似乎更倾向于将巴菲特描述成一个股神，而鲜有人讲述他在别的行业所作出的漂亮成绩。比如，保险业。

20 世纪六七十年代，美国处在社会大变革时代，民权运动、女权运动、反战运动、反文化运动等政治运动开始萌芽，对经济产生的影响很大。此时，大部分投资者都不敢贸然行动，而巴菲特却大手一挥，进军了保险业。从 1967 年巴菲特通过伯克谢尔·哈撒韦购入国立赔偿公司，买入第一家保险公司开始，他就一发不可收拾地购入了好几家保险公司。其中就包括政府就业保险公司、通用再保险公司。前者是可以绕过中间代理商直接将保险卖给客户的直接汽车保险承保商，由于它的经营模式简便，因此投保成本很低。目前，

这家政府就业保险公司拥有1000亿美元的汽车保险市场，业务中的很大一块份额在美国保险市场具有举足轻重的地位。而通用再保险公司也早在1998年完成了160亿美元的兼并，成为全球范围内最大规模的超级灾难再保险商。

随后4年，美国经济开始出现大规模的滞胀现象，生产下降和失业率猛增的同时，物价却没有下跌。在这种经济环境下，股市也不可避免的出现震荡，持续的不景气状态使很多投资者望而却步。而此时，巴菲特却剑走偏锋，在别人不理解的目光中，于1973年购入《波士顿环球》和《华盛顿邮报》，这次投资又给他的资本运作成绩单上画上了漂亮的一笔，使他在10年之后获得了1.9亿美元的丰厚回报。80年代，美国经济在政府的调整下逐步开始好转，但是鉴于70年代的恶劣影响，很多人仍然不敢贸然进行投资。巴菲特又当机立断，以1.2亿美元购买了可口可乐7%的股份，当时买入的价格是10.96美元每股。5年之后，可口可乐公司通过改变经营策略，投入生产饮料，使公司股份单价上涨至51.5美元，每股翻了5倍。巴菲特的这次投资，无疑又为他带来了令人瞠目的回报。

在巴菲特的投资生涯中最冒险最大规模的一次投资，要数2006年巴菲特首次进军海外的这次投资——购入一家总部不在美国的企业。可以看出，当以色列国内发生恐怖袭击，很多投资商人都隔岸观望，纷纷撤离投资时，巴菲特依然坚持“在别人都恐惧时选择进发”的投资理念，以独到的眼光看待事物。据悉，这个被以色列奥尔默特政府称为“天大的好消息”的投资，仅仅交易税金就高达10亿美元，相当于以色列年平均税收的2.5%。以色列一家金融公司的首席经济分析师达尔在接受记者采访时也表示：“他（巴菲特）在以色列投下如此大笔资金，他显然知道我们将会从中获得什么样的信息。这种信息的公开将会令以色列的经济和金融市场受益良多。”

在别人贪婪时收手

巴菲特的特立独行还表现在“当别人贪婪时选择收手”。20世纪70年代经济危机前的那几年是美国经济发展牛气哄哄的时代，上至政府要员，下至普通百姓都陷入了疯狂的投资时期。确切来讲，与其说是投资，不如说是投机。那段时间，高科技股票、新型产业股票价格背离价值疯狂上涨，手中有资金的投资者在利益的驱使下沉醉在争先恐后的氛围中。被利益冲昏头脑的投机者，忘记了“风险”一词在投资行为中的存在，贪婪的情绪占据上风，哪里还顾得上股票价格的高低。对于他们来说，只要能买到手，就能赚到钱。这种盲目乐观的预期，使他们认为股票价格还有很多上涨的空间。

当然，不可否认的是，在这场投机中，只管追逐市场，不考虑任何投资因素富有起来的人并不少。但是，真正的投资大师巴菲特却是很理智的。他深知，背离实际价值的股市注定长久不了。在别人陷入贪婪的时候，他通知了合伙人要隐退的消息。果然没过多久，美国股市急转直下，牛市和熊市很快进行互换，一场大的股灾酝酿成型，巴菲特却因及时收手而幸免于难。

耐心的人笑到最后

若把投资者的投资行为比喻成一场竞争激烈的拉锯战，那么能够在投资中获得收益的人往往是最有耐心的人。历史上金融市场低迷的情况时有出现，这种现象完全符合市场周期的规律。当投资者感到迷茫时，巴菲特给出的建议是：后撤一步，先回顾历史，再展望未来。

在2008年，全球金融危机最严重的时期，巴菲特在给《纽约时报》写的一篇专栏中强调：纵观历史，大萧条时期才是选择投资的最佳时期，坏消息才是投资者的挚友，有了它，我们才能够以超低的成本买入美国的繁荣未来。他的这种观点类似于我们常说的否极泰来，当不好的事情发展到了顶点，那么，接下来就只能往好的方向转变了。在20世纪，尽管美国经历了两次世界大战、数次大规模军事冲突、若干次经济衰退、油价震荡、流感疫情、甚至总统因丑闻辞职等事件，但是道琼指数还是从66上涨到了11497。

善于归纳和总结是帮助投资者作出正确投资行为的重要法宝，从巴菲特的这些话中，我们至少能读出两条重要信息：第一，市场终究还是要承受住危机考验的，不管现在的形式有多糟糕；第二，要选择能够提供丰厚回报的公司做长期投资。

最终，我们会发现，无论现在的经济处在繁荣发展阶段，还是萧条复苏阶段，最终笑到最后的都是有耐心的投资者。

乔治·索罗斯：没有人比我赚得更多，也没有人比我赔得更多

若干年来，人们从没有停止过对于乔治·索罗斯的争议：有人说他是资本运作的天才，能够顷刻之间使身价倍涨；也有人认为他是资本运作的魔鬼，利用自己在金融领域的独特天分在资本运作市场兴风作浪，搜刮国家及投资者钱财，掏空了成千上万人的腰包，使他们一夜之间变得一贫如洗。不管人们是褒是贬，其实都是对索罗斯资本运作能力的肯定。

然而，在变幻莫测的金融市场，没有哪个人能作为一棵“常青树”一直稳赚不赔，成功背后总是有巨大的风险，精明如乔治·索罗斯也不能回避市场时而给出的教训。对此，索罗斯说过：“没有人比我赚得多，但是也没有人比我赔得多。”

量子基金成立

1930 年出生于匈牙利布达佩斯的乔治·索罗斯，经历了幼年时的天灾人祸，逐渐成长为一个有主见、感冒险的青年。在他的成长生涯中，性格坚强、精明能干的父亲对他的影响很大，可以说早年父亲对索罗斯所灌输的“淡泊名利”的思想，是后来索罗斯不太重视财富积累，热衷于慈善事业的主要原因之一。

1949 年，19 岁的索罗斯已经厌倦了只能靠打零工维持生计，这种毫无乐趣可言的生活，决定通过学习来改变自己的命运。于是，他进入了伦敦经济学院师从 1977 年诺贝尔经济学奖的获得者约翰·米德。但是相比较约翰·米德的经济理论课程，索罗斯更喜欢英国哲学家卡尔·波普的哲学课程，卡尔·波普对索罗斯的鼓励及引导，对于索罗斯在金融领域独创的"索罗斯投资理论"打下了坚实的基础。他能够帮助索罗斯严肃地思考世界运作的方式，并且尽可能地从哲学的角度解释这个问题。

毕业之后，获得伦敦经济学院哲学学士学位的索罗斯，很快成为一名金融投资公司的交易员，从此开始了在金融领域翻江倒海的投资生涯。1960 年，索罗斯通过细致的分析和研究，推荐别人买安联公司的股票，后来该股票价值翻了 3 倍，索罗斯因此而名声大振。1967 年的索罗斯已经是一位出色的投资分析师，他运用自己在学校所学到的经济及哲学知识，还有在投资中总结的经验，客观地把握金融市场的动态，判断世界上各类金融或者政治事件对全球金融市场的影响，成功地说服老板建立两家离岸基金——老鹰基金和双鹰基金。由于索罗斯此前的出色表现和天才判断，老板将这两家基金全部交由索罗斯操纵，最终盈利颇丰。

一直为他人做嫁衣的过程是痛苦的，索罗斯已经成长到能够独当一面的阶段，1973 年索罗斯离开了原来公司终于创建了自己的基金管理公司，也就是后来的量子基金。

投资美国公债失败

量子基金最初运作时整个公司只有 3 个人，索罗斯是交易员、罗杰斯是研究员，还有一位秘书。毕竟是自己的公司，索罗斯开始自负盈亏，因此他们比以往更加认真细致。索罗斯和罗杰斯征订了 30 种商业刊物，收集了 1500 多家公司的财务记录和年度财务报告，来选择优质的投资对象。

索罗斯和罗杰斯的配合相当默契，他们很善于抓住每一次投资机会。

1972 年他们瞄准银行，从银行很糟的信誉中看到了潜藏的发展潜力，于是二人果断的大量介入银行股票。后来，银行股票果然大幅上涨，他们从中获得了 50%的利润。

1973 年，索罗斯又从当时埃及、叙利亚和以色列的战争中想到了美国的武器装备问题，和美国国防部及美国军工企业商谈。从谈论中索罗斯意识到又找到了一个投资的机会，于是量子基金开始大量投资诺斯罗普公司、联合飞机公司、格拉曼公司、洛克洛德公司等握有大量国防部订货合同的公司，这次投资毫不例外地又给索罗斯带来了丰厚的回报。

此后几年，索罗斯多次在资本运作过程中收获漂亮的成绩单，索罗斯的量子基金大幅增长，到 1980 年 12 月 31 日为止，索罗斯基金增长 3365%，已经增加至 3.81 亿美元，索罗斯俨然成了亿万富翁。也正是这一年，合作了 10 年之久的好搭档罗杰斯离开了索罗斯，索罗斯倍感失落。

此后不久，因为失落而不在状态的索罗斯经历了他人生中的一次大失败，这次失败几乎摧毁了他此前积累的所有信心，一度让他想要离开金融市场。

当时他根据美国市场行情判断美国公债会大幅的升值，于是不惜从银行贷款来大量购入美国长期公债。但是索罗斯料到了开头，并没有料到结尾，80 年代后的美国经济逐渐呈现出繁荣之势，银行利润的上升速度很快就远远地超过了公债利率。索罗斯的这次投资，公债每股损失三到五个百分点，量子基金利润直线下滑，一度跌至 77.1%，那些一直追随索罗斯的投资者开始弃他而去，带走了公司运营中约一半的资产。索罗斯陷入了一种前所未有的挫败感中，那种被全世界抛弃的感觉，让他很难重拾投资的信心，他一度想退出金融市场，过一种安静的生活。

投资美国证券惨遭滑铁卢

幸好，1981 年那次投资失败给索罗斯带来的阴影，被索罗斯此后投资带来的丰厚利润逐渐消除。在索罗斯独创的投资理论指引下，1987 年索罗斯又进行了一次大胆的投资。

按照经济发展周期，盛极必衰、衰极必盛的理论来看，经济在繁荣期过后就会进入衰退期。当时的日本股市由于投资者疯狂的炒作而不断升温，股票价值严重背离公司的实际价值，市盈率一度高达48.5倍。索罗斯断定日本的证券市场已经走到了“盛”的极端，必将走向崩溃。再看国内的证券市场，仅为19.7，和日本相比要低得多。如果投资美国证券，从理论上说，风险要小于日本证券市场，而且美国的证券还有上升的空间。于是，1987年9月索罗斯开始转战美国证券市场，把几十亿美元的投资从东京转移到了华尔街。

然而，事情没有按照所预料的发展，美国证券市场竟先于日本证券市场崩溃，到了同年10月，美国纽约道·琼斯平均指数狂跌508点。随后的几天里，纽约股市还是没有转机，一路下滑。已经感觉到不妙的索罗斯立即抛售手中的几个长期股，在与别的交易商一番较量之后，期货的现金折扣降低了20%，索罗斯一天损失数额高达2亿多美元，在这次灾难中共损失约8亿美元，量子基金净资产跌落幅度超过美国股市17%跌幅的9.2%。索罗斯的大手笔造就了他的大失败，这次金融灾难，索罗斯是整个美国的最大失败者。

除此之外，20世纪90年代中期，索罗斯还在做空德国马克和日元的时候犯了两个致命的错误，以至于损失资产近6亿美元，这次投资也是索罗斯投资生涯中的一次大败笔。

纵观索罗斯的投资生涯，幸运之神并非一直垂青于他。尽管他在金融运作领域取得了富可敌国的成就，但是，再出色的投资者也有决策失误的时候，关键在于经历过失败的痛苦之后，要以什么样的心态面对，以什么样的方式重新开始。像索罗斯这样，成功时不骄傲，失败时不灰心，宠辱不惊的心态才是值得投资者学习的。

史蒂夫·乔布斯：我和我的“皮克斯奇迹”

说起皮克斯，也许会觉得有些陌生，但说到它所生产的动画电影，那肯定是无人不知、无人不晓。从《玩具总动员》到《海底总动员》，从《瓦力WallE》到《飞屋环游记》《超能陆战队》，皮克斯创作了一个个家喻户晓的动画作品，塑造了一个个深入人心的角色，也将欢乐、感动、深思和激情一次次带给了我们。而更为奇迹的是，皮克斯制作的每部动画长片所取得的全球票房都在3亿美元以上，这已经很可以用“不败神话“来形容了。皮克斯是一个神话，苹果也是一个神话，而他们的共同灵魂——乔布斯，更是一个神话。

起点：皮克斯

1985年，乔布斯在苹果的日子已经处在水深火热之中了。在一次和朋友艾伦·凯散心时，艾伦向乔布斯建议去拜访自己的朋友埃德·卡特穆尔，谁也没想到正是这个可能无心的建议，开创了一个创造各种奇迹的时代——皮克斯。

当时的埃德·卡特穆尔是乔治·卢卡斯电影制片厂电脑部门的负责人，而乔布斯在拜访之后，对于他的部门所展示的技术深感震惊。更巧合的是，当时卢卡斯因为离婚案而打算将这个电脑部门卖掉。乔布斯曾建议苹果的高层将其买下，但遭到了拒绝。据乔布斯回忆说，“我感到很震撼，回公司以后就试图说服斯卡利把它收购下来。但是管理苹果公司的那帮家伙对此不感兴趣，而且他们正忙着把我赶出去”。

乔布斯决定自己出资将这个部门收购。“我之所以想收购这个部门，是因为我真的很喜欢计算机图形。”乔布斯后来回忆道，“看到卢卡斯影业电脑部门的创作时，我意识到，在融合艺术与技术的领域，他们走在了其他人前面，而这个领域一直是我的兴趣所在。卢卡斯团队正在研究的问题需要非常强大的计算处理能力，这使我意识到他们必将引领历史。我喜欢这样的发展方向”。

最终乔布斯以1000万美元的代价将那个电脑部门变成了独立公司，并持有70%的股份，且最终公司命名为“皮克斯”。

乔布斯一开始希望能将皮克斯电脑推广到普通百姓，但消费者对这种电脑所能制作出来的图像并没有很大兴趣，皮克斯电脑注定只能为专业的团队使用。当时有一家企业表达了自己的兴趣，那就是当时濒临破产的迪士尼。一个事业的成功往往需要天时地利人和，迪士尼新上任的CEO希望通过重振动画部门来挽救公司，而这时的皮克斯又恰恰能提供这方面服务，于是在双方协议后，皮克斯为迪士尼量身定做了一款软硬件套装，名为CAPS,即电脑动画制作系统。也就是从这一刻起，一个动画的王朝翻开了它崭新的一页。

四大奇迹

在迪士尼与皮克斯合作的20余年间取得了无数辉煌的成果，可以用硕果累累来形容。而将这20余年的成果归结起来，可以总结为四大奇迹。

一是技术方面的奇迹。动画片的发展史上有过3次大的创造性突破。《米老鼠》将动画片从无声转变为有声，《白雪公主》将动画片从黑白转变为彩色，而皮克斯所创造的第一部长片动画《玩具总动员》，则是将动画片开创了3D领域。这次创造性的突破一举取得了丰硕的成果，《玩具总动员》不仅刷新了动画电影的票房纪录，成为当年美国票房冠军，并且使导演获得了奥斯卡特殊成就奖，还使得乔布斯一举拥有了10亿身价，而这些创举仅是皮克斯奇迹的开始。

第二个奇迹则有些令人惊叹了。皮克斯在20多年内一共推出了14部长片动画，然而每一部动画却毫无例外地全部取得了票房的大丰收。最低的

《玩具总动员》全球票房虽然看似“仅仅” 3.62 亿美元，但这是在 1995 年的时候，如果放在如今，可能会远远不止这个数字。皮克斯的票房神话一直如同常青树般经久不衰，其中最令人叹为观止的便是 2003 年的《海底总动员》与《玩具总动员 3》，前者一举打破了当年《狮子王》创造的票房纪录，而后者则继续刷新了这个记录。《玩具总动员 3》最终高达 11 亿美元的全球票房，就像一枚钻石勋章彰显着这个不老神话的延续。未来是否会有更高票房的动画出现？让我们拭目以待吧。

第三个奇迹则与那份电影节的最高荣誉有关，也就是传说中的奥斯卡奖。但这个对于一般电影人来说可望而不可及的荣誉，对于皮克斯的长片动画来说，却如同家常便饭一般可以轻轻松松获得。皮克斯的 14 部长片动画竟一共获得过 27 座奥斯卡奖，其中甚至还包括一个四连冠——2008 年到 2011 年《料理鼠王》《机器人总动员》《飞屋环游记》《玩具总动员 3》无不例外地摘取了奥斯卡的桂冠。这似乎在向全世界宣告只要是来自皮克斯的长片动画，那就是票房的保障。

第四个奇迹则是风格上的奇迹。皮克斯坚持的是原创，而不是照搬现有的故事。《海底总动员》的导演安德鲁·斯坦顿说：“原创故事是制作动画电影过程中最困难的事情，至少我们这样认为。但是你一旦完成了这一项，那种满足感也是其他工作所无法企及的。”皮克斯的长片动画总能给观影人带去全新的人物与情节，每一个人物都拥有着不同于以往任何一个角色的个性特点，而最重要的是情节也总能使人们眼前一亮。皮克斯不断地创造着属于 21 世纪的童话故事，也不停地创造着新的奇迹。皮克斯总能使人们去期待它的下一部作品，而皮克斯也从未让人失望过。

乔布斯的神话在 2011 年已经告一段落，而皮克斯直到 2015 年才推出新的原创长片动画。究竟这个奇迹工厂在失去灵魂后去路何方，只能让时间告诉我们答案了。

马云：我是如何用6分钟说服孙正义的

20世纪90年代，互联网已经逐渐展现出它惊人的潜力，在当时互联网还如同朝阳只在海平线上露出一道光芒时，最敏锐的投资者和创业者已经敏感地嗅到了潜在的无穷商机。而孙正义作为软件银行的决策者，自然第一时间意识到了寻找互联网方面创业者的重要性。而这个也为马云能够获得孙正义投资做了铺垫。

资本运作的方式决定命运

与其说是马云说服了孙正义，倒不如说是马云对项目的介绍、对资本运作的理解，令孙正义希望马云接受投资更为合适一点。

6分钟，短短的300秒，马云究竟说了什么到现在已经不得而知了，但可以肯定的是，马云那短短的几句话一定有令孙正义心动的地方，而具体说了什么，大概也就在以下内容之中了。

马云在创办阿里巴巴之前有过两次失败的经历，也就是“中国黄页”以及外经贸部官方站点，这两次创业的失败并没有动摇马云在互联网方面继续创业的决心，反而为马云积累了不少宝贵的经验。在那5年中，马云渐渐学会正确的管理方式和资本运作方式，这使马云在日后创建阿里巴巴后对其管理提供了不少方便。再者是阿里巴巴在当时互联网已经日益繁荣的时刻，依旧找到了一块尚未有人到达的空白区域，也就是企业间的电子商务，独到而又精准的眼光是马云得到支持的原因之一。而正是这个项目，孙正义承认了马云能够将资本运作完善的可能性，也就是投资阿里巴巴获利的可能性。

然而在资本运作方面，马云在当时依旧是不够成熟的。在孙正义提出用

3000 万美元投资换取阿里巴巴 30%的股份时，马云犹豫之后同意了。然而马云之后随即后悔不已，2000 万美元的投资对当时尚处于小规模的阿里巴巴公司来说帮助提升并不大，但股份的转让依旧太过超值，但投资既然已经成立，也就不得不接受这个事实。他知道在转让如此高的股份之后，日后在阿里巴巴他的决定权话语权会受到很大的影响，因此马云主动要求减少投资。一方面是当时马云已拿到高盛的 500 万美元的风险投资，另一方面马云也在为将来做打算，结果是孙正义极为罕见地同意了马云的要求，最后马云从孙正义手中得到了 2000 万美元的投资金额。

马云在寻求投资时并不是一味地追求更多的资金而放弃了长远利益，恰恰相反，马云对资本运作的了解，使他尽量去争取一个恰到好处的投资额，这无论对当时还是将来的公司来说，都是有利无弊的。当时马云的资本运作水平以及他的精明之处已经可见一斑。

商业帝国的崛起和首富

10 多年后的阿里巴巴没有让任何人失望，在马云优秀的资本运作下，阿里巴巴逐渐从一只在商海翻腾的小舟，一举成长为纵横商海最大的邮轮。牢牢掌握着互联网走向的马云，也从当初的追梦小子，成为了现在的亚洲首富。阿里巴巴渗透到了每一个人的身边，影响着人们的衣食住行。这是马云的奇迹，更是互联网的奇迹。

而马云在成就了自己的同时，也成就了当初那个最大的投资者——孙正义。在马云荣登亚洲首富同时，孙正义凭借他所持有阿里巴巴的股份，一举成为日本首富。

马云对于项目的运作不是将其做得越大越好，因为越大的项目其不稳定性和风险也就越高，马云总是争取在可控的范围内将重点放在项目的细节上。细节决定成败，马云在项目细节上的专注使得他得以将阿里巴巴的产品不断完善，同时又将风险尽量地降低，这不得不说是一种十分智慧的做法。

其实这和当初马云在接受软银投资时的举动也有异曲同工之妙，求精不求大的准则，让马云将投资减少到可控的范围，同时保证了股份不流失太多。虽然没有将股份控制在最佳的量，但对于第一次创建大公司的马云来说，这已实属不易了。在这点上，马云对资本运作的掌握已经开始有些火候了。

马云用6分钟说服了孙正义，而这6分钟却改变了世界和互联网的走向。马云对电子商务的创造性运作，加快了世界和互联网的进步，使人们的生活更加便捷，而由马云而引起的加快互联网开发的势头，同样使整个世界的联系更加紧密。对于这个世界来说，马云不是上帝，他扮演着一个贤者或者先知的角色，他那颇有跨时代意义的预见性就已经让世界的命运之轮悄悄地加速转动。其实并不止马云，在这世界上，所有有创造性举动的人们，无论古今中外，都曾经扮演过这个角色。汽车、飞机、电灯、电话、电脑、互联网，它们被人类中的“先知”一样样创造并进入世界，改变着世界，而历史的指针拨到21世纪，互联网时代在无数创造者、追梦者手中降临，他们成就了这个时代的到来，互联网反过来也成就了他们。马云只是他们之中的一位，但正是马云出色的资本运作能力，使得他能够驾驭着阿里巴巴这个商业帝国，傲然屹立于这个时代的最前方。

在商业狂潮的席卷之中，马云在投资上独特的视角和出色的手段值得我们借鉴和学习。学会投资，让资本运作成为你成功的助力。

史玉柱：任何投资都应建立在科学周密的调查基础上

在当今成功的企业家中，对“投资要建立在科学周密的调查基础上”这句话的理解最为透彻的当属史玉柱。现在回望史玉柱在商海沉浮的岁月，他不但用人生最大的失败来论证了“投资不建立在科学周密的调查基础上要付出多大的代价”，同样以人生最大的成功来向世人证明了“投资建立在科学周密的调查基础上能带来多大的收益”。作为首富中最传奇的存在，史玉柱轻轻松松玩转了商战中的资本运作技巧。

不慎投资成鸡肋：回天乏术只能壮士断腕

企业没有流动资金，就像人没有了流动的血液一样是十分危险的，然而，以4000块钱起家、在6年之内登上全国富豪排行榜的史玉柱，当时并没有看到这一点。在取得了如此骄人成绩的时候，史玉柱很难平静下来以客观的姿态评价自己和自己手中经营的项目。

当电脑产业做得风生水起，保健品脑黄金产业也做得一帆风顺的时候，史玉柱在心态上已经骄傲到不能自持，用他自己的话说就是觉得自己无所不能了。被自负情绪蒙蔽双眼和闭上眼睛开车一样危险，这时的史玉柱犯了他人生中的一个大错误，在不经过科学周密的调查研究的情况下，直接对珠海巨人大厦进行投资。从大厦项目启动到1996年5月，巨人大厦形势越发不明朗，史玉柱仍然没有停止对巨人大厦的盲目注资，可以说，他把子公司交来的毛利基本全部投到了巨人大厦上。人都有好赌的心理，往往投入的越多越不愿收手，成功如史玉柱亦不能克服这种心理。在巨人大厦资金告急之后，已经投入太多金钱和精力的史玉柱当然不愿意轻易放弃，为了挽救巨人大厦，史玉柱不惜从保健品行业挪用资金来填补巨人大厦的亏空。最终，巨人大厦亏空太大，保健品行业又被借资过度，资金链断裂之后的两大项目双双无力回天，史玉柱因投资不慎只能壮士断腕，为人生的失败添加了难以抹去的一笔。

关于史玉柱的这段经历，联想控股有限公司总裁、董事局主席柳传志曾经作出过预言，他说：“史玉柱意气风发，向我们请教，无非是表示一种谦虚的态度，而并非真心实意想请教，所以没有必要和他多讲。而且他还很浮躁，我觉得他迟早会出大娄子。”

不经过调查，想当然的进行投资是十分冒险的，正如柳传志所言：“史玉柱把所有的边界条件都按最好的方向去设想，稍微一个环节一垮就要出事。”

吃一堑长一智：先调查再投资

经历过人生最低谷的史玉柱，并没有像从前一样心急火燎地冒进投资来打翻身牌，而是痛定思痛，从过往的失败中找问题和解决办法。聪明的他不用费多大周章就轻易地找到了问题的关键所在，即没有经过调查，仅仅靠个人感觉就盲目投资是企业运营大忌。

认识到问题的严重性之后，史玉柱的资本运作风格就由此前的大胆冒进转变成了胆小谨慎，无论是在保健品市场还是在网游市场，他第一个先要解决的问题就是去了解市场和读懂消费者。他曾对《赢在中国》的选手说：“品牌是怎么打造的？我建议你本人到消费者中间去。品牌的唯一老师是消费者。谁消费我的产品，我就把谁研究透，一天不研究透，我就痛苦一天。”

史玉柱认为搞营销只有一个词，就是消费者，若把消费者研究透了，企业的营销方案就出来了。为此，他要求公司干部每个月必须跟消费者谈话聊天，甚至定出了硬性的规章制度，所有搞策划的人，必须每周探访 50 名消费者。史玉柱不但这样要求员工，同样这样要求自己，在做脑白金的时候，他亲自跑了 70 多个市场，跑了成千上万个终端，还深入农村，调查了 300 多名消费者。通过这些对消费者心理和市场的调查研究，史玉柱从根本上发现了老年人对保健品的需要及无力购买的隐情，这才有了老少皆知的“送礼只送脑白金”广告语。

史玉柱在做网游《征途》的时候，同样沿用了“先进行科学周密调查再投资”的投资策略。为了得到最真实详细和可靠的第一手资料，史玉柱经常每天花十几个小时在游戏里和玩家进行交流，经过深入的分析调查，才最终将玩家详细分类为有钱没有时间的、没钱有时间的、有钱有时间的、没钱没时间的 4 种，从而确定了以二三线城市为主，养 100 个人陪一个有钱人玩的运营模式，再加上后期强势的宣传，取得了成功。

周密科学的调查研究除了被应用到市场上之外，还被史玉柱用在了顺应国家政策上。史玉柱要求企业的审计和财务十分熟悉国家政策，为的是能够在企业运营过程中严格遵守国家法律法规，杜绝不规范操作，甚至连公司在晚会上抽奖的电视机都拿去缴税。他始终认为，一个企业要健康、快速地发展，绝对不能游离在国家政策之外，这首要表现在依法纳税上。

跌倒之后再站起来的史玉柱身上又多了一层励志的光环，联想控股董事局主席柳传志对史玉柱勇于改正错误的行为非常肯定，他说："我觉得史玉柱倒是这样，摔了就是摔了，摔了以后告诉我说我摔疼了。甚至在一次中央电视台对话会上，史玉柱到中央电视台《对话》栏目请了很多学者、企业家来帮他诊断，看到底有什么毛病，他坐在公众面前听人家数叨。这就是史玉柱，很坦然。"

史玉柱事业的成功以及投资运营技巧的转变可以分为两个阶段，其一是靠聪明和运气取得的初期成功，其二便是靠娴熟的投资技巧和科学周密的调查取得的终极成功。第一种成功方式可以为史玉柱带来财富，但是也为他带来了灾难，相比较之下，第二种成功方式才是稳定和值得企业家们学习的。

李彦宏：融资帮助我熬过网络寒冬

在 IT 领域想要取得成功，除了要拥有过人的技术之外，还要有灵活的生意头脑，李彦宏的成功就是一个典型的例子。作为搜索引擎领域的执牛耳者，又拥有与生俱来的经商天赋，相比较 IT 领域其他的创业者来说，李彦宏的百度王国创建之路走的还算平坦，尤其是在资本运作方面，李彦宏表现出来惊人的融资本领，一次次成功地将百度挡在网络寒冬之外。

第一次融资 120 万美元

1999 年年底，从美国硅谷回来的李彦宏，叫上志同道合的伙伴徐勇，在北京中关村创建了一家公司开始了追梦之旅。李彦宏根据宋词“众里寻他千百度”，为公司取了一个很诗情画意的名字——百度。这个名字很有中国风的味道，简单含蓄直接。重要的是，这个词和李彦宏所创建公司的业务内容很吻合，有搜索的意味。现在看来，百度这个以中国文化底蕴为根据所取得的名字，十分贴合百度全球最大的中文搜索引擎的身份。

公司成立了，名字也取好了，下一步最重要的任务就是找创业资金。做好企业规划后，李彦宏和徐勇一起来到美国旧金山游说风险投资商为百度注资。

在美国，尤其是创业气氛比较浓厚的地方，风险投资已经十分流行，或者可以说相比较好的项目来说，更不缺少的就是风险投资商。百度的新颖创意，加上李彦宏本人在搜索技术上的优势，很快就吸引了风险投资商们的注意，其中有 3 家风投公司明确表达了想为百度投资的意向。经过挑选，李彦宏和徐勇最终选择了其中两家。当时，有的风险投资公司想单独投资，被李彦宏拒绝了。李彦宏根据以往的工作经验总结出，相对于集中的股权结构，分散的股权结构更有利于创始人对公司的掌控。而对于一个有着自己独特经营理念的公司来说，拥有对公司的绝对掌控权是保证公司一直按照正常轨道运转的首要条件。

当时的李彦宏已经在搜索领域取得了很大的成就，超链分析及 GO. COM 的图像搜索引擎技术的发明和运用，已经让他在 IT 领域声名大振。然而，出于中国人的谦虚，李彦宏从未在投资人面前强调过自己在技术上的优势。签约的时候，投资商有人问李彦宏，在搜索引擎技术方面，全世界前三名都有谁，李彦宏列举了包括前老板在内的 3 个人，唯独没有说自己。聪明的投资商借故溜出去给李彦宏前公司老板打电话，询问李彦宏在技术方面的能力，得到了“在搜索引擎技术上，世界前三名一定有李彦宏”的答案后，才兴高采烈地把资金交给了李彦宏。值得注意的是，原本协商好的100万美元由于投资商对李彦宏的好印象而被追加了20万美元，两方投资商各投60万美元，百度第一次成功融资120万美元。

“在人生道路的选择上，我好像没有很不顺利的过程，只是面临着一些选择。”李彦宏说。从北大到布法罗到华尔街到硅谷再到中关村，机遇来临时，李彦宏不失时机地把握住了，多年资本运作经验的积累给百度创造了一个好的开始。

第二次融资1000万美元

李彦宏融资得到的第一笔资金120万美元被投资商要求在半年内花光，然而，怀中抱着真金白银的李彦宏并没有迷失在中关村的繁荣里。和当时国内的一些初期创业大肆花钱的公司相比，李彦宏的这120万美元用得十分谨慎小心。他做了整整一年的预算。李彦宏这种保守的作风只是出于本能，然而，当时的他怎么都不会料想到，正是这种本能使百度在接下来的网络寒冬中安然生存了下来，直到再次融资成功。

到了2000年，刚刚成立一年的百度就遇到了互联网行业难得一见的寒冬。受美国股市崩盘的影响，雅虎、思科、亚马逊等在IT行业比较知名的大公司基本都受到了重创，同样不可幸免的，还有中国刚刚起步，还没有开始施展拳脚的IT行业。

一向很受投资者追捧的科技股瞬间成为投资公司唯恐避之不及的烫手山芋，很多风险投资商在这场网络寒冬中被刮骨分肉，纷纷撤资。许多公司被迫大幅度裁员，大批IT业人才赋闲在家。对于刚刚起步的中国互联网行业来说，这个打击实在太大了，许多新成立的小公司还没有盈利就面临着倒闭破产的境遇，中国的互联网行业举步维艰。此时还未成大气候的百度自然也被迫打响了生存保卫战。李彦宏创业团队最初融资得到的120万美元在百度的运营发展中很快就会用完，在这人人都谈IT色变的“非常”时期，百度已经到了快断奶的边缘，李彦宏和他的团队必须进行第二次融资来拯救这个刚出生不久的“新生儿”。

李彦宏的创业七大秘诀中有一条“在资金还没有用完的时候借钱”，这正是李彦宏眼光超前之处。他深知，在钱花完的时候去融资，急需钱救命，很难和投资者站到一个平等的地位上，对公司发展是十分不利的。

在互联网行业投资环境极度恶劣，投资人提起互联网业一片叹息的大环境下，想要融到资金尚且困难，何况还想和投资人站在同一个高度上，李彦宏的第二次融资难度可想而知。这次互联网寒冬真的为难了李彦宏，百度二次融资的难度超乎了李彦宏的想象，曾经一度令他很想放弃，把公司卖掉算了。然而，凭着当初创业的激情，他还是坚持了下来。

皇天不负苦心人，百度在此前融资之后的行事作风和市场表现给投资商Integrity Partners留下了好印象，经过慎重的调查，加上几个月的商谈，德丰杰分先投资公司和IDG风险投资公司共同为百度注资，金额高达1000万美元。

虽然李彦宏从来没有向人们说起过第二次融资的艰辛，但是，在那种十分恶劣的投资环境下，伸手从精明的风投手里要钱，其中的辛酸不言而喻。因此害怕投资商那边会随时出现变动，李彦宏一直没有给人提起，直到资金到账之后他才把公司的27个员工叫到一起，向大家宣布：“我们融到第二笔钱了，是1000万美元，已经到账了，大家可以算算你们现在每个人值多少钱！”随后他又宣布，全体员工工资上调5%，令大家振奋不已。

这就是李彦宏，一个在资本运作方面有着惊人实力的人，一个无论何时都坚持自己的原则不妥协的人，一个脚踏实地在成功之前不吹嘘的人，一个遇到困难能够淡定寻求解决办法的人。

王传福：比亚迪从小电池做到大汽车

孟子说“天将降大任于斯人也，必先苦其心志”，这句话用在比亚迪公司董事局主席王传福身上十分贴切——年少的王传福经历了常人难以想象的困苦，也磨炼出他永不服输的心性。作为一名在电池行业的享誉全球的“技术狂人”，王传福在成功坐稳“电池大王”宝座之后，又不安分地瞄准了汽车行业。

借 250 万造就电池王国

若说起成长过程中的艰辛，王传福认第二，很少有人敢认第一。从十几岁时就失去双亲疼爱的他，在兄嫂的资助下艰难完成了学业，生活的困难程度是旁人难以体会的，正像他自己说的“我什么事情都要自己去支配，什么事情都要自己去管”。这些魔鬼般的日子教会了他勤俭节约有志气。1983 年，王传福以优异成绩考入位于长沙的中南矿冶学院冶金物理化学系，从此开始接触电池。，他埋头苦学，认真钻研，一头扎进了电池领域。

本科毕业之后，王传福并没有改变对电池的兴趣，1987 年他进入北京有色金属研究所总院攻读硕士，毕业后留校工作。是金子在哪个领域都不会被埋没，两年之后，王传福被破格提拔为 301 室副主任，那时他年仅 26 岁。到了 1993 年，北京有色金属研究所总院在深圳成立了比格电池有限公司，在电池研究领域早已技艺超群的王传福，自然毫无意外地被任命为该公司的总经理。

比格电池有限公司算是给了王传福在电池领域一个从校门走上社会实践的机会，在有了一定的企业经验和电池生产的实际经验之后，王传福意识到，电池行业是一个有着巨大潜能的行业，潜藏着一个很大的投资机会。当时的通讯设备还以“大哥大”为主，“大哥大”还只是有钱人才能买得起的“奢侈品”，2—3万一部，是身份和地位的象征，尽管很贵，但买者多不胜数。有着过人敏锐观察力的王传福似乎已经看到了移动电话的发展对充电电池与日俱增的需求，从此萌生了要出去单干的念头。

1995年2月，王传福从表哥吕向阳手里借来了250万元，注册成立了比亚迪公司。公司成立之后，由于在资金上的限制，他不能像别的同行那样可以任意地引进现代化设备，打造现代生产流水线。他只能靠自己自主研发产品。好在王传福在技术上具有先天优势，只研发费用这一点就为他节省了不少开支。此外，善于精打细算的王传福还通过绕过中间商的方式，直接和原料供应商取得了联系，二者相互合作共同寻找降低成本的方法。比如他们通过提高国内制造镍镉电池需用的负极制造材料钴的品质，降低从国外进口钴所需要的成本，在保证电池性能的情况下，较国外产品降低成本40%。这项研究发明，一年就为比亚迪节省数千万元的成本费用。

1995下半年，以质优价廉的优势，比亚迪成功地拦截了台湾最大无绳电话制造商大霸本来要给三洋的订单；1997年，比亚迪年销近1亿，当金融风暴席卷整个东南亚的时候，电池价格在这场风暴中大幅度下跌，很多电池制造商由于利不保本处于亏损边缘，比亚迪利用自己在成本上的优势火速占领市场，拦下包括飞利浦、松下、索尼在内的很多大额订单。仅仅3年时间，比亚迪就占据了市场40%的份额成为镍镉电池当之无愧的老大。

王传福不满足于在镍镉电池领域取得的成就。为了使比亚迪一直处于时代的前沿，打破日本人在锂离子电池领域一统天下的局面，王传福开始投入大量人力物力，研发在蓄电池市场具有核心技术的产品镍氢电池和锂电池。王传福的这个决定很快就引起了同行的嘲笑和质疑，顶住这些压力，王传福终于成立了比亚迪锂离子电池公司。根据《日经电子新闻》的统计，目前比亚迪在锂离子电池和镍氢电池领域仅排在三洋、索尼和松下之后，成为与这3家日本厂商齐名的国际电池巨头。

1995年到2003年，从注册比亚迪到将比亚迪做成全国第一、全球第二的手机电池制造商，电池大王王传福用了8年的时间，对他来说，这是一个终点，也是一个新的起点。

下半辈子，我就干汽车了

在一个领域取得骄人成绩的王传福并没有结束他的冒险之旅，2003年1月23日，比亚迪以2.7亿收购西安秦川汽车有限公司77%股份，正式进军汽车生产行业。不做便不做，要做就作出名堂来，半年后，王传福投资20亿与西安高新技术产业开发区、陕西省投资集团签订合资组建比亚迪电动汽车生产线合同。

按照王传福的想法，自己本身是做电池起家，拥有在电池领域的核心技术优势，如果能够打造中国乃至世界的电动汽车第一品牌，那么无疑会再次复制自己的成功。想法成熟后，王传福终于下定决心：我下半辈子就干汽车了。

2004年，比亚迪在深圳投入200辆锂离子纯电动汽车进行出租运营。相比较普通的汽车，比亚迪电动汽车更加节能环保，真正的零排放零污染，并且价格便宜，成本价在10万到12万之间，零售价在14万左右。同年的北京车展上，比亚迪F3e纯电动车出现在展台，那时候还不了解新能源电动汽车发展前景的生产厂家和媒体对这个汽车行业的“怪胎”嗤之以鼻。然而，不过10年之后，再到北京车展，新能源车型已经成了汽车的主流趋势。有的厂家为了不被人耻笑落伍，只弄个空壳子或者概念也要和新能源扯上点关系，而比亚迪，秦、唐、商、E6、腾势等车型，都已经作为新型汽车走进了千家万户。

在比亚迪汽车公司成立初期，王传福曾经立志要在2015年做到全国汽车行业的第一，在他的“英明领导”下，比亚迪成了全球投资者争相投资的对象。2009年，股神巴菲特向王传福抛出了橄榄枝，在全球金融市场陷入混乱的时机以2.3亿美元入股比亚迪。此后，中国银行业与比亚迪建立了友好的合作关系，双方签署了150亿元人民币战略合作框架协议，以支持比亚迪集团三大支柱产业和新能源技术的发展，为其提升自主创新能力，并为实现2015年汽车产量全国第一目标提供金融支持。

相比较金融领域那些头脑灵活的“弄潮儿”，王传福是一个脚踏实地以技术打天下的“老实人”。他的资本运作没有投机成分，从小电池到大汽车，他的成就都是看中一个领域的商机并且靠自己辛苦钻研经营所得，这样的企业家似乎更值得我们学习。

Part 11

钱很重要，但我们绝不能唯钱是从
——首富的“财富课”

从古至今，人们对待金钱的态度各不相同：有的人把它比喻成魔鬼，认为金钱是一切罪恶的来源；有人把它比作“万能钥匙”，认为“有钱能使鬼推磨”。而美国作家马克·吐温则不以为然，他说：“如果你懂得使用，金钱是一个好奴仆；如果你不懂得使用，它就变成你的主人。”可见，树立正确的金钱观十分重要。因此，在世界首富们的“财富课”中，培养正确的金钱观是不可或缺的重要内容。

比尔·盖茨：我生活节俭，做慈善时却能一掷千金

对于财富，每个人的想法都不尽相同，但不可否认的是，每个人都对财富有一定的向往和期待。然而，比尔·盖茨作为世界首富，面对着庞大的家产，却有着其他大多数商人截然不同的对待财富的看法。

拥有财富不等于安于享乐

从白手起家到如今的IT霸主，比尔·盖茨在商业之路上走出了一条属于自己的传奇之路，在事业上的不惜重金和一本万利也成为了商圈的一段美谈。

而正是这样一个能在产品上一掷千金的人，在私人的金钱花费上却十分节俭。

一位曾经到过比尔·盖茨住所的人惊讶地发现，他的房中竟然没有电视机，甚至连必要的生活家具都不齐全。

比尔在出行方面也奉行着节俭的原则。一次，他与一位朋友前往希尔顿饭店开会，但是他们迟到了几分钟，所以停车位已满，已经没有可以容纳他们车辆的空地。这时，眼尖的朋友发现饭店的贵客车位仍然处于空置状态，于是建议比尔·盖茨将车停到那里。然而停在贵宾车位需要付额外的12美元停车费，因此比尔·盖茨并没有同意这个建议。即使朋友说："12美元可以由我来付。"他也坚持着自己的想法。

而出远门时，除非情况特殊，他一般只坐飞机的经济舱。作为世界首富，他也并没有自己的专属私人飞机；在衣着上，他更是远没有那些成功人士穿着得光鲜亮丽，他从来不讲究什么名牌，除非重大会议，他的穿着都十分的休闲随意；在别的方面，他也可以用"吝啬"来形容，他对打折商品表现出极大的兴趣，请人吃饭也只是点汉堡之类的食物。

从这些在商圈中流传已久的事迹可以看出，比尔·盖茨在消费方面有着自己的观念："一个人只有用好了每一分钱，他才能做到事业有成，家庭幸福。"他甚至把这种观念带到了公司之中，他告诉他的员工，"我们赚的每一分钱都来之不易，都是我们的血汗钱，所以不应该乱花，每一分钱都应该花在刀刃上"。

拥有财富不等同于安于享乐，自己辛苦所得不应该只耗费在物质追求上，一个只追求物质生活的商人，就算再成功，人生也会是空洞乏味的。财富需要更多体现其价值的地方，生活上的节俭并不代表财富的匮乏，而是一种对于财富态度的体现。而在商圈混迹许久，仍能保持着节俭的品质，是十分不易的。

社会给予我的，我以另一种方式回报

比尔·盖茨常常告诉自己的妻子，自己努力工作并不只是为了钱，对于自

已所拥有的巨大的财富，他并没有想过要如何享用它们，相反，在使用它们之时，他会十分慎重。

比尔·盖茨的这种观念产生于1993年秋天。那时候，他正和之后成为他妻子的梅琳达在非洲旅游。在当地未经开垦的美景给予比尔·盖茨不小的震撼的同时，他也为非洲的极度贫瘠感到十分的惊讶和同情。感慨之余，他在心中问了自己一个问题：我能做什么？

那时，比尔·盖茨的父亲给了他一个建议，而这个建议彻底地改变了比尔对财富的固有态度，让他迈出了从商人到慈善家的第一步。

父亲告诉他，应该成立基金会，开展慈善工作。

比尔·盖茨随后建立了9400万美元的基金会。这个基金会发展迅速，并且救助了很多衣食不保的贫苦人民。

2000年1月，比尔及梅琳达·盖茨基金会成立，它由盖茨教育基金会和威廉·盖茨基金会合并而成，前一个基金会致力于全球各地图书馆的科技建设，后者致力于全球的卫生保健。合成后的基金会总部坐落在西雅图，由比尔的父亲担任基金会主席，总资产超过300亿美元，主要致力于全球范围内的医疗保健、图书馆建设、教育和社区服务工作，是全球最大的慈善基金会。

2004年7月，比尔·盖茨再次作出了一个惊人的决定——他决定将价值30亿美元的微软股票红利投入慈善事业当中，这也成为美国历史上数额最大的一笔捐款。至此，比尔·盖茨已经将他37%的资产投入了慈善事业之中。

比尔·盖茨对于慈善可谓是一掷千金，很难想象，这样一个在私人生活上节俭到吝啬的富豪能够在慈善事业上不惜血本。这纵然与美国的慈善捐赠和税收制度有关，却也很大程度上表现出他对金钱的态度。

他处事毫不张扬，但他赤诚的心却闪耀着让人难以忽略的人性之光。他能够将财富回馈给社会，也正是他感恩品质的体现。

财富固然重要，但比尔·盖茨即使身处上流社会，仍然能够体会到底层百姓的疾苦生活，并且表现出极其深刻的同情，并采取行动来给予他们实质的帮助。

对比于其他商人只追求自身生活物质的享受而言，比尔·盖茨的精神生活显得尤为丰富，他对利益的看淡和对自己梦想的追求值得人们借鉴，而他能够在激烈的商战之中仍然保持着一颗真诚怜悯的心，也是十分不易的。

财富并非人生而有之，打拼而来的财富才显得更加弥足珍贵——而我们对待这些财富时，也应该有比尔·盖茨这样的态度，把钱花在该花的地方，表现出对自己财富的珍惜和谨慎。同时，我们也该时刻保持着感恩之心，对社会给予我们的，表现出一种回报的姿态。

懂得敛财只是成功的一部分，而如何好好利用自己的财富，才是成功是否有价值的关键。

史蒂夫·乔布斯：这些钱给我的最大感受就是可笑

在当今社会，金钱作为一般等价物，它所能衡量的价值范围也越来越广。在很多人心中，只要有足够多的钱，那便几乎没有什么是不能得到的。而让人担忧的是，这个思想正慢慢地为主流思想所接受。然而当一个人拥有的财富真的达到甚至超越了大众普遍所期望的值，对金钱的欲望往往会直线下降。乔布斯正是这样一个人，简朴的生活习惯背后是一笔天文数字般的财富。

不让钱毁了自己的生活

2000年回归苹果的乔布斯出任CEO，他的酬金只有小小的一美元。对于乔布斯来说，金钱的意义只要是能在需要的时候有足够的数量，其余能够吃得饱饭便是足够的了。乔布斯对于金钱的不重视以及对生活条件的不讲究，在超级富豪圈也是出了名的。这可能与乔布斯早年的经历有关，二十几岁便做过亿万富翁，曾经从云端跌落凡间，濒临破产。

从某些意义上来说，乔布斯只是一个“反物质”者，他在意公司的盈利，但对于自己的生活条件却毫不关心。乔布斯可以在自己喜欢的工艺品收藏品面前毫不吝惜，但他的家中装修永远简单到你无法想象这个属于一个亿万富翁，

乔布斯说过：“我答应过自己，不会让钱毁了我的生活。”他确实时时履行着这一点，甚至有时似乎会做得有些过头。乔布斯不像其他的富豪，创办自己的慈善机构，将自己的财富大量捐献出去，他对于他们的吝啬是可以与对自己的吝啬相媲美。相反，乔布斯甚至对那些将慈善挂在嘴边的人是轻视的。他对于这种类似于以钱买名声的行为嗤之以鼻。这可能也与他的童年有关。自幼便遭遇被抛弃命运的乔布斯并没有一颗直接回报社会的心，他最大的一次个人捐赠也仅仅是送给父母价值75万美元左右的股票。

对于乔布斯来说，只做更好的更适用于大众的产品，是他唯一愿意并乐意做的回报社会的事。

金钱不是早起的理由

苹果公司一直以来的理念是将产品放在第一位，再其次才是利润。乔布斯作为商人，深知作为商人的责任是给人们的日常生活提供出好产品，并尽可能通过这些产品改变消费者的生活，这样才是一件成功的商品，生产出这样的商品比多获取一些利润更能让人产生成就感。正是在这样想法的伴随下，乔布斯才能一次次拿出Mac，iPad，iPhone这样具有改变行业格局意义的产品。俗话说“不想做将军的士兵不是好士兵”，但在商业，“只想着赚钱的商人不是好商人”，将利润放在第一位的商人永远无法取得真正的成功，因为没有一颗顾客至上的心，他永远不会找到真正走向成功的路。

就像最初的“蓝盒子”，一个恶作剧与兴趣的产物，虽然是乔布斯想到将

其推销出去，但那时他内心的主要目的绝对不是获取那部分利润，而是想让更多的人知道并使用他所制作的产品。

另一个典型的例子就是皮克斯。一方面是乔布斯曾想过把皮克斯电脑压缩成本以向更大众的市场推销这份产品，而不是仅仅针对高端市场或企业市场。虽然最终乔布斯的这个计划以失败告终，但这一点也反应出乔布斯不是一个仅仅想着怎么赚钱的商人。另一方面则是在皮克斯与迪士尼合作的时候。在最初的一段时间里，皮克斯所努力的三项内容硬件、软件和动画内容都在赔钱，但乔布斯依旧没有放弃动画团队。对他来说，对于动画技术的热爱并不能被这点失败所改变。

在资金最紧张的1988年，皮克斯大幅度削减开支后，当时的动画团队战战兢兢地提出资金不够的问题。当时他们已经做好了被乔布斯咆哮的准备，但出乎意料的是，这次乔布斯并没有这么做，他只是直接从自己的腰包拿出了30万美元左右，并向动画团队要故事板。拉赛特向乔布斯展示了故事板，并且自己配音展示出全部的激情，这一点深深地打动了乔布斯，乔布斯果断表示愿意继续提供资金，他就是这么一个人。他当时说了两句话：“我看好约翰在做的东西，那是艺术，是他关心的东西，也是我关心的东西。我总是同意他的计划。”“我只要求一件事，约翰，把它做好。”

1988年这部《锡铁小兵》获得了奥斯卡最佳动画短片奖，而为了这部动画，乔布斯投入了近5000万美元。对于动画的专注使他可以毫不犹豫地支持一部好的动画的发展，而这份坚持也是支持着乔布斯一路以来总能创造出奇迹的动力。金钱从不是乔布斯努力的方向，但往往在成功的同时，他会赢得包括金钱在内的更多东西。

孙正义：倘若缺乏对人性的关爱，数字将只是数字

美国《商业周刊》杂志把孙正义称为电子时代大帝，推崇至上。凡是了解他的人，和他共事的人，都会认为孙正义先生完全无愧于此称号。因为坐拥众多产业和资本的他不是在独自享受，而是在为使更多的人掌握高科技信息，一直贡献着他的智慧与才能。

“倘若缺乏对人性的关爱，数字将只是数字。”他界定软件银行营运的宗旨是为人类谋福利。孙正义的软件银行已经构建了300年的发展大计，如若一家企业真想300年历久弥新，生生不息，为人类谋福祉的愿景则是最重要的可再生基因。

作出贡献才是真正的幸福

孙正义从小跟着祖母长大，祖母的一言一行深刻地影响着孙正义，至今孙正义想起祖母，都会流泪。孙正义小的时候，家里很穷困，只依靠父亲养猪养鸡来赚取全家的生活费。祖母每天都很早就起床，推着推车出门去各个地方搜集剩饭。孙正义就坐在推车上，看着祖母一点一滴地收集好剩饭剩菜。虽然这个工作很辛苦，又脏又累，但祖母却很乐观，每天都笑眯眯地感谢给他们剩饭的家庭。祖母对小孙正义说，做人要有一颗学会感恩的心。

后来，孙正义跟着祖母从日本回到韩国，祖母给一些困难的人们和家庭带去一些打满补丁的旧衣物。那些人也没有嫌弃，反而都非常高兴。这让孙正义深受感动。那些人的笑脸，和当时祖母的笑脸，令孙正义终生难以忘怀。“不为金钱，也不为地位名誉。如果能像奶奶那样，让人们高兴，就是幸福的。”

作出贡献才是真正的幸福，这是孙正义深埋在心的一条人生准则。“这不是因为‘我们有钱，所以我们成立企业’，而是‘我们想要做什么’，关键是选定想要发展的业务。在软银，我们决定在移动互联网领域里发展，相信我们能够通过信息革命把快乐带给人们。”孙正义的帮助与贡献并不是盲目的，习惯性计划的他想要带动互联网领域的发展，给更多更广大的人们带来切身实际的好处和便利。

“我希望未来能够帮助更多年轻的中国互联网企业家。”孙正义不仅在日本投资企业，为刚刚起步的企业提供资金的支持，他还在韩国、在中国寻找需要帮助的企业家，尤其是互联网企业家。当然，这也是软银未来很长一段时间的投资重心和方向，因为孙正义看到了互联网在中国发展的前景。早在2001年，孙正义就在中央电视台的《对话》栏目中预言，中国的互联网用户数量将很快接近美国。而那一年，中国的网民数量仅仅只有2000多万，如今中国的网民确实已经超过美国。

“未来互联网的中心在亚洲，而亚洲的中心在中国。”孙正义试图通过对IT企业的投资，改变世人的生活方式，造福人类。

IT革命，造福世人

对比比尔·盖茨转向大力做慈善的事情，孙正义认为目前自己还没有实现把互联网继续往前推的目标，因此自己还远不能从电脑、软件和互联网，转到对整个社会和人类的贡献上去。所以，他还会继续将热情倾注到推进自己关注的互联网发展的事业中去。

孙正义认为聚焦数码革命未来，能为人类带来福祉，这也是软银集团的企业愿景和发展目标。对于孙正义而言，与其花大笔的钱来单纯做慈善，还不如将自己的聪明才智充分运用于推进互联网和IT革命，改变人们的生活方式，使人们的生活充分享受便利，这或许才是对人类最大的贡献。

孙正义不仅为满怀希望的创业者和处在新起点的公司提供投资、资金帮助，还关注民生，献计献策。2011 年 3 月 11 日福岛的那场九级大地震，震动了孙正义的内心。孙正义不但亲自前往废城福岛，还决定自掏腰包捐出 1.2 亿美元，并将自己未来直至退休前每年薪水收入全部捐给灾民，软件银行集团也积极协同救灾。在目睹地震和核电破坏带来的一片凄凉后，孙正义十分痛心核电带来的危险性和破坏力，因此他义无反顾地转变为零核电斗士，软件银行也积极投身可再生能源事业中去。他的 300 年公司计划与人们需要的安全阳光、土地、空气、食物从此挂上钩，与未来人类的福祉息息相关。

尽管绿色能源道路阻力重重，同时太阳能、风能也不太确定，日本在很长的一段时间内甚至有可能都无法摆脱核电的使用，要想零核电几乎是不可能的。但是，孙正义一直在坚持，也一直在践行，他声称软件银行的角色是可再生能源大业的催化剂，而非钱本身。

不仅孙正义一个人投入 10 亿日元成立可再生能源基金会，软件银行集团也将在日本投资 1.25 亿美元建设 10 家总发电量将达 200 万瓦特的太阳能工厂。此外，它还收购了日本最大的风力发电投资商绿电投资约 44%的股权。2012 年 7 月 1 日，孙正义和京瓷创始人稻盛和夫及京都市长门川大作启动软银京都太阳能园竣工，孙正义正式向日本可再生能源的方向又迈进一大步。孙正义甚至做起了一个更加恢宏高远的梦，他试图建立起一张跨越国境的亚洲超级电网，从远在蒙古的戈壁滩沙漠向日本源源输送太阳能及风能，或用 125 英里电缆连接日本九州岛与韩国，进口 700 个百万瓦特以上的电力。为此，软件银行集团决定与蒙古投资公司 Newcom 合资建设风力发电园，预计到 2025 年发电量能达 20 个十亿瓦特，另外它还与韩国电力公司洽谈联结两国电网的可能。

“如果所有的人都只是看，一切都会停滞不前。在不确定性中冒险是我们的角色，我们做榜样，其他人就会追随前进。”对于孙正义这个超级梦想家和冒险家而言，似乎没有什么是他不敢做、做不到的。

柳井正：钱再多，也只有一张嘴、两只手

自古以来，人们对待财富的态度就很容易被划分为两个极端，一种人视钱财如命，甘愿做金钱的奴隶，一生为金钱所累；另一种则完全相反，认为金钱不是万能的，虽然金钱能够满足人们物资方面的需求，但是无法满足人们精神方面的需求，因此不重视钱财的积累。其实，这两种金钱观都太过偏激，真正的合理的金钱观应该像优衣库总裁日本首富柳井正这样，看重钱的价值，但是又不唯钱是从，正如他所说“钱再多，也只有一张嘴、两只手”。

对我来说，钱只是一个数字

2006年，美国经济类的权威杂志《财富》推定柳井正社长的资产高达42亿美元，在世界富豪排行榜中占第78位；2009年，柳井正身价再涨19亿美元，以61亿美元的身价荣登日本富豪排行榜榜首。2010年，柳井正再次被《财富》杂志评选为“日本首富”，一跃成为连续两年蝉联“日本首富”宝座的休闲服装零售业企业家。其实，除了这两次被评选为“日本首富”之外，2013年，整个日本最富有的50名富豪的财富汇总中，柳井正独占155亿美元，第三次摘下日本首富的桂冠。在日本历史上，连续3年登上“首富”宝座的企业家实属不多，柳井正在“捞金”方面所展现出来的惊世才华很少有人能超越。

商界风云人物的资产总数很容易引起人们的关注，成为世人茶钱饭后的谈资，然而除了关注这位首富的资产总数之外，世人更加关注这位“有钱人”的钱要怎么花的问题。当记者向柳井正抛出这方面问题时，柳井正给出的答

案十分惊人，他说："对于我来说，钱确实只是一个数字而已。当你口袋里有1000万日元的时候，你觉得自己特有钱。但是，当你有了1个亿、10个亿，那么你的神经就会麻木。我只是一个'卖衣人'，所以在今后，我们的资金都会用于优衣库的全球化发展战略上，我们不追求成为'日本最大'企业，但是我们会孜孜不倦地努力成为'世界最大'的休闲服生产销售商。一个人一辈子能够做成一件事，做好一件事，成为行业的第一，就是最大的成功。所以，我们不会去开发房地产，更不会去投资我们不熟悉、与我们的主业不搭界的行业。至于我本人，钱再多，也只有一张嘴、两只手。再说了，日本财产继承税很高，我的大部分的财富最后都会送给国家。作为一名企业家，最终能够为社会作出贡献，也是一份快乐。"

对待金钱如此不以为意，柳井正的话很朴素，像极了中国古代一句俗语所体现出来的财富观："良田千顷，日餐不过一斛；华屋万间，夜卧不过五尺。"也就是说，就算家里有良田一千顷，但是我们每天所吃的饭也就一斛而已；就算家里有金碧辉煌的豪宅一万间，但是每晚要睡的地方也不过五尺那么长。对于财富，我们不能过分在意和计较，否则，财富便不是财富，而是一种负担了。

只给俩儿子股份不留公司

柳井正对待财富的淡然，除了认为金钱只是一个数字之外，还在于他对未来财产的分配上。众所周知，柳井正的优衣库帝国是建立在其父亲柳井等为其积累创造的财富和经验基础之上，本以为把家族企业代代传下去是毫无疑问的。然而，事实并非如此，柳井正并没有让儿子接手自己服装生意的意愿。

2011年，日本服饰品牌优衣库创始人柳井正总裁以106亿美元的净资产夺得了日本首富的桂冠，在媒体的一再追问下，关于优衣库接班人的问题，柳井正强调："我将来既不想把财产留给子孙后代，也不想找职业经理人来接管我的公司。我的两个儿子都很优秀，也持有公司股份。但我认为，家族经营并不好，那些靠后代继承的公司现在业绩都不好。今天‘丰田汽车神话’的破灭，似乎也验证了这一点。我想找一些真正具有优衣库DNA、深刻了解优衣库价值理念的人担任未来的管理工作。”

柳井正此举无疑是在挑战日本的传统行业模式。国际经济学曾经把日本的终身雇佣制、年功序列和企业内工会誉为日式经营成功的“三大神器”，柳井正却不以为然。相反，他认为终身雇佣、年功序列、企业内工会所极力主张的“安定平稳成长”是企业的弊端所在，这三种制度很容易让企业管理者失去前进和创新的动力。而真正对企业有利的经营制度无非是看成果说话，取得了良好成果的就是好的经营制度，否则，就是不合时宜。其实，优衣库从成立之初，一直贯彻和执行的改革模式就是“成果主义”，在选取优衣库帝国继承人方面，柳井正不过是坚持了自己的一贯主张而已。

如今的柳井正，早已年过花甲，拥有上百亿资产的他完全可以辞去一身责任选择幽静富丽之处安度晚年，若他愿意，他的财力足以满足他“锦衣玉食”的奢侈享受。然而，柳井正并没有选择骄奢享受的生活，而是继续在工作岗位上为优衣库帝国未来的走向描绘蓝图。他还在为他“立志做全球认可的经营者”的伟大梦想而努力，那口袋中上百亿的资产并不能使他在工作或者思想上停止不前，关于这个数字，他是麻木的，也许在他看来，那并不代表什么，仅仅就是一个数字而已。也许有人会问，挣那么多钱，自己不去花，又不留给子孙后代，干嘛还要这么辛苦的挣呢？难道仅仅就是为了保持自己已经获得的这个名次而已吗？针对这一点，或许我们可以从柳井正回答记者的谈话中找到答案，因为他要“孜孜不倦地努力成为‘世界最大’的休闲服生产销售商”。

李嘉诚：我不能理解炫富到底是怎样一种心态

每个人都希望拥有财富或者获得成功，但不同的人有着截然不同的方式。炫富，作为一种低俗但简单粗暴的方式，日渐成为社交网络上让自己显得“高贵”的做法。然而真正拥有大财富的人，却不屑于这种方式。钱作为一种符号，对于他们已无法作为象征地位的符号。李嘉诚，正是其中一位。

一分一厘皆来之不易

1950年，李嘉诚创立长江塑料厂，当时他的创业资本仅有5万港元。而这5万元，李嘉诚曾对外说过，这是他母亲勤俭的结果。因此李嘉诚深知勤俭的重要性，以及钱的来之不易，因而在整个创业的过程中，李嘉诚不会无来由的去奢侈。并不是他没钱，而是觉得没必要。

李嘉诚创业过程充满了艰辛，厂房的破旧和设备的陈旧，导致一开始的产品质量不过关，而当客户上门向李嘉诚讨要说法时，这场景又被新客户看到，真是一波未平一波又起。同时原料商得不到货款打算停止供货，银行得知后又上门催贷款。种种事件，李嘉诚饱尝了创业的艰辛和世态炎凉，但幸好最后在母亲的支持下一步步使工厂起死回生。然而在这艰苦之下，李嘉诚却把盈利拿出来用来改善伙食，尽量给工人最好的条件，却没有想着自己。这样一个从艰苦中挣扎起来的人，确实难以理解炫富的意义。无论是创业时的艰辛卓绝，抑或功成名就后的大富大贵，李嘉诚始终保持着朴实低调的作风。

据李嘉诚朋友说，李嘉诚一块一千多块的老手表戴了好多年，一辆不起眼的旧车开了好多年。这样的李嘉诚，又怎会看得明白，那些拿着父母的钱毫不犹豫地买奢侈品在网络上炫耀的行为呢？一直在商业上站到了世界巅峰的男人，越是拥有财富，便越是懂得财富的珍贵。精明的商人又怎么会不懂有一句老话叫“财不外露”？那些晒奢侈品的照片，看似在平民百姓中得到了优越感，实则如同一个巨大的笑话，无形而又无情地嘲讽着这些自我感觉优越的人。

洗净铅华归于沉稳

1958年，李嘉诚涉足地产业，与此同时，他依旧未放弃当时市场已经下滑的塑料花市场。沉着稳健的性格使他脚踏实地，不鲁莽行事。而在建造楼房方面，他同样也是深思熟虑，并未采用很多商家的惯用做法：卖楼花法，用买家的预付款拿来造楼，这样会和银行牵扯过多。李嘉诚是小心谨慎步步为营，宁可少赚，也要保持稳定的收入，并尽量不在银行等方面支出。长此以往，稳定收入物业租金，没有透支土地潜力的李嘉诚反成为了最后的赢家，在1959年所拍得的土地成为了真正的聚宝盆，而李嘉诚也一举成为了香港的地产大王。

李嘉诚有一句座右铭：稳健中寻求发展，发展中不忘稳健。

一生拼搏商海的李嘉诚，就像一个经验丰富的老船长，沉着冷静，不急不躁，不图虚名，专心将他手下的一艘艘航船在商海乘风破浪，所向披靡。待到风平浪静，功成名就，那份稳健的性格，也将会如扎根一般，永远不会改变。

再看当今社会，一个个尚不知钱如何来的孩子却上传一张张“与钱共舞”的照片，或手握一沓沓人民币，或将钱洒在床上，更甚者还有用钱点火，或将毛主席头像剪下来；间接的则是各种豪车香包，奢侈衣物珠宝。但这些看似平民百姓遥不可及的生活，真的如照片上那般光鲜吗？晒照片者真的有那份能力运营好这份财富吗？答案显然是否定的。钱在他们眼中，只不过是为他们提供优越感的媒介，然而沉迷于这种虚无缥缈的感觉的人，又怎会有能力去将这份不劳而获的财富变为更大的财富？

炫富的人拿着他们能拿出的所有财产，去踩踏网络另一端的人，然殊不知，在真正的大财富者面前，他们就如同耍猴般可笑。李嘉诚在商海经历过的风风雨雨，拿出一分一毫便可将那些无知的炫富者吞没；而他们那点财富，即使用尽全力砸向李嘉诚大海般的沉稳，都不会惊起一滴水珠。千差万别的阅历和涵养，又怎么能使大智慧大财富者认同炫富者那卑微的渺小的虚荣呢？

而且，炫富所带来的灾难也不在少数。郭美美是最典型的例子。历来炫富者皆不会被大众被主流思想所认同，反而一个不慎，却会带来本不必要的灾祸。李嘉诚不能理解，我们也不能理解，炫富究竟是一种怎样的心态，也许就像毒品一样，当时会带去极大的快感，而快感背后则是肤浅、无知、拜金所带来的空虚。大财富者不会炫富，因为他们固有的名声不是炫富可以带来的，反倒是只比普通人稍多一些财富者，为了显得高人一等，炫耀着他微不足道的内心空洞。对这种人，一笑而过，也就够了。

真正有钱的人，哪有时间去炫富，钱是赚不完的，时间是有限的，用有限的时间去显摆有限的钱，也是没救了。也许这改变不了现实，但却能够给世人以警醒——财富并非用来炫耀，只有内心充实的人拥有真正的人生财富。

马云：企业家应该富有正义感

狭路相逢，勇者胜。无论是少年时代还是青年时代的马云，他从不缺少正义感。由于酷爱金庸武侠小说，少年时代的他就爱打抱不平。即使成为老师、家长以及邻居眼中的爱打架的“坏孩子”，他也不在乎。他用自己的方式坚定不移地践行着他在金庸武侠小说里领悟到的“侠骨仁心”。从小就被人称为真正男子汉的马云，最终因为他的正义，获得了事业上的成功。

我不哭不喊不闹不代表我不疼

马云小时候打架的战绩辉煌，也因此伤痕累累。他不在乎受多严重的伤，他只在乎因为什么而打架。“我不想欺负别人，因为我个小，别人只会欺负我。”马云如此说起自己的年少时代。

一次，他和别人家的小孩打架，闹的动静有点大，把警察都闹到家里来了。很多邻居家的孩子都爬在窗户上，想看到警察是怎样训斥这个坏小孩的。警察当着众人的面前大声地呵斥：“只许你老老实实，不许你乱说乱动。”这是一句在当时流传甚广的经典语句，甚至还被选进了当时的语文课本里。这件事情还没有过去几天，在一次课堂上，当语文老师碰巧念到那句话时，一个孩子扭过头来，嘲笑地看了马云一眼。马云顿时火冒三丈，“哗”的一声就扔了一本书过去，被那孩子偏身躲过了。那孩子也二话不说，抓住书包就整个扔了过来，马云躲闪不及，被砸个正着，书包里的铁文具盒正砸在额头，顿时血流如注。马云一声不吭，任凭别人将他送去医院处理伤口，整个过程他的父母和老师还有身边的同学都吓得脸色发白，他也没有哭喊，没有流一滴眼泪。

像这样的“流血”事件在少年马云的生活里经常发生。还有一次，马云为了朋友和别人打架，骨头都露出来了，当时没有麻醉，只好在清醒的状态下缝针，一共密密麻麻的缝了 13 针。在这个过程中，年少的马云没有发出一声哀号，可以与关公“刮骨疗毒”的坚忍相媲美。也正因为这件事情，马云成了那时许多孩子心中的大英雄，认为真正的男子汉莫过于此。他们认为他能为朋友两肋插刀，勇敢无畏。

那时的马云，毕竟年少，他不哭不喊不闹不代表他不疼，他也会疼、会难过，可是他更看重朋友间的友谊。他具有容易冲动、勇敢顽强、不屈不挠的性格，心中强烈的英雄感告诉他不能哭、不能屈服。从这个意义上说，打架的动机更体现了他重情重义、正义凛然的品质。

古人云：三岁看大，七岁看老。少年马云的好战、不屈服的性格注定他的人生很难平庸，因为他有着一个梦想，一个关于“侠义”的梦想。郭靖大侠曾说过，“侠之大者，在于为国为民”。马云正如是。

说 NO 并不难，看你敢不敢

我们惊艳于马云的成功，羡慕于他拥有的光环与财富，然而我们只看到马云人前的金光闪闪，却忽略了他成功背后的经历以及内心世界。

在 1995 年的浙江，有一天晚上，马云骑着自行车在一条经常路过的街道上行驶准备回家。他突然看见，有五六个农民工装扮的男子一起抬着个下水道的井盖在走，想到了前阵子报纸上报道的有孩童掉进下水道的事件，马云就想出手阻止。可是他考虑到自己是一个人，对方是五六个人，而且身材魁梧，势单力薄未免莽撞；于是他就骑着自行车往前骑到五六百米的位置，想寻求民警的帮助，可是没有看见一个民警；他又想找找看有没有路人愿意帮他一起阻止，就这样来来回回骑了四趟，也没有一个人愿意和他一起来阻止这件事情。马云很无奈，可是他又觉得自己不阻止便会心里不安。于是，他把自行车骑到那五六个人旁边，一只脚踩在地上，一只脚踏在自行车的脚踏上，对那五六个人说：“你们把它抬回去。”那五六个人愣了一下，马云心想，如果他们有人要上来打他，他就立马骑着车逃跑，可是并没有人过来。马云又说了一句：“你们把它抬回去。”这个时候旁边有个人跑过来问他：“你说什么?”马云说：“我让他们把井盖抬回去。”这个时候马云才注意到后面有摄像机对着他。经过记者和他解释，他才知道原来他们是在录节目，是电视台搞的一个心理测试，看今晚走过这条路的人看到这种情况，有多少人会站出来说 NO，结果是只有马云一个人通过了这次的测试。

通过这件事情可以看出，马云的成功并非偶然，他天生富有的正义感，让他在生活中也常常打抱不平。古人云：莫以恶小而为之，莫以善小而不为。马云做的事虽然不是什么惊天地泣鬼神的大事，但也恰恰是在这个物欲横流的时代我们缺少的精神和品质。

遇到有损企业和社会的人或事，敢于制止，敢于揭发，做一个有正义感的人，是马云教会我们的。对不文明现象说NO并不难，就看你敢不敢将它说出来。

比钱更有价值的是境界

“做公益和慈善，在我看来是人生一种很大的福报，我们努力的结果，既能帮助自己，也能帮助别人。我们今天捐赠的任何一笔钱，不管多与少，对改变世界甚至别人都是微不足道的，但帮助别人是改变自己，让自己的内心发生变化，更加丰富。”

“社会责任不该是一个空的概念，也不单纯局限于慈善、捐款，而是与企业的价值观、用人机制、商业模式等息息相关。社会责任一定要融入企业的核心价值体系和商业模式中，才能行之久远。”马云在接受记者采访时说道。

众所周知的“5·12”汶川大地震让汶川差点从中国地图上消失，在那场地震中，很多人自发的捐了款或东西，马云也不例外。

作为中国的电子商务之父马云先生作出了一个惊人之举，他捐了1元钱。对此他表示，中国的企业家目前即便有能力也不应该用来慈善，而不妨用于“扩大再生产。”“对那些荧光灯下的慈善捐款，我觉得每次捐1块钱就够了。”面对外界的舆论，他这样解释道。

天生的正义感使然，让他觉得荧光灯下的慈善不过是做样子，与其花功夫和精力投入在这华而不实的表面工作中，倒不如抓住本质问题去改善去建造更加可靠的基层。

马云的正义价值观便是比钱更有价值的，就是境界—— 一种不浮夸，讲究实质的境界，做好本职工作比华丽的慈善要好得多。

在马云看来，企业家要为社会承担责任，钱固然重要，但涉及正义的领域，我们万万不能唯钱是从。

王健林：我在中华慈善史上的大手笔

在古代，君子一向提倡“穷则独善其身，达则兼济天下”的处世标准，也就是说，不得志时要提高自己的修养管理好自己，得志时要恩惠于天下需要帮助的人。这种处世哲学除了是对人们行为的约束外，同时也是古人淡泊名利金钱观的体现。在中国当代有名的企业家中，有一个人特别喜欢这种处世哲学，他甚至立誓要成为中国第一慈善家，他是中国慈善联合会副会长，更是以集团形式捐款超过28亿的慈善家，他就是大连万达集团股份有限公司董事长王健林。

行善最乐

和“穷则独善其身，达则兼济天下”有异曲同工之妙的“行善最乐”一直是王健林最欣赏的一句话。他说，行善且有能力行善，是我最大的人生哲学。他是这么说的，也是这么做的。

2003年，非典疫情在中国乃至世界范围内迅速扩散。受疫情影响，很多工厂停工，学生停课，一些经济条件有限的农民工及其子女遭受非典疫情的折磨而无力反抗。这时候，万达集团迅速伸出援助之手，捐赠500万元，由大连市慈善总会建立了国内首支农民工援助基金。在大连慈善总会的运行下，先后有千余名来自20多个省份的农民工及其子女得到了救助。

2007年和2008年，是中国自然灾害比较严重的两年，先是辽宁省遭遇了百年难得一遇的暴风雪灾害，再是南方发生严重的雪灾。一向将国家和人民放在心上的王健林第一个向大连和沈阳两市捐款700万元，又向我国南方受灾比较严重的地区捐赠600万慈善基金，用于受灾地区百姓的灾后重建和抵御灾害群众受冻风险。除此之外他还带头创建各种慈善基金组织，帮助解决社会的突发问题。有人统计，仅仅2007年，万达集团王健林的慈善捐助金额就高达9400万元。

我国古代喜欢用“厚德载物”来形容重视品德的人能够承担起重大的社会责任，也能够因自己的德行好而得到丰厚的回报。回望王健林走过的路，他的善言善行，他以天下苍生为己任的决心，绝对称得上厚德载物的典型代表人物。

2008年“5·12”大地震和2010年青海玉树地震中，很多汶川同胞和玉树同胞在短时间内经历了失去亲人和家园的痛苦，也有很多人因此失去了健全的身体。在这种大灾面前，我们再次看到了万达集团董事长王健林的身影。汶川地震后的第二天，万达集团就率先通过四川省慈善总会向受灾地区捐款500万元现金来帮助灾民抵御重建家园。2010年4月19日，万达集团通过中华慈善总会向青海玉树地震灾区捐款1亿元，成为地震灾区在第一时间内收到的最大一笔救灾捐款。

除了在重大自然灾害面前慷慨解囊，帮助受灾群众之外，王健林还比较注意激励中国新成长起来一代的创业热情。2010年，王健林和包括马云、郭广昌、柳传志、董文标在内的中国著名企业家，共同捐资发起成立了用来扶持青年创业的瀛公益基金会。此外，2013年，王健林又单独成立了“万达集团大学生创业计划”慈善组织，每年捐赠5000万元，支持100位大学生创业，给每位接受资助的创业大学生提供50万元资金。

若谈论起哪次捐赠最能体现出王健林善人义士的赤子之心，要数2010年11月8日那次向南京人民政府的捐赠。为了帮助南京人民政府修建金陵大报恩寺，王健林以个人名义向南京人民市政府捐款10亿元人民币。这是迄今为止，中国慈善史上最大数额的一笔个人捐款。

王健林其人

王健林这个名字，伴随着他的慈善事业，在中国被越来越多的普通人所熟知，他的佛商“善举”一直是中国商界和慈善界所津津乐道的。王健林是军人出身，军人身上独有的坚韧与乐于助人品质，在王健林身上体现得淋漓尽致。当王健林无法压制自己身上善良的本性开始专注于慈善事业时，中国人对于“慈善”这一概念还比较陌生，甚至说，民间尚未出现以“慈善”命名的公益组织。王健林高居慈善大旗，走在时代前列，用他的实际行动来培养人们的慈善意识，鼓励同样有作为的商界优秀企业家参与慈善、支持慈善、推动慈善事业的发展。可以说，万达事业的发展过程就是万达慈善的发展过程，也就是王健林在中华慈善史上的挥毫笔墨的过程。

我们看到了王健林为中国慈善事业所作出的贡献，也透过他的善言善行看到了他的慈悲心肠。但是，我们却不知道他和他的万达集团在近十年的慈善捐助中需要额外支付的“善良费用”，那就是慈善税。开始时，国家还没有对慈善捐赠免除征税，王健林一行的慈善捐助行为不但不能得到国家相关部门的鼓励和表扬，反而还要向国家税收部门缴纳33%的所得税。这个比例是相当高的，这就意味着，如果王健林向慈善事业或者贫困受灾群众捐助1亿元的善款，就需要缴纳3300万元的税。国家这样的政策给企业家带来的压力是可想而知的，不但加重了企业家经济上的负担，同时也加重了企业家心理上的负担，好像做慈善并不是一件光彩的事情一样。正是这个外人看来“不近人情”的政策，打消了很多企业家从事慈善公益捐赠的念头，而王健林和他的团队却从来没有退缩过，依旧实实在在地走在慈善组织的前排，用真真切切的数字说话，为中国需要帮助的同胞尽上一份力。

“共创财富，公益社会”是万达集团始终坚持的企业宗旨。20多年来，在王健林的带领下，万达集团把慈善捐助也列入了公司的财务计划之中，形成一种企业文化，每年派发一定的数额来支持我国慈善事业的发展。

这就是王健林，一个对慈善有着自己独到见解的中国优秀企业家，他曾说："中国企业不应等到富有之后才去做慈善,而必须在发展过程中就承担起社会的公益责任,推动慈善事业,这一切来源于我们的传统文化。"

张朝阳：钱多不是幸福的保证

搜狐董事局主席张朝阳在接受《杨澜访谈录》时曾经说过，"钱多不是幸福的保证，钱多少跟幸福没关系。我这么有钱，却这么痛苦"。对于财富，他并不是十分看重，而在金钱的旋涡中，他甚至感到迷惘无措、痛苦万分。

成功之后，我反而更加迷茫

作为中国互联网巨头搜狐的董事主席张朝阳，在获得无可复制的成功之后，受到了媒体的广泛赞誉——溢美之词开始充斥着他生活的方方面面：学历高、有素质有文化、勇敢果决、光芒万丈、中国互联网的领军人物、钻石王老五等等。这些词语无论是真实抑或夸大，传到张朝阳耳中，都曾经让他有一种兴奋的感觉。

毕竟人非圣贤，谁能够做到真正的清心寡欲？对于外界的赞赏，张朝阳照单全收，并且也觉着自己绝对配得上这样的赞誉——他的虚荣心急剧地膨胀和满足，"表面上我十分的谦和，然而实际我十分的傲慢"。事后在一次采访中，张朝阳曾这样描述自己的心境。

成功带给了他一种高傲的心理，而那时候，他将这种心理归类为成功者心态："成功者往往什么东西都必须按照自己的意图走，我变得更加完美主义者，想要控制事情的结果，甚至认为我可以活到 150 岁。"

巨大的财富和成果让他变得更加理想化，而这种理想化让他变得极其自我，在追求和思想上也开始不切实际。在杨澜的访谈中，他说道：“脑子里总是有某些虚妄的想法赶不走，这些想法非常恐怖。”

那时候，他开始有了极大的精神压力，没有了以前奋力拼搏的冲劲，这样的状态使他开始对人生感到无措，甚至对人与人之间的正常交往都产生了一定的恐惧心理——他开始变得十分的焦躁不安，情绪波动大。这使他的正常生活受到了极大的影响——他不能正常吃饭、休息，他的情绪甚至影响到了整个搜狐团队。

他有了财富，而金钱似乎将他卷进了一个旋涡，他深陷其中，却无法找到出路。

成功之后的迷茫对比之前他对未来的冲劲，他突然想要回到最初的那段时光。于是，他开始闭关，休息和思考人生——他需要把俗世的语言赞美抛之脑后，再给自己一个新的定位和评价。

金钱 VS 幸福感

虽然很多调查虽然显示，对于大多数人，拥有金钱的数量和幸福感是成正比的，然而这一点，在张朝阳身上并不适用。

拥有财富的他反而对前路感到万分迷茫，并且找不到自己存在的意义。

在学生时代，无疑他是幸福的。他爱做梦，每一个梦想都承载着他对生活的热爱。从小到大，他拥有过比常人更加丰富多彩的爱好：他爱画画，他爱音乐，他爱物理，他还爱追星。他对这些都抱着极大的憧憬，而这些憧憬让他的青春也比其他人更加惊心动魄。

那时候的他，虽然没有金钱，没有名誉，但是对于爱好的追求让他的青春显得极为充实。而他的精神世界，也因为这种张扬活力的青春，而显得十分丰富多彩。

创业初期的他也是幸福的。那时候，中国整体的经济环境和互联网环境都非常差，但在美国的他却十分看好中国这块还未被开垦出来的“土壤”——而在决定到中国发展之后，他的信心十分坚定，也从未对自己的未来感到彷徨。

刚回到中国，他的日子也十分的艰苦。一个月5000美元要养活一个公司的雇员、想要自立门户却苦于没有启动资金、成立了公司却在项目完成后没法给雇员发工资……这些挫折一波接着一波冲击着刚刚创业的张朝阳，却使他在这种锤炼中变得愈发坚韧不拔。

在没有功成名就之时，张朝阳看待世界的眼光与现在不同，那时他带着敬畏和憧憬，因而无论多么困难，他都能够保持着很高的幸福感；而在拥有金钱之后，他开始恃才傲物，最终在人生长河之中迷失了自己的方向，并因此而抑郁不乐。

金钱和幸福感并没有多大的关系，并不是有了金钱我们就能够感到幸福——最重要的，是你看待金钱的态度。

心境才是最大的财富

消失在人们的视野中一年之后，张朝阳再度出现在人们面前。这一次复出，人们可以发现，他的目光和之前相比，有了很大的不同。

之前出现于人前，他的目光总是锋芒毕露，而复出之后，他的目光变得十分平和，甚至让人觉得有些古井无波、看破红尘的味道。

“在与董事会复杂的斗争中，我学会了权术，从一个学生变成了对利益关系有清醒认识的人。我的生活充满了竞争、危机和压力，远非外人所见的风光和得意，其中的坚信和孤独只有一个人默默承受。”张朝阳对于之前的心境，他这样说道。

成功之路上的艰难坎坷能锻炼一个人的意志。可同时在成功之时，若不摆正心态，之前所受到的痛苦，还是会反弹的。而在闭关之后，张朝阳却似乎将这些痛苦抛之脑后。

张朝阳总结说，闭关结束后有三个变化：接地气、谦卑、幸福观。在之前，他只是一味地追求梦想，追名逐利，而在拥有金钱之后，他开始居功自傲，甚至变得淡漠。

“以前我曾认为别人接近我都是有目的的，很少理睬那些主动接近我的人。现在我彻底变了，生命中的每一分钟对我都很有意义，那一时刻遇到那个人跟你说话，一定是有意义的，他也是我生命中的一部分。”

他的心境在闭关之中有了极大的变化。而这种心境也让他对人生有了一个新的解读——有时，成功与财富并不能代表什么，无论别人对自己有多么羡慕，评价有多高，自己依然是自己。

如果在成功之后，我们不能管理好自己，那么财富也只会成为自己的负担。同时，也要学会调节自己的心境，拥有一个好的心境，这样我们才能坦然面对挫折所带来的痛苦，才能淡然面对成功所带来的荣宠。

让心境成为自己成功路上的助力，成为人生路上的引路明灯。

Part 12

每个人的生活都有不同的调调，你的呢——首富的“人生课”

有人说，人生是一条没有回程的单行线，每个人都在用自己所有的时光前行，所以不同的人有着不同的人生。用心的人能够收获精彩，拼搏的人能够收获美满，若果真如此的话，首富们在行走这条单行线时一定种下了善良，才会在路的两旁开出绚丽的“花”来。

比尔·盖茨：人生只把握在你自己手中

每个人对人生都有自己的态度，有追名逐利，有云淡风轻，有痴迷爱恨，有看破红尘，而成功之人的人生态度，也多有不同。无论人生得意与否，没有人不期盼成功之门会为自己打开。比尔·盖茨的人生之路走得颇为成功，他对待自己的人生，也有着与众不同的态度。

选择决定人生

每个人在人生之路上都面临着无数次的选择，比尔·盖茨也不例外。从少年时代，小比尔就面临着各种各样的抉择。而在面对这些抉择时，比尔·盖茨表现出他极高水平的抉择能力。

比尔·盖茨这种抉择能力首先体现在相处的朋友身上。在湖滨中学就读时，比尔·盖茨就表现出了自己在数学上惊人的天赋，学习成绩优异的他很快就被学校的师生所熟知。成绩好的少年对所有人都有着莫名的吸引力，比尔·盖茨亦然。虽然他相貌平平，但成绩却十分让人羡慕。而在比尔·盖茨所有结交的朋友中，他也极有策略地选择了和自己情趣相投的朋友。

肯特·伊文思和他的关系最为密切，从七年级开始，他们就几乎形影不离。两人天赋极高，在数学方面都表现出了惊人的能力，而且两人也"臭味相投"，对计算机有着极大的痴迷。也在这时，比尔·盖茨又选择了一个让他终身受益的伙伴——保罗·艾伦。年长盖茨两岁的艾伦在计算机和商业上有着极其敏锐的感知，而他对盖茨在人生之路上的指引，都成为盖茨日后能够成功的关键。

其次，这种抉择能力体现在对于人生道路的选择上。比尔·盖茨在哈佛求学的道路并没有之前那么一帆风顺。他本身在滨湖中心处于顶尖的成绩在哈佛这个世界最高学府，只能算是中等水平。而那时候，保罗·艾伦也来劝他弃学从商。不得不说，艾伦的游说让盖茨十分心动，然而家庭的反对让他有些犹豫，因此决定在学习的同时开始创业。创业中途，比尔敏锐地察觉了计算机市场的长远前景，他觉得作为成年人不应该让家庭左右自己的决定，于是他毅然放弃了在哈佛的学业，开始了自己在计算机领域的创业。这个选择让他拥有了自己的事业，并且最终站在了世界商圈的顶峰。

这种抉择能力还体现在对于财富的态度之上。在功成名就之后，很多成功人士都会选择纸醉金迷，声色犬马，但比尔·盖茨却不然，面对着巨额的财富，他并没有挥金如土，而是依旧秉持着节俭朴素的原则，在个人生活上锱铢必较。然而在慈善上，他却一掷千金，表现出极强的责任心，以及对民众的关心和对社会的感恩。这种毫不张扬且保留自己本真的抉择，让他最终实现了真正的成功。

面对抉择，我们需要有敏锐的眼光，这样才能够避免选择带来的风险；我们需要有坚定的信念，这样才能一路无视艰难险阻奋勇向前；我们还需要有不变的本真，这样在成功之后才能守住疆土，不被风波所倾覆。

选择决定人生，只有做好了人生路上的每一次选择，我们的人生才有可能被渐渐地引导向成功的殿堂。

笑对人生，你才能得偿所愿

人生路上，难免会遇到挫折困难，能否克服困难，到达成功的彼岸，取决于面对挫折的态度。

即使是首富比尔·盖茨的人生也并非一帆风顺。八年级时，他第一次创业，那时他怀揣着对商圈的幻想和对计算机领域满满的希望，创造出了一台通讯用的计算机，然而由于市场不景气，产品没有任何的销路可言，无奈之下，他只得放弃了自己的公司。

第一次创业失败对任何创业者而言，都会是巨大的打击，甚至有一些创业者会因这些失败而一蹶不振。然而比尔·盖茨却只是一笑而过——还年轻，失败一次又算得了什么？正是比尔·盖茨这种面对挫折云淡风轻的态度让他很快便平复了心情，在上大学时开始了第二次的创业。

第二次创业之时，由于微型机的推广，市场的潜力被挖掘了出来，他设计的产品也得到不少人的青睐，但迫于学业压力，他不得不放弃这次看似前景极好的创业。然而这次盖茨不仅没有气馁，反而对前路的迷茫少了几分。对这次的经历一笑置之后，他退学开始了第三次创业，最终成立了微软这家闻名世界的计算机公司。

不仅面对挫折，在面对竞争压力时，我们也需要有一笑置之的风度。

21 世纪，IT 发展可谓日新月异，这时的微软已经成为名副其实的 IT 霸主，然而苹果公司也步步紧跟，以自己的独特产品抢夺着微软原本的市场。面对这样的竞争压力，比尔·盖茨并没有紧张焦急，而是表现出了极其平静的态度，将这些压力一笑置之。他十分沉稳地制定了面对竞争的策略，加大了在软件创新方面和领域创新方面的投入，坚持自己的创新之路；在市场方面，他也增加了推广的力度，从而扩张自己产品的销量。

这种处变不惊的态度让微软在面对激烈的竞争之时能够不慌不乱，在沉稳中，占据市场上属于自己的地位。而面对成功之时，我们更加需要笑对荣誉的淡然。

当名誉加身，比尔·盖茨并没有沾沾自喜，而是淡然面对社会各界艳羡的眼光和高度的赞誉，依旧故我。甚至对于金钱，他也看得极淡，将他 1/3 的资产都投入了慈善事业之中。而这一举动，让他在世人心目中的形象，再度上升到一个新的高度。

笑对人生，并不是不争不求，而是在争取自己利益时始终保持一个平静的内心，只有这样，我们才能得偿所愿。

史蒂夫·乔布斯：死亡可能是生命的最佳创新，因为它将彻底改变你的生命

很多时候，当一个人的权力越来越大或者财富越来越多时，他就会越来越在意自己的生命。最典型的例子就是古代封建王朝的帝王们，他们拥有着无上的权力，他们是普天之下财富的拥有者，而几乎所有帝王都怀有一颗希望长生不老的心，以使自己的统治时间能够足够长。就如同宋美龄曾说的："我承认，也许你们说的都是真的，但那只不过是因为他们还没有尝到真正权力的滋味。"但并不是所有的大财富者都有如此想法，乔布斯便是其中一人。

他甚至不愿意花时间去检查身体，在他看来这只是浪费时间。

积劳成疾与上天的眷顾

2003年10月，乔布斯偶然遇到了自己的泌尿科医生，在她的建议下，5年没做身体检查的乔布斯做了一下肾脏和输尿管的CAT扫描。当时乔布斯只是为应付那位医生而答应，但结果却出乎那位医生所料——乔布斯的胰脏上有一层阴影。出于医务人员的直觉与警惕，她要求乔布斯进行一次胰脏检查，当时乔布斯依旧不以为然，不愿意在这种他看来微不足道的小事上浪费时间，但那位医生依旧坚持自己的观念，“史蒂夫，这很重要，”几天后她对乔布斯说，“你需要检查一下。”乔布斯不得不“妥协”。

最后的检查结果并不如乔布斯所愿那般无恙，恰恰相反，问题的严重性大大超出了乔布斯所预想——乔布斯的胰脏上有一个肿瘤，这个肿瘤也就意味着乔布斯的寿命可能已经快走到尽头了。

在检查的当天晚上，医生们用内窥镜取出了一部分肿瘤细胞进行切片检查，而结果却带来了惊喜——乔布斯的肿瘤刚处于生长阶段，而这种肿瘤具有生长缓慢的特点，因此他不但非常幸运地在癌症初期发现了病症，并且这种病症可以较轻松地去除。当时所有人都松了一口气。

乔布斯的这场身体危机就如同过山车一般跌宕起伏，然而这并不是这场危机的结尾，乔布斯作出了一个令所有人意外甚至于感到害怕的决定：他不愿意接受最简单的治疗方式——做手术，哪怕这个最简单的治疗方式同时也是唯一的治疗方式。

乔布斯的固执是出了名的，从2003年10月确诊到2004年7月末正式接受手术，乔布斯尝试了各种方式去治疗自己以逃脱做手术的命运。他采用严格的素食、针刺疗法、药草疗法等等方式，在尽量不伤害自己身体内在的情况下，乔布斯试图顽强地证明着不手术也能治愈肿瘤。

到最后，越来越多的拥有专业知识的朋友开始纷纷加入说服乔布斯进行手术的队伍。饮食医生迪恩·奥尼什是使用替代疗法和营养疗法的先驱，甚至他也认为对于乔布斯最有效的治疗方法，确实是进行手术。

最终使乔布斯不得不接受手术的，不是别人，正是一份肿瘤可能扩散的检查报告。乔布斯最终还是同意承认自己的方法并没有效果，并接受手术。2004年7月31日，乔布斯在斯坦福大学医学中心接受了外科手术，切除部分器官。

手术后乔布斯以为肿瘤已经完全切除，表示不接受放疗继续治疗。乔布斯通过 PowerBook 连接到 Air Port Express 无线基站，向全体员工请了一个月的假。然而手术后暴露的问题却依然严峻——9个月时间里乔布斯强迫症般的饮食习惯，非常不利于手术后的康复，而另一点，9个月时间内即使是生长缓慢的肿瘤细胞也渐渐扩散开来。最终，乔布斯接受了化疗。

向死而生的觉悟开创无限的未来

乔布斯并没有将自己的病症公开，而是以一种安抚人心的方式告诉大家自己已经痊愈。然而在2005年乔布斯受邀为斯坦福大学进行的毕业演讲中，他却决定将自己的身体问题公开。不得不说，在这前前后后一年多的时间里，乔布斯的心境开始沉淀下来，开始反思他过去的一生。

在那次演讲中，乔布斯讲了3个故事。这3个故事是乔布斯一生中3个具有代表性的时段。也是年纪已过半百的乔布斯在治病期间所思索的问题。

第一个故事是关于生活中点点滴滴的联系。乔布斯，以及任何一个人的成功都不可能是从天而降，它都有着各种与之或多或少的事物做铺垫。就像乔布斯的成功，若没有当初的休学就不可能有之后与沃兹的相遇，也不可能会有最初的苹果；如果他当初没有因为休学而去里德学院学习书法，就不可能有之后的麦金塔打印电脑。因此事物与事物之间总是存在着某些联系，正是这千丝万缕的联系，共同钩织成了一个人通往成功的路。乔布斯说：“我再说一次，你不能预先把点点滴滴串在一起，唯有未来回顾时，你才会明白那些点点滴滴是如何串在一起的。所以你得相信，你现在所体会的东西，将来多少会连接在一块。你得信任某个东西，直觉也好，命运也好，生命也好，或者业力。这种做法从来没让我失望，也让我的人生整个不同起来。”

乔布斯的第二个故事是关于爱与失去的。得失并不是绝对的。乔布斯当初被一手创办的苹果所开除的时候，他以为自己失去了全部。然而事实恰恰相反。在离开苹果后，乔布斯反而进入了他最自由最具有创意的年代。从NeXT到皮克斯，从终身的伴侣到《玩具总动员》，乔布斯在被他所热爱的事业抛弃后，命运重新回报了这份爱。乔布斯曾回忆说，“当时我没发现，但是现在看来，被苹果开除，是我所经历过最好的事情”。

第三个故事是关于死亡的，“把每一天都当成生命中的最后一天，你就会轻松自在”，这句话对乔布斯产生了巨大的影响。而之前一年内在死亡边缘走了一圈回来，更使乔布斯的思想得到了一次沉淀。他说道：“没有人想死。即使那些想上天堂的人，也想活着上天堂。但是死亡是我们共有的目的地，没有人逃得过。这是注定的，因为死亡简直就是生命中最棒的发明，是生命变化的媒介，送走老人们，给新生代留下空间。现在你们是新生代，但是不久的将来，你们也会逐渐变老，被送出人生的舞台。抱歉讲得这么戏剧化，但是这是真的。”

乔布斯用自身的经历证明着那句“死亡可能是生命的最佳创新，因为它将彻底改变你的生命”，在这场与死神亲密接触的游戏中，乔布斯的生命发生了改变。一次生死经历，一份渐渐反思人生的沉淀，乔布斯始终如此——先人们一步。

马克·扎克伯格：最让人感觉良好的是你每天都在改变世界

在全世界的创业者中，每个人都有自己最执著的追求，有的希望能够功成名就，受世人敬仰；有的希望能够肥马轻裘，享世间荣华，而最让 Facebook 公司创始人兼首席执行官马克·扎克伯格感觉良好的是：世界每天都在因为自己而改变。是的，世界每天都将因为自己而一点点的发生改变，这是一个多么让人激动的事，它带给扎克伯格的成就感是巨大的。我们也能够从扎克伯格想要改变世界的追求中，窥探出他的梦想和他对待人生的严肃态度——将世界联系起来。

一瞬间产生的梦想 需要很多年的浇筑才能实现

对马克·扎克伯格有着很大影响的另一位“天才前辈”比尔·盖茨曾经将人生比喻成一场火灾，他说，一个人能做的，也必须去做的，就是竭尽全力的从这场火灾中去抢救出一点什么东西来。这种迫不及待、急如星火、一定要做点什么事的精神，是每个成功的创业者都不可缺少的成功基因。

扎克伯格也不例外，为了完成联系世界的梦想，他迫不及待地创业、迫不及待地辍学、迫不及待地建立起他的互联网帝国来。截至现在，这位已经将世界上超过 10 亿人口联系起来的“亿万富翁”才年仅 31 岁。

人们对于扎克伯格的描述，似乎都会以“扎克伯格创建了一个选课的软件，但是后来发现同学们并不用该软件来选课，而是用它来搭讪同学，于是扎克伯格产生了灵感，想要建立一个社交软件，满足大家的社交需要”为开端，但是很少有人能够看到这位沉闷寡言的哈佛二年级在校“技术狂人”敏感且精准地捕捉到快餐文化时期几乎被人们遗忘的人类对情感共鸣的需求，而这个需求才是真正促使扎克伯格坚持“把世界联系起来”这一梦想的根源所在。清楚认识到人们有热切“连接”欲望的扎克伯格在2004年1月，向网上的域名公司支付35美元，买下一年的域名使用权，注册了“the facebook.com”网站。关于这个网站的核心理念，扎克伯格从开始就十分清晰，并且他曾经多次在不同场合强调过，他说：“我们的项目仅仅帮助人们开通了一条帮助哈佛人分享更多信息的道路。这样一来，大家就能更了解校园里到底发生了什么事，而我想做到这一点，所以建立了能得到所有人信息的渠道，而且每个人都能够分享自己想要分享的一切信息”。在互联网作为世界发展主流趋势的今天，扎克伯格的“分享与沟通”理念一出，很快就改变了扎克伯格所在的哈佛小世界。

扎克伯格这位计算机天才在哈佛上学期间读的并不是计算机专业，而是一个和计算机八竿子打不着的心理学专业，正是和心理学有着这种直接的缘分，扎克伯格能够很轻易地抓住Facebook用户细微的需要。比如新注册用户拍摄标准照片时，往往会拍得不好看，扎克伯格就会允许大家上传以往的好看照片，增加自己在社交网络的魅力。

或许是对扎克伯格细心的回报，人们对于社交网站的热衷程度远远超出了扎克伯格的想象。2004年2月，整个哈佛已经有3/4的学生注册了Facebook账户，并且这种热衷并没有因为学校的界线而停止。很快，哈佛附近的常春藤名校，越来越多的学生也被邀请加入进来。扎克伯格所埋解的世界并不仅仅局限于美国，而是真正的世界，2006年9月11日开始，任何用户输入有效的电子邮件地址和自己的年龄，都可以在Facebook网上注册成为会员，从此，Facebook真正成为一个联系世界的平台。而Facebook在全美网站的排名，也一跃从第60名上升到了1名，并且成为全美国第一照片分享网站。

下一个十年，依旧要为改变世界做贡献

2010 年 6 月 25 日，Facebook 的首席执行官马克·扎克伯格在法国表示，Facebook 用户数量一直在不断地增长，而且活跃用户将在一年之内突破 10 亿。这些激增的用户数量承载着扎克伯格改变世界的梦想一直充实着扎克伯格的人生轨迹。

从利他角度去制定梦想的人是可贵的，十年如一日坚持梦想的人是可贵的，像扎克伯格这样十年如一日去实现利他梦想的人更是可贵的。十年已经过去，扎克伯格在这十年里取得的成绩让世人震惊，但是他并没有在荣耀和财富中迷失自己，始终没有忘记自己成立 Facebook 的初心，下一个十年，他还要见证世界在自己的努力下一点点改变。

在 Facebook 成立 10 年之际，扎克伯格曾经在自己的个人页面发表文章庆祝，他说："今天是脸谱创办 10 周年的日子，身为脸谱的一分子，我心怀感激。脸谱网的成功在于我们比任何人都关注将这个世界联结在一起，直至今天未改初衷。因此，与其欢庆过去的这 10 年，我对未来 10 年更加兴奋莫名。在白手起家打造这个网站，而今我们拥有资源帮助全球民众解决更大和更重要问题。今天，社交网站大部分都在分享生活片刻。未来 10 年，他们也将帮你回答问题和解决复杂问题。"

命运似乎不愿意亏待一个善良的孩子，若把"逐渐改变中的世界"当作扎克伯格梦想实现的表现，那么此外的身份、财富、地位等的提高和增加就算是命运的额外馈赠吧。但是，人们更习惯用世俗的眼光作为标准来评判扎克伯格的成功与否，"盖茨第二"、"天才 CEO"、"计算机神童"、"亿万富翁"的头衔都是人们对他所取得成就的肯定，但是扎克伯格并不在意这些外在的东西，他始终把自己的人生格调定位在改变世界上。

宗庆后：早 6 晚 11，我希望一直这样工作下去

娃哈哈集团创始人宗庆后的人生是对“工作狂”这个词最好的诠释。宗庆后的生活里每天都是工作日，从早晨 6 点到晚上 11 点都是他的工作时间，每天除了 6 小时不到的睡眠时间外，他的一切都围绕着工作、工作还是工作。甚至在睡觉时，他脑子里思考的仍是工作上的事情。试问，谁能像宗庆后这样敬业呢？

活到老，干到老

娃哈哈这家大型企业为什么能如此有条不紊地运行着呢？这是因为它的领导每时每刻都在盯着这家企业，“每时每刻”这个词用在这里、用在宗庆后身上绝没有半点夸张。

自从娃哈哈集团创始以来，宗庆后在办公室睡觉的时间比在家里多，如果他不在公司办公，那他肯定就是去出差了，或者在出差的路上。娃哈哈不仅仅是他的家，是他梦想的伊甸园，更是他的全部，他几乎把所有的时间、精力和心血都灌注在其中。

在这个多元化的社会里，越来越多的企业老总明白适当放权、享受生活的道理。随便看看当今中国那些知名企业的老总，没有谁不出国享受一个惬意、悠闲的年假，没有谁没有一两项烧钱又时尚的娱乐活动，也没有谁 60 多岁了仍在商场冲锋陷阵，舍不得将一身战袍传给接班人。唯有宗庆后，他是这所有理所当然中的变数，是中国商界赫赫有名的工作狂人。一次，宗庆后参加一档财经类的访谈节目。访谈告一段落，主持人提议宗庆后表演点什么，

宗庆后想了半天，只说了一句："我只会朗诵毛泽东选集！"

宗庆后信奉的是"活到老，干到老"。事业能不断为他灌注生命的活力，平时除了工作，他几乎没有闲暇时间。他曾经不无感慨地说道："现在生活节奏这么快，大家压力都很大，休闲、旅游谁都喜欢，但是在我身后是一个庞大的企业，这脚步就是慢不下来。"

随着宗庆后的女儿宗馥莉逐渐从幕后来到台前，宗庆后"什么时候退休"成为越来越多人关心的问题。不同时间、不同场合，年逾60的宗庆后对此作出过不同的回答，包括：10年，20年，最近一次的回答则是30年。也许在宗庆后的眼里，娃哈哈集团仿佛仍旧是一个襁褓中的娇嫩婴儿，他在有生之年都不能放下自己那份牵挂着孩子的慈父心肠。

为了娃哈哈，宗庆后放弃了很多个人时间，无论是双休日，还是春节等节假日，别人全家团圆、享受天伦之乐的时候，宗庆后不是在办公室加班，就是在外地出差……虽然敬业取得了事业上巨大的回报，却也让宗庆后内心深处觉得愧对家人。他曾经在采访时提到，女儿读书，他会忘了读的是几年级；妻子生日，他总记不起来为她买一份小小的生日礼物；老母亲也住在杭州，离公司不过咫尺之隔，他却一年只能抽空探望一两次；甚至创业20多年来，他都没有时间去美丽的西湖畔慢慢走一走，吹吹湖边清凉的风。

在每个人心目中都有衡量"敬业"这个词的一道标准，有些人认为按时按量完成任务是敬业，有些人认为每天按点上班是敬业。但宗庆后心里，只有将视企业为生命、视企业为一切，将自己所有的时间和热情毫无保留地奉献给事业，才算得上真正敬业的企业家。

旁人眼中的工作狂

现任娃哈哈党委书记吴建林是公司的老员工、老功臣，伴随着娃哈哈一路成长，在他眼中，宗庆后也是一位不折不扣的工作狂。1989年，吴建林毕业于浙江大学企业管理专业，毕业后的第一份工作就是在娃哈哈。按照公司规定，大学毕业生必须先到工厂车间接受锻炼。当时娃哈哈营养液红遍了中国大江南北，严重供不应求，而公司上下总共不到50人。在供不应求的时期里，加班干活成为了员工的家常便饭，经常一连就上一个月的班，根本没有休息日。

虽然在车间干活很辛苦，但年轻的吴建林没有任何抱怨。因为他看在眼中，记在心中：他的老板比任何一个员工还要忙得多。每次午休时，宗庆后一放下碗筷，就会马上跑到车间来帮忙打包营养液；顾客开车来厂里拉货，他卷起袖子就和员工一块儿，将货物一箱一箱地往外抬；办公室的灯会一直亮到晚上11点，下班后宗庆后还会开着车在工厂里巡视一圈。

宗庆后业务能力强，心思缜密，他每次在车间巡视都不是走马观花，总会发现问题。在娃哈哈，宗庆后对机器设备的熟悉程度超过了很多技术人员，甚至可以算得上是机械专家。吴建林说，“做一个小部件，该怎么做，宗庆后都会交代得清清楚楚，无论什么事情他都要自己先弄清楚才会去做。他是公司里当仁不让的行家。”

一次宗庆后去车间视察，细心的他很快就发现了问题。当时生产娃哈哈营养液的原料主要是红枣、枸杞、山楂等，要分别煎煮两次。煎好以后得到的液体用来提取营养液，锅里剩下来的原料则用作废品处理。宗庆后发现锅里煎煮过的红枣外观上仍完好如初，就吃了一个，结果红枣还很甜。煎煮过的“废料”还有甜味，说明原料利用不充分。宗庆后很懊恼，他觉得这是一种浪费，马上着手进行技术改进。

类似的例子数不胜数，娃哈哈是宗庆后耗尽毕生心血成就的事业，他沉浸在其中，乐此不疲。

爱拼才会赢

某种程度上来说，今日一心一意扑在事业上的宗庆后是为了弥补年轻时“被浪费”的岁月。宗庆后家境贫寒，为了替父母分担，18岁的宗庆后初中刚毕业就去了舟山一个农场工作，随后又在绍兴一家茶厂工作了很多年。他在农村一待就是15年，从一个意气风发的少年成为一个成熟稳重的中年。

1977年，已经32岁的宗庆后断然拒绝了从杭州送来让他在绍兴娶妻生子、安家用的家具。他下定决心，“大丈夫没有自己的事业何以为家，我要等待，我要回杭州发展。不能让时光磨灭我昔日的理想！”他毫不犹豫地把家具都退回了杭州，他要迎难而上，与命运抗争。直到1978年，已经33岁的宗庆后才回到杭州，顶替了母亲的工作。

2004年，娃哈哈跨过了百亿元大关的坎儿，宗庆后提出了“第三次创业”的豪言壮语，将未来目标定为两期，第一期目标是3到5年内突破200亿，第二期目标是5到10年内突破1000个亿。短短3年的时间，娃哈哈就轻松突破200亿大关。“娃哈哈正在向1000亿大关进军！”这是一位年逾60的老人生生不息的拼搏精神。

曹德旺：留给子女的不应该是财富，而应该是智慧和人品

“中国首善”曹德旺的人生哲学和他的生意经一样不落窠臼，作为一名企业家，生活在中国这样注重人情往来的国度，他从来没有送过一盒月饼；作为一个佛教徒，在群雄逐鹿的生意场上他又将曹操当作偶像，毫不掩饰自己的野心勃勃；作为中国首善，他捐赠的每一笔善款都锱铢必较；作为一个成功的父亲，他说留给子女的不应该是财富，而应该是智慧和人品。

财富不留给子女，将捐赠大部分财产给慈善基金会

作为中国改革开放以来创业最早的企业家之一，曹德旺说：“企业家如

果没有责任心，充其量只是富豪。”能够赢得“中国首善”的尊称，曹德旺的捐赠事迹多不胜数，据胡润慈善榜统计，从1983年第一次捐款至今，曹德旺累计个人捐款已达60亿元。

除了现金捐赠之外，曹德旺在2009年2月12日还作出了一个决定，他宣布捐出自己所持福耀集团70%的股份成立河仁基金会。但因为涉及全面收购要约，改捐为60%，基金会成为福耀集团第一大股东，曹氏家族成为第二大股东。河仁基金会的收益来源于股票的年底分红收入和在一定比例内通过高抛低吸运作投资股票。蒙牛的老牛基金会，收益主要来自牛根生股票51%的收益，牛根生去世后股票才完全属基金会所有，而曹德旺直接把自己60%的股票捐给了基金会，可谓开创了股票捐赠先河。对此，曹德旺表示，我只是在尽一个中国人的责任和义务。

关于捐赠股票成立慈善基金，曹德旺是征求过家人意见才作出决定的。2007年，曹德旺把家人聚集在一起，召开了一次家庭会议。在家庭会议上，曹德旺明确表示想要把福耀玻璃60%的股份捐给慈善基金会。他说：“爸爸这么大年纪，准备退休了。你们自己要努力，不要指望我留很多财产给你们。”

按照当时的股价，60%的股份市值100多亿，他本以为会引发一阵讨论，没想到家人很轻易就同意了。妻子很好商议，对于曹德旺的决定，她向来没有异议。难得的是孩子们能理解，其中长子曹晖带头表态，他说：“这个事情是你的事情，我不参与决策，你怎么定就怎么定。”女儿和幼子也赞成父亲的决定，一起签字同意了。

曹德旺对此很宽慰，他表示：“这次捐款如果说曹德旺境界高，那我的子女境界更高。因为我已经六十几岁，不需要钱了，而他们是需要钱的。”

最骄傲的是子女的智慧和人品

曹德旺说，“我这辈子最骄傲的事情就是儿子在接受记者采访时说的话，儿子说‘他这一辈子最大的遗憾，就是不会像他爸爸那样再培养出第二个曹晖来了’。我儿子能说这样的话，我是最开心的。”

曹德旺膝下有两子一女，大儿子曹晖，今年已经45岁，最小的儿子也已经36岁。身为人父，曹德旺其实是心怀愧疚的，因为这么多年，他一直忙着做生意，四处奔波，错过了孩子的成长时间。等他站稳了脚跟，闲下来了，忽然发现孩子已经长大了。没有参与孩子的成长，对于一个有责任心的父亲来说，是一件很遗憾的事。孩子做对了事，没有给予过他鼓励和夸奖；孩子做错了事，没能给过他批评和教育；孩子迷茫疑惑时，没能像指路人那样给过他建议。他和孩子常出现的情境是，曹德旺回到家孩子们都睡觉了，曹德旺走了，孩子们还没起来。

就是这些没有经历过曹德旺的“修理”和“裁剪”的孩子，却意外长成了让曹德旺欣慰的样子：他们不抽烟、不喝酒、不赌钱、不嫖娼，如果不告诉你他是曹德旺的孩子，根本看不出是富家子弟。

曹德旺是个虔诚的佛教徒，他相信“好人会有好报”，子女的智慧和人品是佛祖对他“行善”的回报。而长子曹晖，也因为时常跟随父亲捐款赈灾而走进了公众的视野，成为媒体竞相追逐报道的违时绝俗“富二代”。

在公司，曹晖有一个绰号，叫“曹氏葛朗台”，这是对他“小气”的肯定，还是对他“低调”的夸赞。据说，身为“富二代”的曹晖为了多挣点工钱，经常替同车间的工友三班倒，一天上班的时间经常超过10小时，与工人同吃同住，吃得了苦，从来没有“富二代”的待遇与架势。

还有一位在福耀干了很多年的老员工向记者表示，在福耀，他最佩服的人，除了曹德旺就是曹晖了，“我是看着曹晖长大的，十几年前曹晖高中毕业，就来到车间干活，从最底层的工人干起。曹德旺没有让自己的孩子养尊处优，曹晖也没有一点大企业老板儿子的架子，这就是曹德旺父子最大的与人不同之处”。

只在人品上受人敬佩当然不足以担任福耀继承人的角色，曹晖在事业上的聪明老辣有原则，才是曹德旺最感到欣喜的。2001年，福耀与美国和加拿大打的那场反倾销官司的胜利，曹晖发挥了重要的作用。当时，美国PPG公司在美国和加拿大对福耀出口的汽车维修玻璃提出反倾销调查申请，福耀从2002年开始被加征11.8%的反倾销税。福耀在进行了有理有利有节的反击之后，又申请了行政复审。当时的美国公司老总曹晖，对美国的同行公司"又打又拉"，关于对福耀倾销的指责，曹晖绝不松口和退让，他的坚持让美国同行公司认识到不合理的"反倾销"并不能够真正地解决问题，而且福耀坚决不会接受子虚乌有的倾销罪名。同时，曹晖很注重大局，能够看到双方的合作对福耀长远的发展更有利，于是他直接找"敌人"合作，将自己不擅长的物流与销售渠道交给对方负责，自己则负责产品，各尽其能，实现共赢。

曹晖的表现充分展示出了自己"总指挥"的才能，让曹德旺颇感意外和惊喜。

"留给子女的不应该是财富，而应该是智慧和人品"，这句话成了曹德旺送给天下父母的名言。在曹德旺的影响下，他的孩子们都有一颗善良且懂得感恩的心。很多人都谈论成功，而对于一个父亲来说，能够培养出优秀的后代才是最大的成功吧！

丁磊：我热爱我所从事的一切，名利只是副产品而已

他是2004年亚太地区技术变革先锋奖（WIBTA）、2006年中国游戏产业最具影响力人物奖得主，他是2006“中国软件行业杰出青年”，他是2008年度十大传媒创新人物，他还是2010年《中国国家形象宣传片》参演人物之一……尽管他荣誉等身，但在众多光环围绕下的丁磊并没有被浮华遮住眼睛，对他而言，名利远不及付出的过程，他在IT之路一往无前的动力只在于——热爱。

兴趣前行最大的动力

同样四五岁，正是孩子淘气顽皮的年龄，别的孩子在外面追逐打闹的时候，丁磊在家摆弄电子管件，别的孩子喜欢用泥巴塑造自己喜欢的世界，他却更喜欢鼓捣半导体之类的东西……著名的法国昆虫学家法布尔也是从小对昆虫有着异于常人的兴趣，每天都研究观察昆虫，最终完成《昆虫记》，闻名世界。与生俱来的兴趣爱好，似乎也暗示了丁磊的人生走向——从小喜欢什么，长大成就什么。

丁磊初中时，电视机并不普及，但是收音机却很流行，聪明的丁磊决定自己做一个。凭借对电子的兴趣和从小学到的知识，选购零件，查阅资料，一次次的尝试，一次次的试验，终于组装出了自己的第一台六管收音机。要知道，在当时那是一种最复杂的收音机，不光能接受中波、短波，还有调频广播也可以接收。这在当地一时传为佳话，都说丁家出了个“神童”，长大以后一定是当科学家的料子。

儿时便显露出来的天赋和周围人的夸奖并没有让丁磊骄傲，父亲也看出

了丁磊和别的孩子的不同，并没有对丁磊的学习兴趣强行干涉。爱因斯坦也曾说："兴趣是最好的老师。"这就是说一个人一旦对某件事物有了浓厚的兴趣，就会主动去求知、去探索、去实践，并在求知、探索、实践中产生愉快的情绪和体验，在这种条件下的学习效率是最高的。而在拥有这种助力的前提下，成功之路，无疑会变得平坦许多。

有热情才会有全身心的投入

1989年，丁磊成功考取成都电子科技大学。

丁磊说他当初选择电子科技大学的一个重要原因，是因为小时候就有做电子工程师的梦想，另外就是学校招生简章上说，该校拥有数万册电子专业类藏书。

丁磊对计算机编程的兴趣便是从大学开始的。

如果说小时候的兴趣是星星之火，那上了大学之后的丁磊对电子科技的兴趣就像熊熊烈焰一发不可收拾。在大学真正占用丁磊大量时间的就是当时方兴未艾的计算机技术和知识，别的同学出去喝酒聚餐，他跑去图书馆翻阅外文科技，尤其是计算机书籍；别人在打游戏打球，他却是一边看书一边实践刚学到的计算机知识，他总比别人早一步得到最新的世界科技动态，有关互联网的信息也都是从那里得来的，全身心的投入，如入魔一般。

他大学的导师冯林老师说："让我印象最深刻的是，1992年冬天，丁磊大四上学期，我搞了一个电磁场CI软件的成果展示。丁磊和其他几个同学下来主动找到我说，他们对此十分感兴趣，说如果交给他们做，一定能把这个软件做得更好。那自信的模样让我感动。"在当时，能用计算机编程和做一些界面的设计已经是很不错的事情，更何况丁磊还是个学生。

丁磊是一个不愿意被安排的人，所以哪怕在大学也有些标新立异——他学的是通讯专业，但是他整天研究计算机编程方面的知识，只有在考试前两个星期，他才会学习专业知识以便过关。这样的性格被他大学时代的室友伍浩进一步演绎，他说：“他的成绩是中上，但他从不张扬，他爱好编程，在编程上的闯劲给人印象深刻。”

1993年，22岁的丁磊带着他对计算机编程的特殊爱好和特有的不服输的脾气，从大学毕业走向社会。

怀揣着电子科技大学毕业文凭的丁磊被分配回自己的家乡宁波，进入令人艳羡的宁波市电信局工作。但对于热爱编程的丁磊而言，这份工作并不如意，因此在工作中，他仍然不忘记自己的爱好，也没有让日复一日的枯燥工作磨灭自己的斗志。

有了如火般的热情，才能有忘我的投入和付出，才能在自己喜爱的那条路上走得更远。

因为热爱，撞了南墙也要坚持下去

电信局旱涝保收的工作让丁磊那些毕业于名牌学校的同行们很满意，房子、工资都很不错，但是丁磊不甘于现状，他在感觉到电信局没法给予他更大进步后，毅然选择辞职。事后他说：“这是我第一次开除自己。有没有勇气迈出这一步，将是人生成败的一个分水岭。”

辞职后的丁磊来到广州，有了两次并不是特别成功的就业经历，同时也积累了一些资金。

三次的跳槽并没有让丁磊对未来迷茫，热爱电子科技的那簇小火苗一直在心中不灭——不能被现实打败，为了自己所爱的东西，就算没有钱财地位又如何？于是，怀揣梦想的他决心要自己创业。

一开始，丁磊和他人合作经营一家只有20几名员工的小公司，但由于公司的ISP业务受到电信部门的挤压，而且双方在很多理念上无法达成一致，这家公司所做的和之前自己的构想和想要追逐的东西完全不同，于是丁磊在加入一年后迅速退出。

丁磊当然不会这么轻易放弃自己所爱的东西。于是在他的坚持下，网易公司的架子最终成形。此后网易的发展蒸蒸日上，逐渐成为中国网络大军的“将帅”，丁磊也因此获得了超越同龄人的财富和名声。

很多时候，在你忘我追逐自己梦想的时候，财富地位会在不经意时悄然而至。

追逐热爱是一种生活态度，这种态度鞭策人们勤勤恳恳向既定的目标前进，坚持不懈地走向成功；这种态度教会人们宠辱不惊的面对路途的艰难险阻，淡然面对得失功过；这种态度告诫人们莫为名利驱使，不要做金钱地位的傀儡，只有不忘初衷，才能一枝独秀。

成功的背后少不了坎坷，对丁磊而言，名利于其如浮云，热爱自己所从事的一切，才让他不管遇到什么困难都没放弃。最初的梦想，让他坚持到了最后，敲开了成功的大门。

雷军：肯定别人的价值才是你最核心的魅力

对于雷军的成功，他自己并没有将功劳全部归结在自己的身上，他在回顾自己的成功时，会看到沿途伙伴对自己的帮助，看到商场对手给自己的启发，看到后生对自己的挑战——对于在他人生中出现的每一个人，他都抱有感激的态度，并且肯定他们的价值，这也正是雷军的魅力所在。

肯定伙伴，反思自我

雷军在金山和小米取得成功之前，曾经有过一段三色公司的惨败经历。那时候的雷军年轻气盛，和一大批创业伙伴们为了创业之梦，在从商之路上踌躇满志却没有策略的打拼着。

三色公司成立以后，他们的工作热情很高，公司的架子迅速就被搭起，大家分工合作，很快进入了状态。但在不久之后，雷军发现，除了一心写代码开发技术，他和伙伴们几乎不知道怎么才能经营好一家公司。三色公司在管理和市场方向上都存在着很大的问题，而这些问题最终导致他们的产品在市场上被抄袭，甚至被赶超。

产品没有竞争力，公司失去了利润，无奈之下，雷军只得放弃了这家公司、

对于这次创业过程，雷军并没有把错处归结在伙伴身上——他们帮他融资，努力工作，出谋划策，探测市场。所有创业团队需要做到的，他们都做得非常不错。而自己，作为领导人，却没有很好地引导团队，没有制定好公司的发展策略和方向，更没有提醒公司员工注重创新——这对所有新公司而言都是致命的错误。

在反思过程中，雷军自责于自己的不足和盲目，并加之改进；肯定了伙伴的辛苦和打拼，并给予鼓励——这种态度很大的激励并感动了他的那批合作伙伴们，并且在之后的路上，只要雷军需要，他们都会竭尽全力去帮助。

这使他在金山陷入困境时能够获得柳传志的融资，也使他在开创小米时能够一呼百应。

肯定他人，我们需要从反思自我的角度出发，肯定伙伴带给我们的益处，反思自己身上的不足，这样会让我们前行的路更加平坦。

肯定对手，精进自我

小米面世之后立刻在市场引起了很大的轰动，无数消费者成了小米的“发烧友”，而每当小米出新，总会有新老用户盯着电脑，预定秒杀。小米成功之后，雷军并没有沉溺在成功的喜悦中无法自拔，也没有居功自傲，而是不断回首之前创业的旅程，继续稳妥前行，眺望和预想着市场的发展。

在小米创立之前，雷军是从 iphone 和 HTC 中得到启发，又根据中国市场的特点，创造出了小米这样一个现今众所周知的品牌。不过，雷军也清楚，小米虽然在中国手机市场中占了一定的比重，但这些老牌公司所给的竞争压

力依然存在，而新生压力也层出不穷。

与小米同属国产的魅族推出之后也在市场中掀起了追捧狂潮，iphone 出新必遭哄抢，三星紧跟其后。这些压力让雷军开始在自身寻求能够出奇制胜的法宝。

无论是魅族、iphone，抑或是三星，雷军以为，它们在技术革新上面都做得非常不错，每次出新，他们必能推出一些亮人眼球的东西。而在市场营销上，他们每次出的主意也让人耳目一新，因此产品能在市场上得到很好的响应。

雷军觉得这些竞争对手都有值得称道的地方，而他在给予他们肯定评价的同时，也开始了对自己不足的改进，加强了小米技术革新上的投资，让小米不断创新，使小米的体制更加完善。

雷军感激出现在他坦途上的对手，他们的强大让他意识到自己在产品创新上和经营模式上的不足。

肯定对手，也是一种对自己缺点的一种反思，是我们在行路时不断精进自我的方式。学会肯定对手，我们才可能在成功之时发现潜在的危机，并不断改进自己，守住固有的疆土，甚至开拓新领地。

肯定后生，完善自我

雷军在成功之后，自身便成了行业的一个标准，也自然而然成为了许多想要在这片领域闯出天地的创业者争相效仿的对象。很多创业者开始学习小米模式，在学习过程中，他们也渐渐找到了自己在领域打拼的方向。

雷军从不吝啬给予这些创业者他的肯定和支持。一如在自己创业之时，朋友曾经无私给予自己帮助一样。他把他的帮助，以天使投资的形式，给了那些正在打拼的后生们。

他鼓励后生们创新，在投资上也一掷千金。对于这些投资，他的心态并不忐忑，而是抱着鼓励创新的心理，将获得利益放在了第二位。

通过天使投资，雷军资助了一大批在创业路上摸索前行的创业者，而这些创业者在成功后，也带给了他极为丰厚的回报。

雷军对于后生的肯定，是他回报曾经给予他帮助的朋友的一种方式，同时，他将他的感恩之心，以这样的方式，回馈给了整个行业以及社会。

后生在商场上对雷军发出的挑战，雷军都以宽容和鼓励的姿态面对，他面对市场竞争从容不迫的态度和容人的风度，是他人生态度的一种体现。

学会肯定他人，我们要从肯定我们的伙伴开始，人生路上无人能孑然前行，伙伴给予的帮助，是人生一笔不可忽略的财富；我们要从困境中学会肯定我们的对手，是他们的强大和冷漠，让我们能够学会昂首挺胸勇敢前行，视困苦为养料，不断汲取，浇灌成功之花；我们还要在成功后，给予对我们发起挑战的后生肯定——肯定后生，是一种宽容的态度和容人的风度，更是一种对未来市场的远见卓识。这种肯定，在成功之后，能够帮助我们保持一颗平和之心，守住成功，回报社会。

学会肯定他人，是一种积极的人生态度，亦是成功者走向成功的一种助力。

周鸿祎：人们说，我是个几近疯狂的理想主义者

在人生之路上，成功者总是有着超越平常人的追求，而这种追求，鞭策着他们不断改善自身的缺点，不断打败沿途的挫折，不断影响周围的伙伴，最后慢慢开启成功的大门。作为 360 总裁的周鸿祎，行路时也有着自己的追求，他追求理想，凡是都要求尽善尽美，他是一个近乎疯狂的理想主义者。

在创业之路上的“理想主义”

1995 年 7 月周鸿祎研究生毕业之后去方正公司工作，那时周鸿祎的工作

可谓顺风顺水——从程序员做起，因为出色的表现和科研水平，一路荣升，直到升职为方正研发中心副主任。那时，他一眼便看出了互联网的前景，并且在刚刚涉足互联网产业时，便设计出了一款名叫“飞扬电子邮件”的软件。

然而这款软件却并没有受到方正公司的重视，而且公司并不同意周鸿祎对于“飞扬”不出售的态度，因此终止了周鸿祎的计划。

卖掉软件并非周鸿祎的意愿，周鸿祎始终认为，软件的最终目的并非卖钱，而是推动一个产业的发展，只要产业发展了，利润自然也会被创造出来——他的这种“理想主义”与公司的原则相悖，于是他选择了辞职。

之后周鸿祎选择了雅虎。对于国内的公司而言，外资公司的制度更加开明，技术更加精湛，而在那里，周鸿祎觉得自己能够得到更多的发展。

雅虎的环境对比方正公司而言，的确好了不少，工作方向和科研方向也相对自由了很多，在这里，周鸿祎积攒了很多有关互联网方面的知识。

2004 年，周鸿祎凭借出色的个人能力出任雅虎中国区的执行总裁，但在同年 8 月选择了离职。周鸿祎觉得，雅虎的商业模式也并非他所喜欢的，这些互联网公司对于用户的利润要求太高，软件的覆盖率并不广，这样对整个市场而言都不是一个好的现象。

他始终没忘记心目中对于之前互联网产业发展的设想，于是怀揣着这份“理想主义”，他开始了自己的创业之路。

在设计 360 杀毒软件时，他终于把这种模式运用到了自己的软件之上。这种模式无疑是极其成功的，360 软件一经推出，便受到了网民们的追捧，而随着时间的推移，360 软件更是成为了大多数私人计算机拥有者的“装机必备”。

在从商之路上，周鸿祎一直保持着自己的“理想主义”，而这种“理想主义”，是从他作为一个消费者角度考虑，也同时是从作为一个行业开拓者的眼光思考的。在创业时，他对市场有着最为纯净的希望，同时也以自己的初心去推动自己所从事行业的发展，而最终，他的努力让这份“理想主义”变成了现实，同时也为自己带来了广泛赞誉。

将“理想主义”进行到底

不仅在创业方面，周鸿祎在生活的方方面面都极度追求“理想主义”。

对于自己的产品，周鸿祎从来都要求完美——他希望在自己的产品推出之后，能够让千家万户都安装上自己的软件，而在他们的电脑中，360会变得不可或缺。周鸿祎将这种“理想主义”实施在了产品的性能上。

并不是所有的免费产品的性能都能够达到用户的需求，但周鸿祎却要求自己的产品尽善尽美。于是在充分考虑市场需求之后，周鸿祎针对不同的用户制订了不同的“软件套餐”，而这些存在于理想中的免费“软件套餐”，也终于出现在了人们的视野之中。周鸿祎对于产品近乎“理想主义”的追求，不仅让360的呼声渐渐高涨，也使行业向前迈进了一大步。

在面对竞争对手上，他的“理想主义”也被表现得淋漓尽致。

他并不在乎对手在竞争之时作出什么举动，而只是坚持着自己本来的原则——开拓创新，推动网络安全领域的发展。在别人针对360进行倾轧时，他不骄不躁，仍然一门心思搞科研，即使是当时的“3Q”大战，也没有对他造成太大的影响。

在公司的运营上，他也有着自己的“理想主义”。

大多数上市公司，大部分股权掌握在公司的当权者手中，但周鸿祎却认为这样的形式对于公司的凝聚力没有什么好处。想要作出好的项目，团队的凝聚力至关重要，只有将自己团队每一名员工的积极性提高了，才能够很好地维持公司的运营。为此，他在公司上市时，让所有员工都入股，这样员工也成了这家公司利润的受益人，工作效率自然就不在话下，而他们对公司运营也就必然会尽心尽力。

周鸿祎的“理想主义”，在他的人生经历中几乎随处可见。

理想主义并不意味着与现实脱轨，从周鸿祎身上，我们不难看出他的“理想主义”，是建立在现实之上的。处在生活节奏十分紧迫的当前社会，大多数民众选择了庸庸碌碌、安于现状，只看见自己脚下的路，而不愿意去眺望远方、眺望梦想。因此，在机遇降临时，很多人只能眼睁睁地看着它从眼前消失。周鸿祎的这种“理想主义”，或许正是当前青年人所需要的。

这种“理想主义”，要求我们养成“仰望星空”的能力，也同时不忘“脚踏实地”的品质，只有二者合一，才能实现我们的“理想主义”，让我们的人生变得更加理想、丰富。

张朝阳：张扬是我拥抱世界的态度

作为IT界知名公司搜狐公司总裁的张朝阳，绝对可以称得上IT界的一朵“奇葩”。不同于丁磊、360等公司的创始人对编程单一的热衷，张朝阳的爱好可以称得上广泛，他是首先走上“作秀舞台”的IT界代表人士——拍半裸写真、混娱乐圈、登珠峰……可以说他的张扬在整个商圈都是出了名的，但正是这份张扬的态度，给他的人生带来不一样的精彩。

年轻，就要敢玩敢拼

1964年出生于陕西西安的张朝阳从小就是一个与众不同的人，他的与众不同，体现在他酷爱做梦，要“立志做大事”——小时候他学画画，理想就是成为徐悲鸿那样的人物，结果因为太过嬉闹，又被父母送去学二胡。那时，他又想成为音乐史上第二个“阿炳”。后来在学武术时，他的目标又变成了李小龙。这让他在年少时有了不少的艺术积累，而在中学之后，他终于将注意力转到了学习之上。

1981年，他以优异的成绩考入清华大学，在清华大学学到了不少物理知识，并且凭借着优异的成绩拿到留学麻省理工学院的机会。

或许很多人会认为张朝阳以后肯定会日以继夜的学习，为未来求职打好基础。然而张朝阳偏偏不走寻常路，在上学期间，他几乎用了所有的课余时间去游戏玩乐，在美国的那段时间，他追星、学舞，几乎在课余时间把美国娱乐圈文化摸了个透。

但虽然是“醉心玩乐”，张朝阳对于他的未来之路还是有着一定的思考——将来要做什么呢？什么才是自己赖以生存的技能呢？在硕士生涯渐近结束的时候，他突然有了一个想法：自己是中国人，为什么不让自己的学校和中国有更多的联系呢？

于是，他决定搏一搏，去和麻省理工学院的校长争取一个从未出现过的职位——中国地区联络官。在他的游说下，他的导师很快找到了校长，并且替他争取到了这个职位。随后，他又安排了一次麻省理工学院校长访华的活动——然而在这次访华过程中，他却发现原来的一个校友已经成为清华大学副校长。这让他有些不甘心，自己明明并不比他差，为何只能做个跟班？这时，他坚定了要回国的信念。

回国之后，他先和哈佛的朋友在中国设立了一家公司，随后又通过风投自立门户，建立了搜狐。

青年时候的他，爱玩爱疯，兴趣颇多，但也有着一颗爱拼的心——他的张扬表现出他年轻活力的心态，也表现出初生牛犊不怕虎的冲劲。

何必收敛，让自己的张扬感染所有人

搜狐在互联网领域无疑获得了极大的成功。而张朝阳作为搜狐CEO也享受着这样的成功，只是在成功之后，他依然如故，并没有以高姿态或者十分严肃的形象出现在民众之中，而是如他的名字一般，和暖十分，在群众中间有着不小的亲和力。

在一档脱口秀节目中，他曾说："其实搜狐发展的方向更趋向于一点点非主流的，因为现代的年轻人并不喜欢被所谓的主流束缚。"而张朝阳本来也是一个这样的人，和年轻人一样，他不喜欢教条的束缚，他很自我，也很青春，因此在他的领导下，搜狐的形式也更加偏向于娱乐化、大众化。就连搜狐名字里的故事，都体现了他张扬爱玩的性格——据说，这个名字是因为张朝阳喜欢《聊斋》书中描写的那些柔情似水却又飘忽不定的狐仙鬼怪故事，进而选定了这个名字。

在生活方面，成名之后的他也没有消停，而是热心于各种冒险、"作秀"——他登珠峰，在6666米处拍纪念照发到网络之上；在居庸关门前耍大刀，被报道在娱乐版面；有拍半裸写真，向年轻人"炫耀"似的展现自己的线条……这些在很多成功人士看来都略显浮夸的行为，在他看来却是一种年轻心态的体现。本来，产品开发就是一件十分需要精力的事情，如果再不找点事情来表现自己，那么自己岂不是要埋在电脑前出不来了？

对比于其他成功人士，他的确十分闹腾，甚至将脚插进了娱乐圈。

在大S和汪小菲的婚礼上，他为了让搜狐抢得头条，在自己的博客上贴出"大汪"婚礼照片并且在网页上注明现场；后来又因为单身被娱乐圈的记者爆料各种花边信息——然而对于这些，张朝阳却并不在意，本来就是公众人物，他认为自己的态度本就如此，只要做好自己，娱乐怎么报道，和自己怎么做并没有什么关系。

他的"作秀"在IT界几乎是无可复制的。而这种"作秀"，也正好映射了他的人生态度——张扬，勇敢，热爱开展新的冒险。这种张扬的态度，是一种在经历风雨之后，仍能用年轻的心态去面对生活的体现。这种心态能够让我们对新事物保持极高的热情和敏感，让新的事物出现在我们的视野之中时，并很快地适应和接受。

人生就是一段不断探索和进步的旅程，我们需要拥有这种张扬的态度，来表现出对世界、对人生的热情，以笑容面对未知的挑战，以活力面对生活的压力——也只有这样，我们的人生之路才会变得更加轻松、丰富多彩。

或许我们并不需要像张朝阳那样在民众面前“作秀”，但是我们却可以学习他年轻的心态，我们会发现，这种心态会让我们的生活更加精彩。